MILITÄRTECHNIK DES ZWEITEN WELTKRIEGS

Entwicklung, Einsatz, Konsequenzen

Wolfgang Fleischer

Motor
buch
Verlag

Einbandgestaltung: Luis dos Santos

Bildnachweis: Besserer (1), Buschan (1), Eiermann (7), Fleischer (405), Hilmes (2), Janaczek (1), Jurga (2), Klotzsche (1), Lausch (1), Muikku (1), Selze (7), Verein Schweizer Armeemuseum (1).

ISBN: 978-3-613-04214-8

2. Auflage 2024

Sie finden uns im Internet unter www.motorbuch-verlag.de

Lektorat: Joachim Köster
Innengestaltung: Jürgen Knopf, Medien und Printprodukte, 74321 Bietigheim
Druck und Bindung: HUNTER Books GmbH, Kleyerstraße 3, 64295 Darmstadt
Printed in Germany

INHALT

Danksagung

Worte des Dankes gelten meinem ehemaligen Kollegen Andreas Liebscher aus Sohland, der die Gestaltung einiger Grafiken übernommen hat. Zu besonderem Dank fühle ich mich Herrn Richard Eiermann aus Sinsheim-Rohrbach verpflichtet. Er gehört zu den Gründungsvätern des Auto & Technik-Museums Sinsheim und hat meine Arbeit seit 1989 mit großer Aufmerksamkeit verfolgt, sie mit Ratschlägen und Materialien in vorteilhafter Art und Weise unterstützt.

Freital, 2020

Wolfgang Fleischer

»In näherer Zukunft ist kein kriegerischer Zusammenstoß ohne die Mitwirkung von Luftstreitkräften und Panzertruppen denkbar«, schrieb Generalmajor Heinz Guderian 1936 in der »Militärwissenschaftlichen Rundschau«. Dem entsprach man in Deutschland mit dem Aufbau operativ handlungsfähiger Panzerverbände, die im engen Zusammenwirken mit der Luftwaffe handeln sollten. Sie veränderten das Bild der deutschen Streitkräfte nachhaltig. Der Anteil technischer Truppen nahm zu.

Zusammensetzung des deutschen Heeres 1939/1940

Art der Divisionen	1939	7. Oktober 1940	21. Dezember 1940
Infanteriedivisionen	46	129	145
Gebirgsdivisionen	3	6	6
Kavalleriedivisionen	-[1]	1	1
leichte Divisionen (mot)	3	-	-
Infanteriedivisionen (mot)	4	6 ½ [2]	12 ½ [2]
Panzerdivisionen	5	13	20

[1] nur eine Kavalleriebrigade vorhanden [2] einschließlich SS-Verfügungstruppe

Auf der Suche nach dem »Rezept des Sieges« setzte sich in Deutschland der Panzerkrieg durch. Er machte blitzartige Angriffe möglich, gefolgt von Pausen zur Regenerierung der Streitkräfte. Das Konzept des chemischen Krieges blieb mit Risiken belastet und der Idee des strategischen Luftkrieges, wie sie der Italiener Giulio Douhet vertrat, fehlte die Bodenhaftung. Mit einem Präventivschlag aus der Luft sollten die Kräfte des Gegners vernichtet werden. Weitreichende Bombenflugzeuge entfalteten dabei ihre Wirkung als dritter Umfassungsflügel aus der Luft.

Zu den Erfahrungen des Ersten Weltkrieges gehört die Totalität des Krieges. Viel ist darüber gesprochen und geschrieben worden. Es gab Vorbereitungen für den totalen Krieg, vor allem aber, um ihn zu vermeiden. Er erreichte Deutschland und führte es in eine totale Niederlage.

Die Militärtechnik der beiden Weltkriege bedarf kritischer Aufmerksamkeit. Wegen der Umfänglichkeit können nur wenige Themen für diese vergleichende Betrachtung[1] ausgewählt werden. Es liegt beim Leser, die Ergebnisse zu bewerten. Einige interessante Erkenntnisse sollen jetzt schon hervorgehoben werden:

1. Die Wurzeln der Militärtechnik des Zweiten Weltkrieges sind die Erfahrungen des Ersten Weltkrieges.
2. Es geht immer darum, ein Höchstmaß an Kampfkraft und Zerstörungspotential in der kürzest möglichen Zeit einzusetzen. Dieser Forderung Geltung zu verschaffen, war schwer.
3. Alle Bereiche der Militärtechnik sind miteinander auf das Engste verflochten, in Entwicklung und Herstellung, Organisationsstruktur und taktischer Verwendung. Ihre Zugehörigkeit zu Waffengattungen, ihre Klassifizierung, selbst die konkrete Bezeichnung, unterlagen Veränderungen und erschweren es, Grenzen zu ziehen.
4. Charakteristisches Merkmal war der Kampf der Teilstreitkräfte und Waffengattungen um möglichst große Anteile an den Ressourcen von Wissenschaft und Technik und den Zugang zu Rohstoffen und Produktionskapazität. Das schloss Parallelentwicklungen ein.
5. Militär sieht seine Aufgabe darin, Sicherheit zu produzieren – in welchem Umfang und in welcher Form, bestimmt die Politik. Es bleiben Fragen. Wieviel Sicherheit ist notwendig? Ist Sicherheit messbar? Konservativ eingestellte Militärs neigten – um Risiken zu vermeiden – dazu, bereits bewährte, aber schon am Ende ihrer Entwicklung stehende Technologien zu favorisieren. Sie fanden in der Wissenschaft und in der Industrie dankbare Partner, aber auch Widerspruch.
6. Für Staunen sorgt, wie groß der Einfluss beratungsresistenter Vertreter der politisch-militärischen Führung auf den Werdegang militärtechnischer Produkte war. Er reichte von ihrem Entstehen bis zu ihrem Verbrauch und machte auch vor scheinbar unwichtigen Details nicht halt.

[1] vgl. Fleischer, Wolfgang: Militärtechnik des Ersten Weltkrieges, Stuttgart 2014

Fahrzeugkonzentration der 7. (US-)Armee im Hafen von Neapel für die amphibische Landungsoperation »Anvil« (»Dragoon«) an der französischen Mittelmeerküste. Aufnahme vom August 1944.

7. Die Militärtechnik des Zweiten Weltkrieges ist von Gegensätzen gekennzeichnet. Tauben mit Brandsätzen und Tippzündern stehen viermotorigen Bombern Boing B-17 »Flying Fortress« gegenüber, Minenhunden die ersten ferngelenkten Panzerabwehrlenkraketen und die Fernkampfrakete A-4 (»Vergeltungswaffe 2«) mit 300 km Reichweite der Handgranate, die man 30 m weit werfen kann.

Die Umfänglichkeit des Themas zwang, den Schwerpunkt dieser Arbeit auf deutsche Wehrtechnik zu legen, ohne dabei gänzlich auf Bezüge zu anderen Nationen zu verzichten. Das provoziert die Frage nach einer qualitativen Überlegenheit. Sie wird immer wieder gern gestellt. Eine Antwort gibt es nicht. Das Thema ist zu komplex, berührt u.a. das Verhältnis Mensch–Technik. Die Qualität deutscher Rüstung hat dazu beigetragen, die Dauer des Zweiten Weltkrieges auf fünf Jahre auszudehnen, mit bis dahin nicht vorstellbaren Verlusten.

Panzerrollbahn im Osten. Aufnahme vom 24. Juni 1941, drei Tage nach dem Beginn der Operation »Barbarossa«, des deutschen Angriffs auf die Sowjetunion. Zu sehen sind Panzerkampfwagen IV (7,5 cm) (Sd.Kfz. 161) der Ausführung D aus der Fertigung der Jahre 1939/1940.

15-cm-Nebelwerferbatterie im Einsatz. Hauptverwendungszweck des ursprünglich als Nebelwerfer d bezeichneten 15-cm-Nebelwerfers 41 war das »schlagartige Belegen größerer Flächen mit einer möglichst großen Anzahl« drallstabilisierter Raketen.

»THE IRON COMES BACK« (Das Eisen kommt zurück). Arbeit des britischen Karikaturisten David Low vom 25. April 1940. Am 9. April des Jahres waren deutsche Truppen in Norwegen gelandet (Unternehmen »Weserübung«), um günstigere strategische und wirtschaftliche Voraussetzungen für die weitere Kriegführung zu schaffen. Ein ganz konkretes Ziel war die Sicherung schwedischer Eisenerzlieferungen für die deutsche Rüstung, die über den Hafen Narvik lief.

Schwerer Lastkraftwagen (offen) 4,5 t mit geschlossenem Aufbau und Mastanhänger (mehrachsig) (Sd.Ah. 127) einer Dezimeterkompanie (Richtfunk) des Heeres. Mit dem Richtfunkverbindungsgerät Fu G 03 (auf dem Lastkraftwagen) und dem auf 30 m ausfahrbaren Teleskopmast (auf dem Anhänger) wurden Nachrichtenverbindungen über große Entfernungen sichergestellt.

4.2 in- (107 mm) chemischer Mörser der US-Armee. Er war zum Verschuss von brisanter, chemischer und Nebelmunition eingerichtet und übertraf den deutschen 10-cm-Nebelwerfer 35 in der Schussweite.

Fertige Geschosshüllen des Kalibers 15 cm. 1943 wurden davon 7.546.000 hergestellt.

Minenbomben SC-500 vor der Auslieferung. 1941/1942 wurden von der deutschen Luftwaffe im Monat durchschnittlich 6.972 500-kg-Bomben (SC-500 und SD-500) verbraucht.

Sturmgeschütz-Montage bei der Altmärkischen Kettenfabrik GmbH in Berlin-Spandau. Das Werk lieferte zwischen Mai 1941 und März 1942 472 Sturmgeschütze der Ausführungen C, D und E mit der 7,5-cm-Sturmkanone 37 L/24.

Fließbandproduktion von Elektroschaltgeräten, vermutlich Siemens-Elektrowärme GmbH / Sörnewitz. Frauenarbeit gewann für die Rüstung im Kriegsverlauf erheblich an Bedeutung.

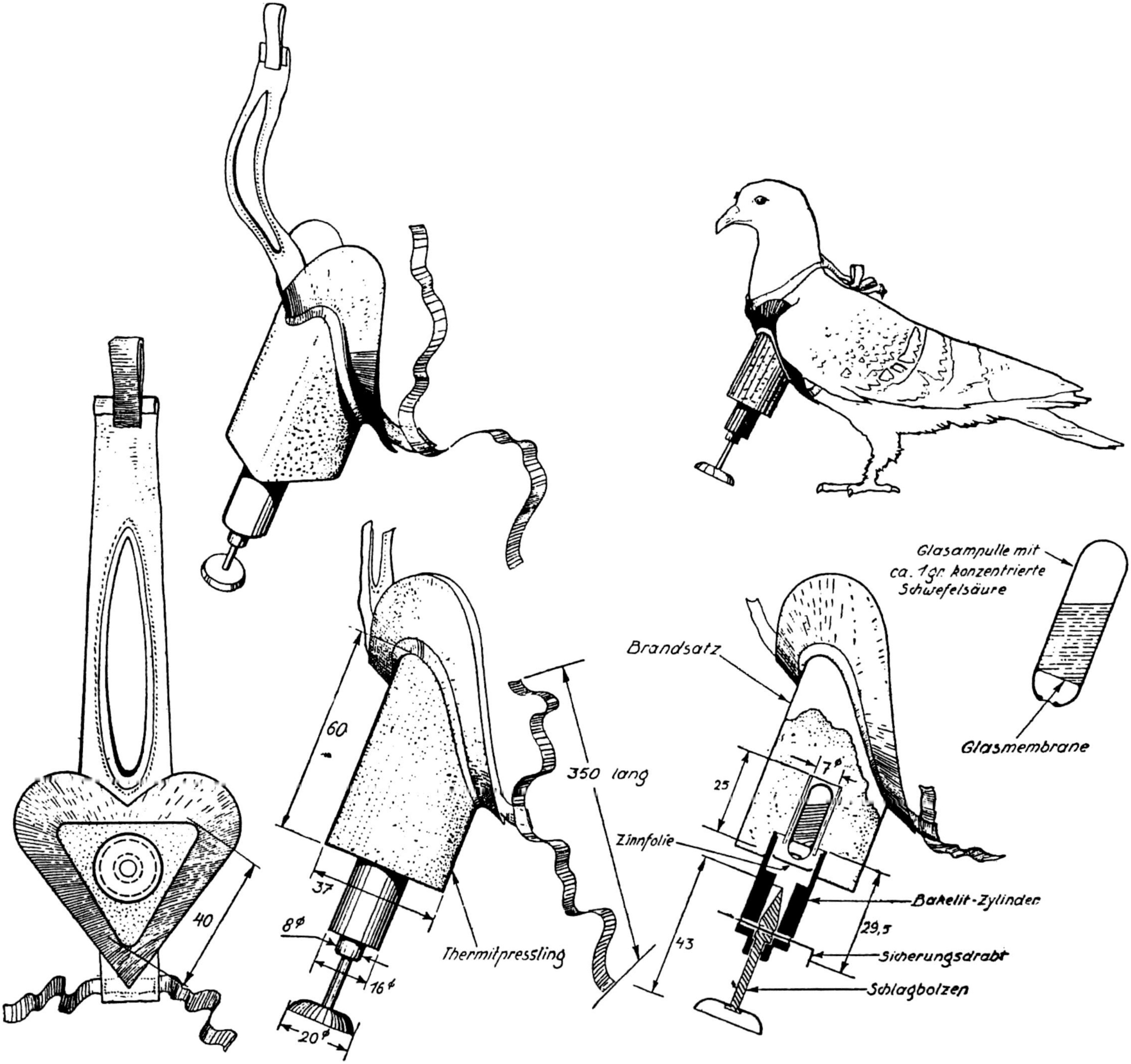

Anfang September 1942 wurden erstmalig Brieftauben mit Brandsätzen von Flugzeugen der sowjetischen Fliegerkräfte ausgesetzt. Die Tauben sollten bei der Landung Bauernhöfe und Getreidefelder hinter der deutschen Front in Brand setzen. Dafür hatte man Brandsätze an der Brust der Vögel befestigt.

Das Feuer der deutschen Flugabwehrartillerie umrahmt Langstreckenbomber Boing B-17 »Flying Fortress« der US-Air Force beim Anflug auf die Heinkel-Werke. Sie konnten 4.355 kg Bombenlast – Spreng- und Brandbomben – transportieren.

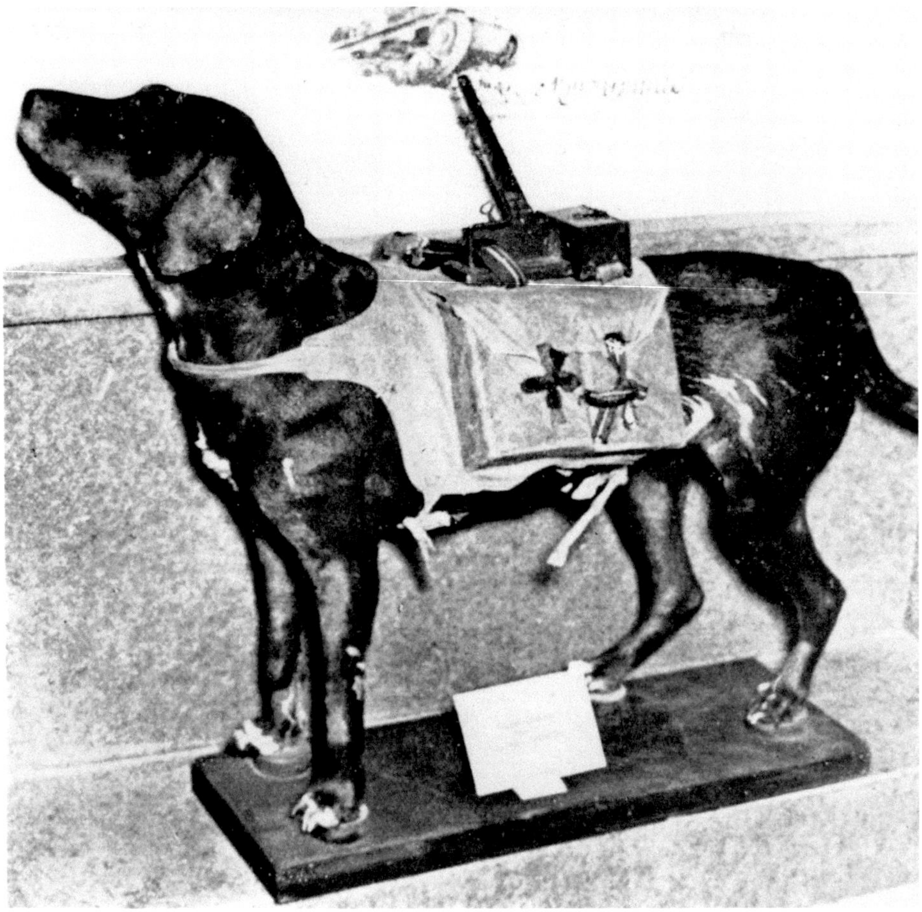

Tankhund mit Sprengausrüstung. Panzerjägereinheiten der Roten Armee mit Minenhunden traten erstmals 1941 in Erscheinung. Die Hunde trugen insgesamt 6,2 kg Sprengstoff und einen Kipphebelzünder. Sie waren darauf abgerichtet, ihr Futter unter Panzer- und Kraftfahrzeugen zu suchen, wobei die Sprengladung gezündet wurde. 1945 fanden Minenhunde auch auf deutscher Seite Verwendung.

Einen ersten Vorschlag für eine steuerbare Rakete zur Panzerabwehr hat es bereits 1941 gegeben. Ergebnis der Entwicklungsarbeit war die drahtgelenkte X-7 »Rotkäppchen«. Die 9 kg schwere Rakete besaß einen 2,5 kg schweren Hohlladungsgefechtskopf und erreichte eine Geschwindigkeit von 98 m/s.

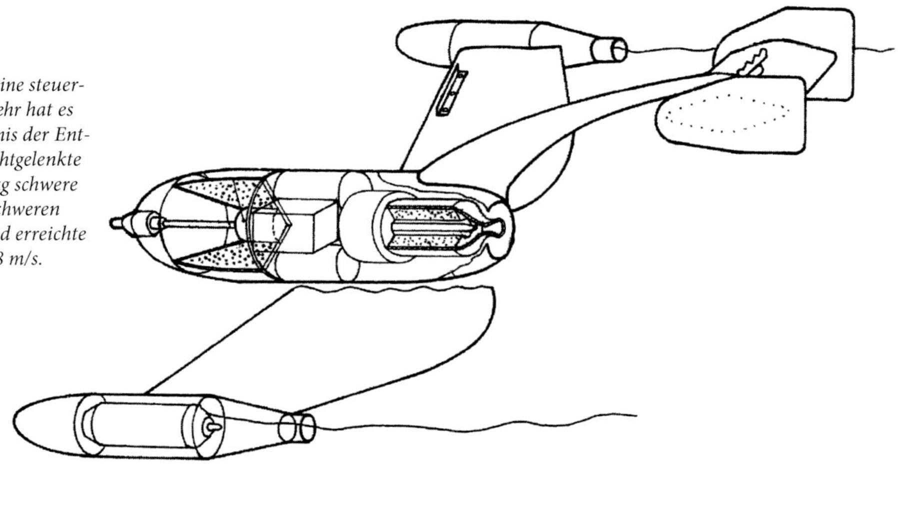

Ein geübter Werfer konnte die 0,48 kg schwere Stielhandgranate 24 (davon 0,165 kg Sprengstoff) 25 bis 30 m weit werfen.

Die Fernrakete A-4 (»Vergeltungswaffe 2«) wog beim Start fast 13.000 kg und erreichte mit der 738 kg schweren Sprengladung Ziele in 300 km Entfernung.

Der Reichskanzler Adolf Hitler mit dem Chef des Heereswaffenamtes, General der Artillerie Prof. Dr. phil. Dr. Ing. Karl Becker (dahinter) bei einer Besichtigung auf dem Versuchsschießplatz Hillersleben. Aufnahme aus dem Jahr 1939.

Kapitel 2

MASCHINENGEWEHRE

»Das Mittel zur Zertrümmerung der feindlichen Feuerkraft ist örtlich und zeitlich zusammengefaßte Feuerwirkung. Eine Waffe bedarf daher neben guter Trefferleistung, ... großer Beweglichkeit ... und Feuergeschwindigkeit, demzufolge geringen Gewichts und wirtschaftlicher Munitionsausstattung, um an entscheidender Stelle in kurzem Zeitraum vernichtende Wirkung zu erzielen. Die Einführung der Maschinenwaffen bedeutet in dieser Richtung einen erheblichen Fortschritt.«

Zitiert aus: Friedrich Wilhelm Deutsch[2]*: Waffenlehre. Kurzgefaßtes Lehr- und Nachschlagebuch der neuzeitlichen Bewaffnung, Berlin 1939, S. 129*

Die Unterscheidung der Maschinengewehre in leichte, schwere und überschwere gehörte zu den Ergebnissen des Ersten Weltkrieges. Sie wurden wie folgt charakterisiert:
a. **Leichte Maschinengewehre** sind die Hauptfeuerkraft der Schützenkompanien. Mit ihnen ließen sich Ziele bis auf 1500 m Entfernung durch kurze aufeinanderfolgende Feuerstöße (6–8 Schuss/min) erfolgreich bekämpfen.
b. **Schwere Maschinengewehre** sind die Hauptfeuerkraft der Infanteriebataillone. Taktische Einheit war die Maschinengewehrkompanie. Verschiedentlich gab es auch in den Schützenkompanien schwere Maschinengewehrzüge. Zu den Aufgaben schwerer Maschinengewehre gehörte die Bekämpfung von Punkt- und Flächenzielen, von leichten gepanzerten Fahrzeugen sowie Flugzeugen. Ihre festen Schießgestelle verliehen ihnen bei der Abgabe von Dauerfeuer (theoretisch 240–600 Schuss/min) im Vergleich zu den leichten Maschinengewehren eine größere Stabilität und Trefferlage.
c. **Überschwere Maschinengewehre** ermöglichten auf Grund des größeren Kalibers eine höhere Waffenleistung. Sie verlängerten den Arm der Infanterie. Üblicherweise fanden sie in Stabskompanien von Infanterieregimentern, verschiedentlich auch in besonderen Maschinengewehrkompanien Verwendung. Ihre Hauptaufgabe blieb der Kampf zur Abwehr gepanzerter Fahrzeuge und von Tiefangriffsflugzeugen.

Bei den leichten Maschinengewehren gab die Waffe des Konstrukteurs John Moses Browning aus dem Jahr 1918 in technischer und in taktischer Hinsicht Orientierung. Eigentlich handelte es sich um ein für Einzel- und für Dauerfeuer eingerichtetes Selbstladegewehr, das wegen des fehlenden Zweibeins nur bedingt für den Feuerkampf im Sinne eines leichten Maschinengewehrs geeignet war. Für die US-Armee hat man es bis 1940 mehrfach modifiziert. Das 7,62-mm-leichte Maschinengewehr M.1918 A 2 (BAR) besaß einen dickeren Lauf sowie ein Zweibein und wurde bis zum Ende des Zweiten Weltkrieges in großen Stückzahlen gefertigt. Der Hauptmangel – die mit 20 Schuss zu geringe Magazinkapazität – blieb erhalten, was das Interesse anderer Armeen an dieser Waffe aber nicht

[2] Hauptmann im Reichsluftfahrtministerium, kommandiert zum Heereswaffenamt

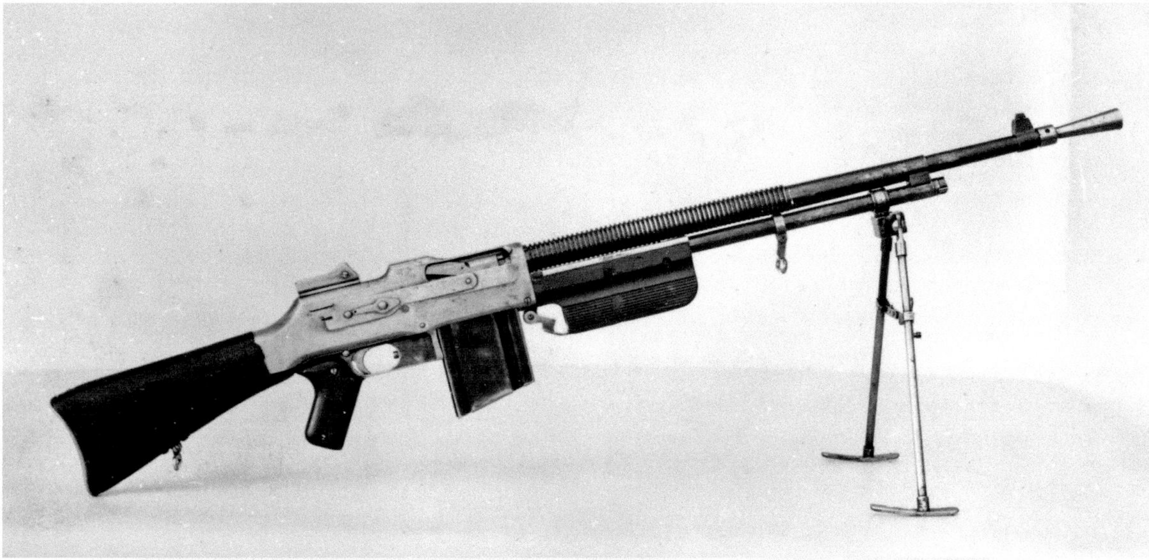

Das 7,92-mm-leichte Maschinengewehr wz. 1928 (Browning). Die polnische Variante des US-amerikanischen Browning-Maschinengewehrs erreichte die polnische Armee über den belgischen Waffenhersteller Fabrique National (FN)/Herstal, wo es 1924 als FN Browning modifiziert worden war.

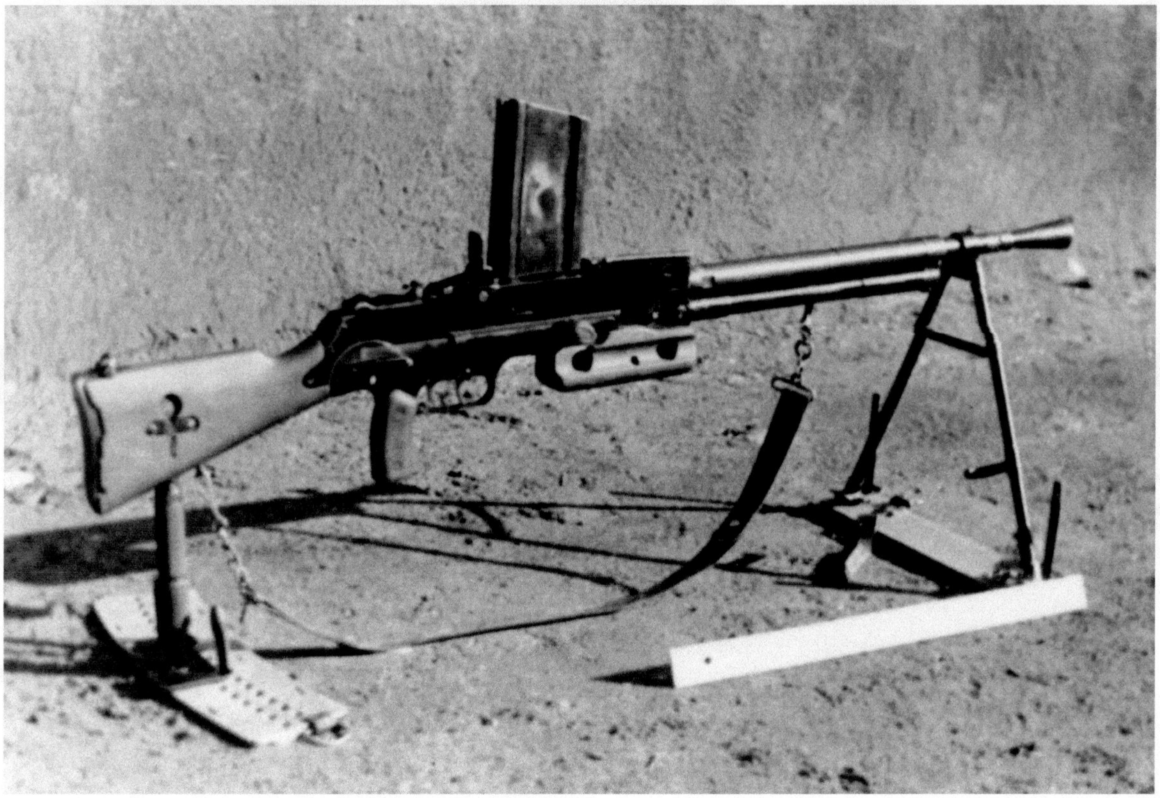

Das 7,5-mm-leichte Maschinengewehr Chàtellerault mle. 1924/29. Es war das Ergebnis einer grundlegenden Überarbeitung der Konstruktion aus dem Jahr 1924. Merkmale waren der modifizierte Lauf, das für die kürzere Patrone (7,5x54) eingerichtete Patronenlager und weitere Veränderungen.

einschränkte. Als Käufer traten China und Polen auf. In Polen, Belgien und Schweden nahm man – mit verschiedenem Kaliber – die Lizenzfertigung auf.
In Frankreich, wo man den Wert leichter Maschinengewehre zur Verstärkung der infanteristischen Feuerkraft schon sehr früh erkannt hatte, sah man schon Anfang der 1920er Jahre die Notwendigkeit, die Modelle Hotchkiss mle. 1908 und Chauchat mle. 1915 zu ersetzen. Die Armee entschied sich für das 7,5-mm-leichte Maschinengewehr Chàtellerault mle. 1924. Waffe und Munition zeigten im Gebrauch Mängel, weshalb es erst ab 1929 in der gewünschten Qualität zur Verfügung stand. Konzept und Design ähnelten dem schon erwähnten automatischen Gewehr von Browning, dem tschechischen ZB 26 und seinem britischen Ableger, dem leichten Maschinengewehr BREN[3].303.
Die tschechoslowakische Rüstungsindustrie trat zwischen den beiden Weltkriegen mit bemerkenswerten Maschinengewehrkonstruktionen hervor. Für leichte Maschinengewehre hatten der Generalstab und das Verteidigungsministerium ausgeschrieben, das 7,92-mm-leichte Maschinengewehr ZB 26 ging als Sieger hervor. 120.000 Stück übernahm die tschechoslowakische Armee, in 24 Länder hat man es verkauft oder die Lizenzproduktion gestattet.
Die Arbeit tschechoslowakischer Konstrukteure gewann für die Bewaffnung der britischen Streitkräfte großen Wert. Dort hatte man auf der Suche nach einem Nachfolger für das 7,71-mm-leichte Maschinengewehr Lewis das Modell Vickers-Berthier in Serienfertigung gegeben. Es wurde von den Truppen in Indien verwendet, dort auch hergestellt. Üblicherweise mit einem Zweibein versehen, ist es auch auf Dreibeinlafette vorgestellt worden. Das geschah vor dem Hintergrund von Überlegungen im Generalstab, nicht nur das leichte Lewis-Maschinengewehr, sondern auch das schwere Maschinengewehr Vickers.303 durch ein Einheitsmaschinengewehr zu ersetzen. Es blieb bei Plänen. 1937 nahm die Heeresverwaltung das für die britische Standardpatrone .303 (77 x 56 R Lee Enfield) umkonstruierte tschechoslowakische ZB 26 als leichtes Maschinengewehr BREN.303. an. Zwischen 1937 und 1945 verließen davon rund 300.000 die Herstellerwerke in Großbritannien und Kanada. Demgegenüber erlangte eine kriegsbedingte Konstruktion, das leichte Maschinengewehr Besal .303, keine größere Bedeutung.

Zu den gelungensten Konstruktionen leichter Maschinengewehre gehörte das tschechoslowakische Modell ZB wz. 26. Es geht auf eine Entwicklung der Waffenfabrik Praga zurück, die von der Staatlichen Waffenfabrik Brno übernommen wurde.

[3] für Brno (= BR) und Enfield (EN)

7,92-mm-leichte Maschinengewehre ZB vz. 26 kamen aus tschechoslowakischen und jugoslawischen Beständen in deutschen Besitz. Sie fanden unter der Bezeichnung Maschinengewehr 26 (t) eine weitere Verwendung und traten vor allem bei der SS-Verfügungstruppe in Erscheinung.

Einer der bedeutendsten Ableger des tschechoslowakischen ZB vz. 26 ist das leichte Maschinengewehr BREN .303 (Kaliber 7,71 mm). Auf dem Bild ist die Ausführung Mk I mit abgeklapptem Kolbengriff und 30-Schuss-Kurvenmagazin zu sehen.

Japans Infanterie verwendete ab 1922 als leichtes Maschinengewehr das Modell Typ 11 (Thaiso), eingerichtet für eine leistungsgeminderte Version der japanischen 6,5-mm-Patrone (6,5 x 51 SR). Es gab damit von Anfang an Probleme, auch nach Einführung des 1937 angenommenen leichten Maschinengewehrs Typ 96. Eine Lösung kam zwei Jahre später in Sicht mit dem Übergang auf das Kaliber 7,71 mm, das über eine von der japanischen Marine eingeführten Kopie des Lewis-Maschinengewehrs Akzeptanz gefunden hatte. Mit diesem Kaliber wurde 1939 das leichte Maschinengewehr Typ 99 in den Truppendienst übernommen. Es zeigte typische Merkmale des tschechoslowakischen ZB 26. Seine Serienproduktion verlief erst 1943 reibungslos, so dass ältere Maschinengewehrmodelle des Kalibers 6,5 mm nicht abgelöst werden konnten.

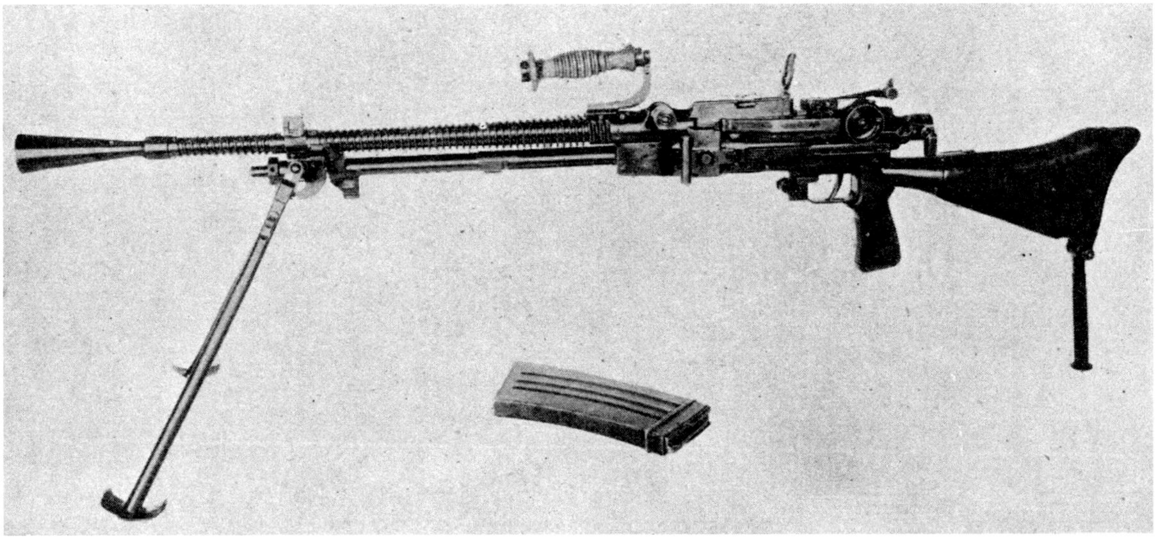

Das 7,71-mm-leichte Maschinengewehr Typ 99 des japanischen Heeres mit 30-Schuss-Kurvenmagazin.

Auffälliges Merkmal des 7,62-mm-leichten Maschinengewehrs Degtjarow DP 1928 ist das 47 Patronen fassende Tellermagazin.

Durchaus vergleichbar mit den Problemen der Japaner waren die der italienischen Soldaten. Hier stellte die Firma Breda aus Brescia Versuchsmuster leichter Maschinengewehre vor. Die Armee beschaffte ab 1926 das 6,5-mm-leichte Maschinengewehr Breda Mod. 1926 auf Dreibeinlafette, später als verbessertes Modell 1930 auf Zweibein. Im Einsatz litt die Waffe unter konstruktiven Mängeln sowie der schwachen, seit 1891 benutzten Patrone (6,5 x 52 Carcano).

In Sowjetrussland liefen Versuche mit leichten Maschinengewehren, auch im Kaliber 6,5 mm, seit Anfang der 1920er Jahre. Die Entscheidung der Roten Armee fiel zugunsten eines leichten Maschinengewehrs mit dem Kaliber 7,62 mm aus dem Konstruktionsbüro von Fjodor Wassiljewitsch Tokarew. Das war ein Fehler. Die zwischen 1925 und 1927 beschafften 2.450 Waffen wurden in den 1930er Jahren nach China und Spanien verkauft. An ihre Stelle trat das 7,62-mm-leichte Maschinengewehr Degtjarow DP 1928. Zu den bemerkenswerten Details gehörte das Tellermagazin für 47 Patronen – ein vergleichsweise großer Munitionsvorrat. Kein Vorteil ohne einen Nachteil: das Magazin war sehr empfindlich, ließ sich im Gefecht schwer füllen. Bis 1944 konnte die Jahresproduktion auf 120.000 DP 1928 erhöht werden. Im gleichen Jahr kam die verbesserte Version, das Degtjarow DPM 1944, heraus. Eine Abart des DP 1928, das 7,62-mm-Panzermaschinengewehr DP 1929, war als leichtes Maschinengewehr mit Zweibein häufig im Einsatz zu sehen.

Leichte Maschinengewehre bis 1945							
Land	Bezeichnung	Kaliber	Gewicht (kg)	V_0 (m/s)	Schussweite[1] (m)	Feuergeschwindigkeit (Schuss/min)	Munitionszuführung
Frankreich	Châtellerault mle. 1924/29	7,5	8,93	790	800	550	Magazin 25 Patronen
Großbritannien	Vickers-Berthier	7,71	9,43	745	1.463	800	Magazin 30 Patronen
	BREN	7,71	10,20	755	1.829	550	Magazin 30 Patronen
Italien	Breda Mod. 1930	7,71	9,43	745	1.829	500	30 Patronen
Japan	Typ 11 (Thaiso)	6,5	10,19	700	800[2]	500	Kasten mit 5 x 6 patronen
Sowjetunion	Maxim-Tokarew	7,62	12,90	840	600[2]	600	Gurtkasten 250 Patronen
	Degtjarow DP 1928	7,62	8,4	840	800[2]	600	Tellermagazin 47 Patronen
Tschechoslowakei	ZB 26	7,92	8,89	830	2.000	600	Magazin 20 Patronen
USA	Browning M 1918 A 2	7,62	9,50	855	1.372	350	Magazin 20 Patronen

[1] Visierschussweite
[2] Gebrauchsschussweite

Weniger Veränderungen zeigt die Entwicklung bei den schweren Maschinengewehren. In den USA entwickelte Browning aus dem wassergekühlten M 1917 A 1 das luftgekühlte 7,62-mm-schwere Maschinengewehr M 1919 A 4. Es ersetzte nach und nach das Vorgängermodell und wurde während des Zweiten Weltkrieges in großen Stückzahlen gefertigt. Im Einsatz erwies es sich als zuverlässige, funktionssichere Waffe mit ausreichender Treffergenauigkeit. Der Ausführung M 1919 A 6 als leichtes Maschinengewehr mit Kolben, Zweibein und Tragegriff war kein Erfolg beschieden. Folgerichtig begannen in den USA noch vor dem Ende des Krieges die Arbeiten an einem Einheitsmaschinengewehr nach deutschem Vorbild.

Infanterist der US-Armee mit luftgekühltem schweren Maschinengewehr Browning M 1919 A 4 (Kaliber 7,62 mm) während der Kämpfe in der ersten Julihälfte 1944 unweit von Saint-Lô (Frankreich).

Das 7,92-mm-schwere Maschinengewehr wz. 30 (Browning) auf Maschinengewehrlafette wz. 30 wurde ab 1931 in die polnische Armee eingeführt. Seine Konstruktion geht auf das US-amerikanische Modell M 1917 (Browning) zurück. Für die Produktion war die Staatliche Gewehrfabrik in Warschau zuständig.

Frankreich hielt an seinen beiden schweren Maschinengewehrmodellen St. Etienne mle. 1907 und Hotchkiss mle. 1915 fest, beide mit dem Kaliber 8 mm, beide luftgekühlt. In der Tschechoslowakei hatte sich das Militär für die Weiterverwendung des wassergekühlten schweren Maschinengewehrs 07/12 (Schwarzlose) entschieden. Die Bemühungen, die Waffe durch eine luftgekühlte Konstruktion zu ersetzen, die auch als Panzerbewaffnung geeignet war, führten zum 7,92-mm-schweren Maschinengewehr ZB 37, wovon das Verteidigungsministerium 15.000 Stück bestellte; 12.000 ZB 37 wurden exportiert. Die Briten, die die tschechoslowakische Konstruktion als Panzermaschinengewehr übernahmen, beließen das bewährte 7,71-mm-Vickers Mk I als schweres Maschinengewehr bei ihrer Infanterie.

Die französischen Streitkräfte verwendeten das schwere Maschinengewehr Hotchkiss mle. 1914 im Kaliber 8 mm. Verschossen wurden Lebelpatronen (8x50 R), in Polen Mauser (8x57), die mittels Ladestreifen zu 24 oder aus Gurtkästen mit 250 Patronen zugeführt wurden. In Italien nutzte man die französische Munition, rüstete die Waffen aber auch auf eine eigene (8x59) von Breda um, in Norwegen auf das Kaliber 6,5 mm (6,5x55).

Schwere Maschinengewehre des Systems Schwarzlose fanden in verschiedenen Ausführungen und mit unterschiedlichem Kaliber in mehreren europäischen Armeen Verwendung. Dazu gehörten die Streitkräfte Griechenlands, Jugoslawiens und Rumäniens.

Die Infanterie des japanischen Heeres verwendete nach dem Ersten Weltkrieg weiterhin das 6,5-mm-schwere Maschinengewehr Typ 3 (Thaiso) – eine Hotchkiss-Adaption. Es wurde 1932 modernisiert, besaß nun das Kaliber 7,71 mm, eine neukonstruierte Dreibeinlafette, eine Schnellwechselvorrichtung für den luftgekühlten Lauf, es war leichter und leistungsfähiger. Grundproblem der japanischen Infanteriebewaffnung blieb die Munition. Für die Gewehre und Maschinengewehre in den Infanteriebataillonen gab es fünf verschiedene Patronen.

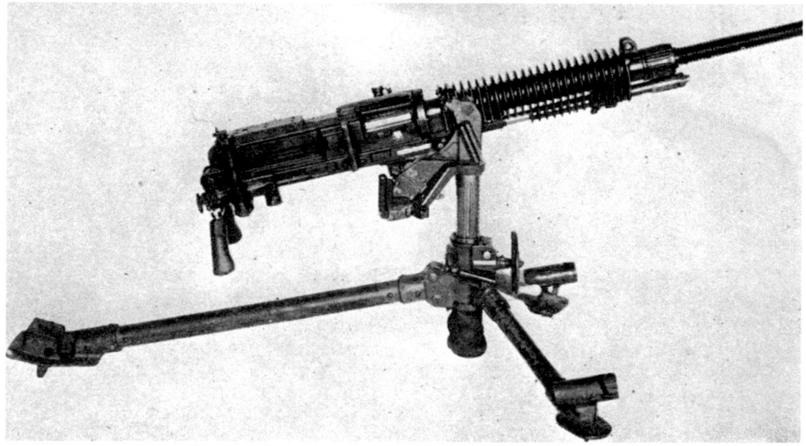

Das japanische Heer führte 1932 das schwere Maschinengewehr Typ 92 ein, das für das Kaliber 7,71 mm eingerichtet war. Die Patronen (7,7x58 R) wurden aus Ladestreifen mit 30 Schuss zugeführt.

Durchaus vergleichbar waren die Probleme, mit denen sich die italienischen Soldaten herumplagen mussten. Bei den schweren Maschinengewehren brauchte es 15 Jahre, um das veraltete Fiat-Revelli Mod. 1911/12 mit Wasserkühlung (Kaliber 6,5 mm) durch eine neue Waffe, das luftgekühlte Modell 1914/35 mit einem Kaliber von 8 mm, zu ersetzen. Es war schwer, störanfällig und aufwendig in der Bedienung. Zwei Jahre später trat das 8-mm-schwere Maschinengewehr Breda Mod. 1937 auf Dreibeinlafette an seine Stelle.

In der Arbeiter- und Bauernarmee Sowjetrusslands gab es bei der Bewaffnung der Infanterie mit schweren Maschinengewehren, bis auf Projekte und Versuchsmodelle, keine Veränderungen. Das bewährte wassergekühlte Modell 1910 (Maxim) unterlag in der Produktion zwar starken Schwankungen (zwischen 4.500 und über 16.000 Stück jährlich), blieb aber unangefochten die Nummer 1. Der Versuch, es im September 1939 durch das 7,62-mm-schwere Maschinengewehr Degtjarow DS 1939 abzulösen, ist gescheitert. Auf Grund schwerwiegender Mängel musste die Fertigung zugunsten des Maxim-Maschinengewehrs eingestellt werden. Als Nachfolger wurde am 14. Mai 1943 das 7,62-mm-schwere Maschinengewehr SG 1943 aus dem Konstruktionsbüro von Pjotr Maximowitsch Gorunjow präsentiert. Nach über zweijähriger Entwicklungszeit und einer ausgiebigen Fronterprobung lief die Großserienfertigung dieser Waffe an.

Für das 7,62-mm-schwere Maschinengewehr PM 1910 (Maxim) gab es eine Maschinengewehr-Dreifußlafette und die wesentlich bekanntere Maschinengewehr-Räderlafette Sokolow, mit der die Waffe im Bild gezeigt wird.

Bemerkenswerte Aufnahme aus dem Sommer 1941. Sie zeigt frühe und späte Ausführungen des Maxim-Maschinengewehrs PM 1910 auf Sokolow-Lafette. Waffen der frühen Ausführung haben einen glatten Kühlwassermantel.

Schwere Maschinengewehre bis 1945

Land	Bezeichnung	Kaliber	Gewicht (kg)	V_0 (m/s)	Schussweite (m)	Feuergeschwindigkeit (Schuss/min)	Munitionszuführung
Frankreich	St. Etienne mle.1907	8	50,3	720	3.500	100-600	Ladestreifen 25 Patronen
	Hotchkiss mle.1914	8	49	700-750	4.500	400	Ladestreifen 25 Patronen oder Gurt 250 Patronen
Großbritannien	Vickers .303 Mk I	7,71	40,2	744	1.88-3.700	500	Gurt 250 Patronen
Italien	Fiat-Revelli Mod.1914/35	8	40,6	790	3.600	100-600	Gurt, 50 oder 300 Patronen
	Breda Mod.1937	8	36,8	790	3.000	450	Ladestreifen 20 Patronen
Japan	Typ 92	7,71	55,5	730	2.200	450	Ladestreifen 30 Patronen
Sowjetunion	Maxim PM 1910	7,62	66,0	855	2.200	250-300	Gurtkasten 250 Patronen
	Gorunjew SG 1943	7,62	40,4	855	2.000	250-300	Gurt 50 Patronen
Tschechoslowakei	ZB 37	7,92	36,5	790	2.500	500	Gurt, 100 oder 200 Patronen
USA	Browning M 1919 A 4	7,62	28,97	790	2.560	500	Gurt 250 Patronen

Für den Luftzielbeschuss führte die Rote Armee 1931 eine Vierlingslafette ein, die 460 kg schwer war und ortsfest oder auf Lastkraftwagen beweglich eingesetzt wurde.

In fast allen Ländern wurden überschwere Maschinengewehre entwickelt, erprobt und in den Truppendienst übernommen. Die Idee, eine solche Waffe zur Bekämpfung gepanzerter Fahrzeuge und Flugzeuge verfügbar zu haben, ist in Deutschland mit dem T.u.F.-Maschinengewehr, Kaliber 13 mm[4], entwickelt worden. Sie fand dort aus verschiedenen Gründen keine Weiterentwicklung, dagegen aber in den USA, in Frankreich und der Sowjetunion, die in den 1930er Jahren vergleichbare Waffen in ihren Streitkräften einführten.

[4] T.u.F. = Tank- und Flieger- (Abwehr-)

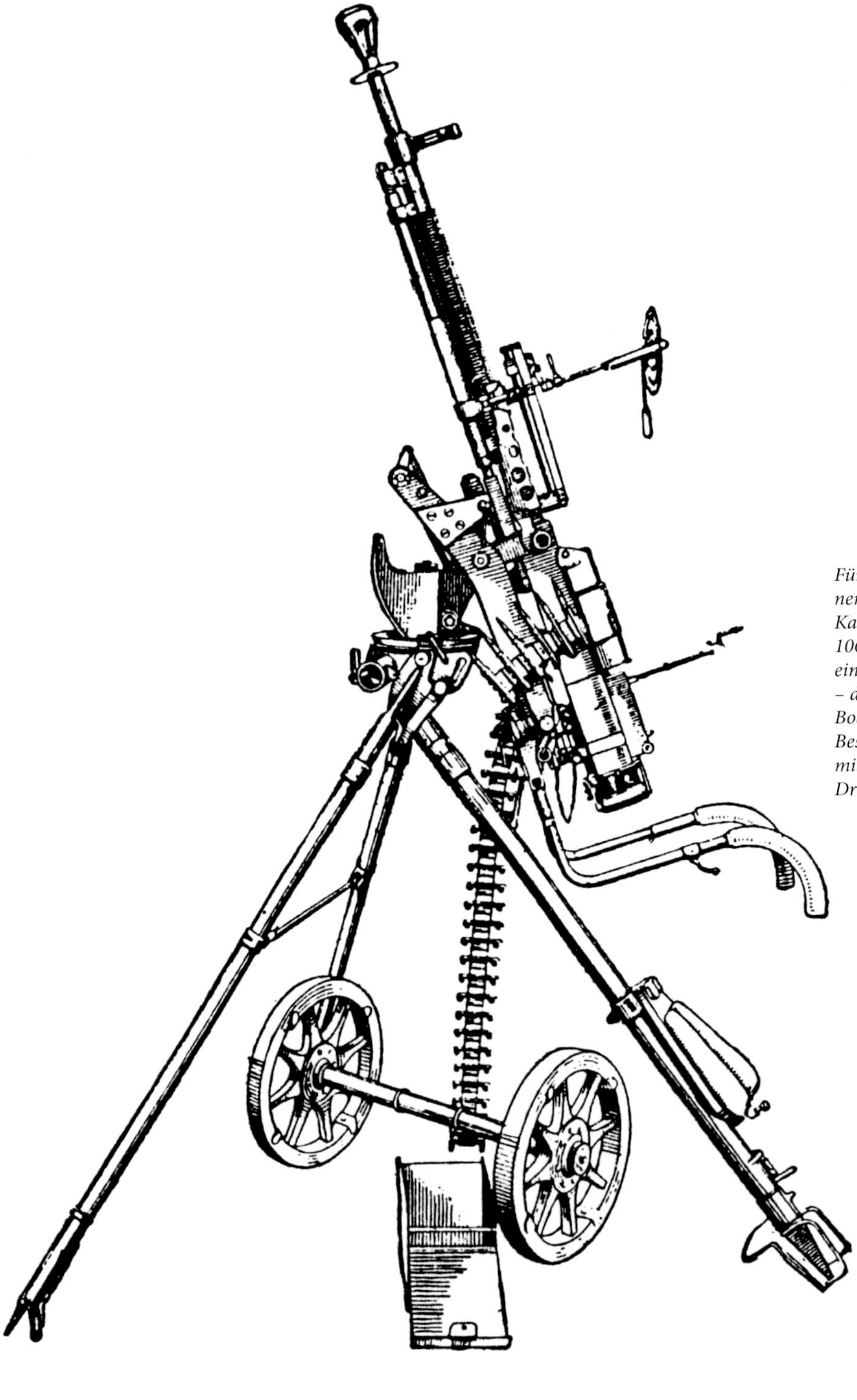

Für das überschwere Maschinengewehr DSchK 38 mit dem Kaliber 12,7 mm gab es eine 106 kg schwere Lafette, die – mit einem Schutzschild ausgestattet – den Einsatz der Waffe gegen Bodenziele ermöglichte. Für den Beschuss von Luftzielen wurde sie mit abgenommenen Rädern als Dreibein aufgestellt.

Die US-Armee verwendete das überschwere Maschinengewehr Browning M 2 HB auf Dreibeinlafette oder in der Vierlingslafette M 45. Das Bild zeigt die letztere Ausführung als Selbstfahrlafette M 16 während der Kämpfe in der Normandie im Sommer 1944.

Das italienische überschwere Maschinengewehr Breda 20/65 Modell 1935 setzte hinsichtlich der Ausmaße und des Gewichts Grenzen. Gegen Luftziele konnte es bis 1.500 m, gegen gepanzerte Bodenziele bis 300 m wirken.

Überschwere Maschinengewehre bis 1945

Land	Bezeichnung	Kaliber (mm)	Gewicht (kg)	V_0 (m/s)	Schussweite (m)	Feuergeschwindigkeit (Schuss/min)	Durchschlagleistung (mm)	Munitionszuführung
Frankreich	Hotchkiss Mle.1935	13,2	195	k.A.	2.500	450	20 (auf 500 m)	Magazin 30 Patronen oder Ladestreifen 15–20 Patronen
Großbritannien	Vickers .50	13,7	45 [1]	k.A.	2.000	350	8 (auf 300 m)	Gurt k.A.
Italien	Breda 20/65 Mod.1935	20	304	830	5.500	240	20 (auf 100 m)	Ladestreifen 12 Patronen
Japan	Typ 93	13,2	96,6	765	4.150	450	ca. 15	Ladestreifen 30 Patronen
Sowjetunion	DSchK 38	12,7	142,1	850	3.500	600	15 (auf 500)	Gurt 50 Patronen
Tschechoslowakei	ZB 60	15	159	905	1.000 [2]	430	ca. 15	Gurt 40 Patronen
USA	Browning M 2 HB	12,7	58	895	2.377	500	25 (auf 100 m)	Gurt 110 Patronen

[1] nur das Gewicht der Waffe [2] Gebrauchsschussweite

Zur Entwicklung in der Maschinengewehrfrage in den deutschen Streitkräften. Deutschland musste nach Kriegsende 25.000 Maschinengewehre an Truppen der Siegermächte übergeben, 107.000 wurden zerstört. Die verbliebenen Waffen wurden entsprechend den Bestimmungen über das Landheer im Versailler Vertrag auf die sieben Infanterie- und drei Kavalleriedivisionen der Reichswehr aufgeschlüsselt. Den insgesamt 279 Schützen- und Jägerkompanien sowie Kavallerieschwadronen standen 2.511 7,92-mm-leichte Maschinengewehre 08/15 oder 08/18 zu, den 63 Maschinengewehrkompanien der Infanterie- oder Jägerbataillone 756 schwere Maschinengewehre 08 gleichen Kalibers. Die Modelle 08 und 08/15 besaßen Wasserkühlung, zeigten sich im Einsatz zu schwer und zu kompliziert, ihre Feuergeschwindigkeit und Schussweite (mit S-Munition) wurde als nicht ausreichend angesehen. Mit ihrem Ersatz durch Neukonstruktionen war auf absehbare Zeit nicht zu rechnen, weshalb sich die Infanterieabteilung der Inspektion für Waffen und Gerät auf die Verbesserung des vorhandenen Waffenbestandes konzentrierte:

a. **7,92-mm-schweres Maschinengewehr 08.** Hier wurde die Abfeuerung geändert. An die Stelle des Druckstückes mit Sicherungswelle trat eine Abzugsvorrichtung mit Sicherung. Das MG-Schloss 16, Höhen- und Seitenbegrenzer und ein leicht zu handhabender Hebel für die Tiefenfeuereinrichtung waren Teil der Modernisierung. Für den Tieffliegerbeschuss erhielten die Waffen Kreiskornvisiere, die Schießgestelle Aufsatzstücke. Verbesserungen am Verschluss und Änderungen am Zuführer ermöglichten die Verwendung der alten Patronengurte aus Hanf und der neuen aus Stahlgliedern.

7,92-mm-schweres Maschinengewehr 08 mit Maschinengewehrschlitten, Zielfernrohr 12 und Tiefenfeuertabelle. Das Zielfernrohr hat eine 2½-fache Vergrößerung und ein Gesichtsfeld von 200 m auf 1000 m Entfernung.

7,92-mm-schweres Maschinengewehr 08 auf Dreifuß mit Kurvenvisiereinrichtung mit Korn. Der Dreifuß hat gegenüber dem Schlitten den Vorteil, dass stets alle Beine auf dem Boden aufstehen und dass er der Waffe eine größere Seitenschwenkung gestattete.

Das 7,92-mm-schwere Maschinengewehr 08 auf Dreifuß. Manöveraufnahme aus der Zeit Anfang der 1930er Jahre.

Zum Beschuss von Tieffliegern wurden für Maschinengewehre 08 auf Dreifuß Aufsatzstücke eingeführt. Sie ermöglichten einen Höhenrichtbereich von +53° bis +70° und einen Seitenrichtbereich von 360°. Analog dazu erhielten Maschinengewehre auf Schlittenschießgestell entsprechende Aufsatzstücke.

b. 7,92-mm-leichtes Maschinengewehr 08/15. Durch die Befestigung der Gabelstütze vorn am Kühlwassermantel gelang es, die Treffsicherheit zu erhöhen und die wirksame Schussweite von 900 auf 1.200 m zu steigern. Neben der Gabelstütze fand ein Dreibein Verwendung, auch für das leichte Maschinengewehr 08/18. Es gehörte, wie die Modelle 08 und 08/15, zu den Rückstoßladern mit beweglichem Lauf (System Maxim), besaß aber einen perforierten Lauf und Luftkühlung. Der Einsatz war in fahrradbeweglichen Einheiten geplant, in der Reichswehr sicherte es die Hauptfeuerkraft der Kavallerieschwadronen. Sie verfügten, wie die Schützenkompanien, über neun leichte Maschinengewehre.

Das leichte Maschinengewehr 08/15 mit vorn befestigter Gabelstütze. Sie trug zur Verbesserung der Treffleistung und Erhöhung der wirksamen Schussweite von 900 auf 1.200 m bei.

Leichtes 7,92-mm-Maschinengewehr 08/15 mit dem hinten am Kühlwassermantel befestigten Schießgestell. Die Gabelstütze wurde mittels Gewehrkupplungsstück und Bajonettverschluss angebracht.

Für den Beschuss von Flugzeugen mit dem leichten Maschinengewehr 08/15 wurden die Maschinengewehrtrupps mit Dreibeinen ausgerüstet. Die Schießgestelle ermöglichten einen Höhenrichtbereich von $+57^{0}$ bis $+67^{0}$ und einen Seitenrichtbereich von 3600. Wegen der freibeweglichen Lagerung und den damit verbundenen Erschütterungen beim Schießen blieb die Wirkung auf Entfernungen unter 1.000 m begrenzt. Nach Möglichkeit sollte S.m.K.-Munition verschossen werden.

c. **Munition.** Durch die Einführung der Einheitspatrone (7,92 x 57) mit dem 12,8 g schweren Spitzgeschoss konnte die wirksame Schussweite der schweren Maschinengewehre auf 3.500 m erhöht werden. Das wirkte sich auf den Feuerkampf schwerer Maschinengewehrkompanien aus verdeckten Feuerstellungen aus.

Alle zur Optimierung der Maschinengewehre System Maxim vorgenommenen Verbesserungen werteten die Waffe, ihre Feuerkraft, ihre Einsatzmöglichkeiten auf. Grundsätzliche Probleme – das hohe Gewicht, die komplizierte Technik und Bedienung sowie die zu niedrige Feuergeschwindigkeit – blieben ungelöst. Es zeugt also von Konsequenz, wenn das Truppenamt am 24. Mai 1929 das Wehramt / Inspektion 2 aufforderte, alle Arbeiten an den Maschinengewehren 08, 08/15 und 08/18 einzustellen (ausgenommen blieben die Metallgurte, die Tiefenfeuereinrichtung sowie die Vielfachlafette zur Flugzeugabwehr). Fortgesetzt werden sollten die Entwicklungen:

a. Gerät 13 – luftgekühltes leichtes Maschinengewehr System Dreyse,
b. Gerät 14 – wassergekühltes schweres Maschinengewehr System Dreyse
c. Gerät 28 – ein neuer Maschinengewehr-Dreifuß für das Gerät 14 und das Maschinengewehr 08, Ersatz für den Dreifuß 16.

Dass man bei den Waffen auf das System Dreyse zurückgriff, war folgerichtig; dazu lagen Erfahrungen aus dem Weltkrieg vor. Für die Entwicklung verantwortlich zeichnete die Rheinmetall-Borsig GmbH / Düsseldorf. Sie führte von ersten Versuchsmustern mit Trommelmagazin (wie beim englischen Lewis-Maschinengewehr) zu einer 11,4 kg schweren Waffe mit 25-schüssigem Kastenmagazin. Vor der offiziellen Annahme wurde ausgiebig erprobt, u.a. in Sowjetrussland im Vergleich mit dem leichten Maschinengewehr Degtjarow. Als Hersteller trat die Firma Simson & Co. / Suhl in Erscheinung, eines der wenigen Unternehmen, das von den Siegermächten für die Erfüllung von Aufträgen der Reichswehr noch zugelassen war. Verwendung fand es unter der Bezeichnung Maschinengewehr 13 (Dreyse) in den Schützenkompanien a (Kriegsstärkenachweisung Nr. 131a vom 1. Oktober 1937), löste seine Vorgänger aber nie vollständig ab. In einem Ausbildungshandbuch vom April 1934 kann man nachlesen:

> »Das M.G. 13 (Dreyse) weicht in seiner Bauart von derjenigen des M.G. 08/15 (Maxim) in vielfacher Art ab. Es ist bedeutend leichter als letzteres und einfacher in der Handhabung. Trotzdem sind die Schießleistungen des M.G. 13 und des M.G. 08/15 ungefähr gleich.«
>
> *Zitiert aus: Hauptmann Ludwig Queckbörner, Exerzier-ABC in Wort und Bild, Berlin 1934, S. 49.*

Das 7,92-mm-leichte Maschinengewehr 13 mit Zweibein als Schießgestell und Kurvenvisier. Zu einem Maschinengewehrtrupp gehörten der Richtschütze (Schütze 1) sowie die Schützen 2–4 für den Transport der Magazintaschen, des Zubehörs und der Vorratsteile.

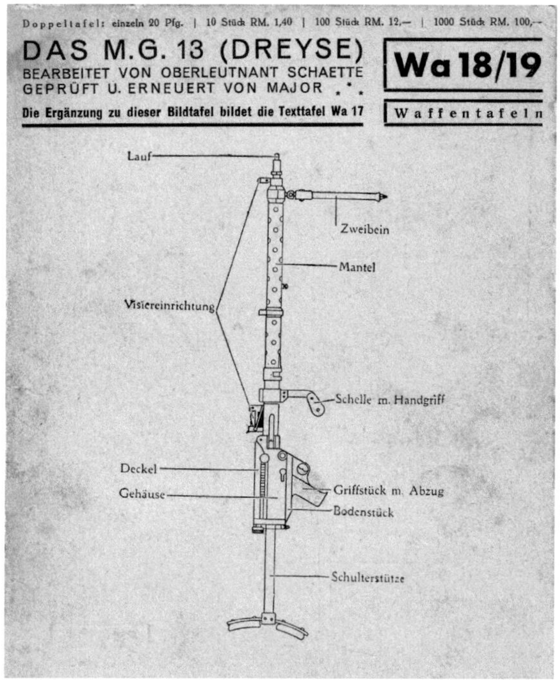

Leichtes Maschinengewehr 13 auf Dreibein zur Flugabwehr. Dabei wurden die Patronen (Mauser 8x57) aus dem 25-schüssigen Kastenmagazin oder der Gurttrommel 13 zugeführt.

Auf dem Weg zum Einheitsmaschinengewehr – das 7,92-mm-Maschinengewehr auf Rücklauflafette.

Maschinengewehrtrupps einer Schützenkompanie mit 7,92-mm-leichten Maschinengewehren 34. Die Sollausstattung einer Schützenkompanie (Kriegsstärkenachweisung Nr. 131) sah drei Maschinengewehre für jeden Zug vor. Im Krieg kam eine Waffe als Reserve dazu.

Das 7,92-mm-Maschinengewehr 34 als schweres Maschinengewehr auf der schweren Maschinengewehrlafette 34 mit automatischer Tiefenfeuereinrichtung als Schießgestell (Rücklauflafette).

Andere leichte Maschinengewehre wie das Vollmer aus dem Jahr 1927 oder das von Rheinmetall-Solothurn (S-2-200) fanden keine weitergehende Aufmerksamkeit, 1931 stellte man die Entwicklung des Geräts 14 ein.

Fortgeführt wurde die Diskussion über Vor- und Nachteile von Einheitsmaschinengewehren. 1931 gab es in der Maschinengewehrbewaffnung der Reichswehr zwei Systeme – Maxim und Dreyse – und vier Modelle, das 08, das 08/15, das 08/18 und das eben erst angenommene Modell 13. Einheitsmaschinengewehre boten Möglichkeiten, Ausbildung, Herstellung und Nachschub zu vereinfachen. Dieses Ziel vor Augen, ließ man sich wenig Zeit. Schon im Januar 1931 erwähnt die Abteilung Wa-Prw 2 II des Heereswaffenamtes den Nachfolger von Gerät 14, der 1932 in den Truppenversuch gehen sollte. Verantwortlich zeichnete die Rheinmetall-Borsig AG, Werk Sömmerda, mit ihrem Chefkonstrukteur Louis Stange. Der verstand es geschickt, die Arbeitsergebnisse anderer Unternehmen, darunter von Mauser, in die neu zu konstruierende Waffe einfließen zu lassen. Hinsichtlich der Lafettierung als schweres Maschinengewehr kamen wertvolle Anregungen vom dänischen Waffenhersteller Madsen aus Kopenhagen, dessen »Leichtlafette« für Einheitsmaschinengewehre am 8. Januar 1931 auf dem Schießplatz Kummersdorf erprobt und grundsätzlich für geeignet befunden wurde. Ihre Weiterentwicklung führte zu Beschussversuchen mit den Maschinengewehren 08/18 und 13.

Erfolgreiches Testschießen mit dem neuen Maschinengewehr fand Anfang Dezember 1933 in Anwesenheit hoher Militärs statt. Es war mit dem Einheitsmaschinengewehr gelungen, eine wegweisende Konstruktion zu schaffen, die nach drei Jahre andauernder intensiver Truppenversuche zur Großserienfertigung freigegeben wurde. Die Truppe hatte sich für eine höhere Feuergeschwindigkeit entschieden. Dadurch konnte man auf den komplizierten Regler (600 oder 1000 Schuss/min) verzichten.

Offiziell eingeführt wurde das 7,92-mm-Maschinengewehr 34 zusammen mit der Maschinengewehrlafette 34, der Zieleinrichtung, dem Maschinengewehrwagen 36 (If. 5) am 31. Januar 1939 (O.K.H. 21.1.39 – 72d – In 2 (IIIb)). Als Einheitsmaschinengewehr kann man es deshalb bezeichnen, weil es ohne jede Veränderung als leichtes Maschinengewehr auf Zweibein in den Schützenkompanien, als schweres Maschinengewehr auf Maschinengewehrlafette mit optischer Zieleinrichtung und automatischer Tiefenfeuereinrichtung in den Maschinengewehrkompanien diente. Ihre Gliederung und Waffenausstattung hat man geändert. Nach der Kriegsstärkenachweisung Nr. 151b vom 1. Oktober 1937 blieben ihnen zwei Züge mit je vier schweren Maschinengewehren; die 3. Züge erhielten sechs 8-cm-mittlere Granatwerfer 34. Panzer- und Festungstruppen wurden ebenfalls mit dem Maschinengewehr 34 ausgestattet.

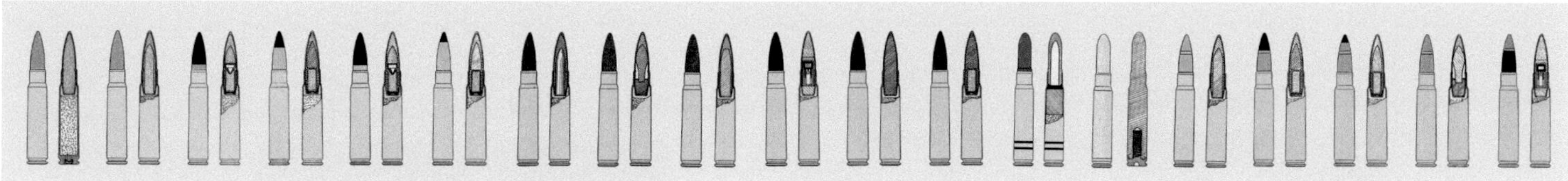

Die Vielfalt der 7,92-mm-Munition (Mauser 8x57) für Schusswaffen 98 und Maschinengewehre.

Richtschütze (Schütze 1) einer Maschinengewehrbedienung. Neben ihm steht das Maschinengewehr 34 auf Zweibein, dahinter die zusammengeklappte Maschinengewehrlafette 34, ein Gurttrommelträger 34 mit zwei Gurttrommeln 34, ein Patronenkasten 34 und ein kleiner Vorratskasten. Im Vordergrund ist ein Entfernungsmesser 34 zu sehen.

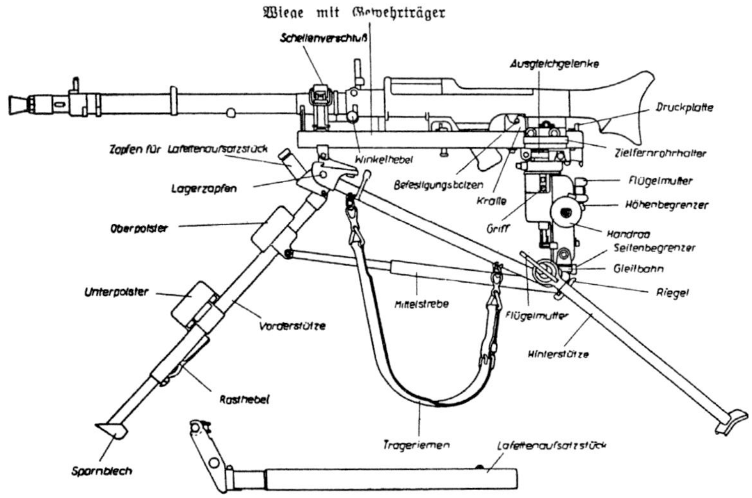

Die Maschinengewehrlafette 34 mit eingelegtem 7,92-mm-Maschinengewehr 34.

Leichtes Maschinengewehr 34 mit dem Zweibein als Schießgestell. Die Patronen wurden aus Gurttrommeln oder – wie im Bild zu sehen – aus Patronenkästen 34 (später 41) zugeführt.

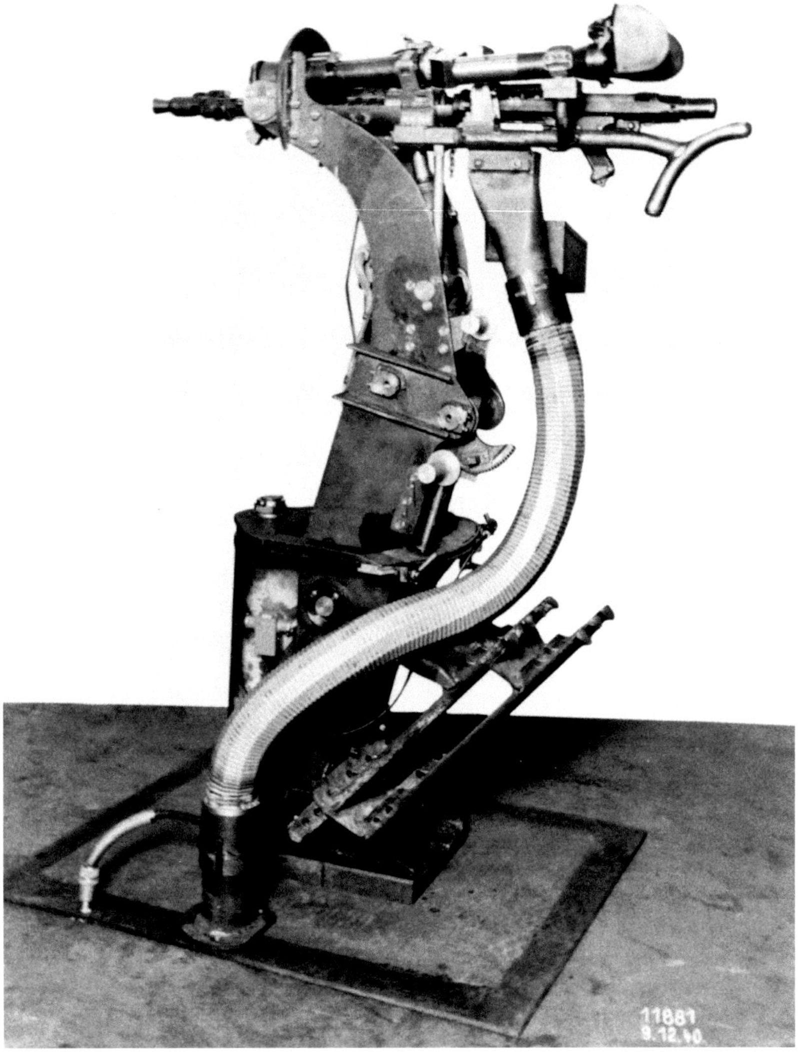

Versuchsanordnung für die Verwendung des 7,92-mm-Maschinengewehrs 34 mit Panzerzielfernrohr 1 (2,5x280) in Festungsanlagen. In ähnlicher Lafettierung fanden die Einheitsmaschinengewehre in Schartentürmen des »Ost«- und des »Westwalls« Verwendung.

Maschinengewehrwagen (If. 5) (Bauart 36) der 4. (Maschinengewehr-)Kompanie eines Infanteriebataillons. Auf dem Hinterwagen konnten zur Flugabwehr zwei Maschinengewehre 34 mit Kreiskornvisier lafettiert werden (Höhenrichtbereich -10° / +90°, Seitenrichtbereich 360°). Auf dem Fahrzeug wurden neben Munition und Zubehör zwei Maschinengewehrlafetten für den Erdeinsatz mitgeführt.

Bei der Munitionszuführung zeigte sich die hohe Flexibilität des neuen Maschinengewehrs. Verwendung fanden 50-Schuss-Gurttrommeln, Gurtkästen mit 75 bis 300 Patronen, in gepanzerten Fahrzeugen Gurtsäcke oder Gurtkästen mit 100 Patronen.

Das Maschinengewehr 34 sicherte der Infanterie des deutschen Heeres eine überlegene Feuerkraft. Sein Gewicht war mit 33,1 kg vergleichsweise gering und ermöglichte mit der bequemen Trageweise ein hohes Maß an Beweglichkeit und Feuerbereitschaft. Andererseits erwies sich die Herstellung als aufwendig. Die ausgesprochene Fräskonstruktion verlangte hochwertige Werkstoffe und viel Präzisionsarbeit. Sie ließ nur geringe Toleranzen und Spielräume zu. Damit verbundene Nachteile widerspiegeln Erfahrungsberichte aus dem Polenfeldzug im September 1939. Die Schussleistungen fanden Anerkennung. Zugleich beklagte man die zahlreichen durch Verschmutzung hervorgerufenen Hemmungen. Als Abhilfe wurde Staubschutz für den Marsch vorgeschlagen.

Seitens der Truppe gab es wiederholt Forderungen, die Feuergeschwindigkeit des Maschinengewehrs 34 weiter zu steigern. Die Möglichkeit eines schnellen Lauf- und Schlosswechsels stand dem nicht entgegen. Den mit 1650 Schuss/min bereits 1938 erreichten Belastungen waren sie aber dauerhaft nicht gewachsen. Unter Beibehaltung des Verschlusssystems führte die Entwicklung zum Maschinengewehr 34/41. Die 1.200 Schuss/min erreichte man mit einem kürzeren, leichteren Lauf und dem wirksamen Rückstoßverstärker. 300 Stück kamen 1942 für einen Truppenversuch an die Ostfront. Dabei blieb es. Mittlerweile gab es ein Konkurrenzmodell – das Maschinengewehr 42.

Seine Entwicklung geht auf das Jahr 1937 zurück. Das Heereswaffenamt beauftragte die Firmen Rheinmetall / Sömmerda, die Stübgen & Co. Metallwerke / Erfurt und die Johannes Großfuß Metall- und Lackierfabrik / Döbeln mit der Konstruktion neuer Maschinengewehre. Zu den Forderungen gehörten:

- die Steigerung der Feuergeschwindigkeit,
- eine geringere Empfindlichkeit gegenüber Staub und Kälte und
- der Übergang zu spanlosen Fertigungsmethoden, verbunden mit der Einsparung hochwertiger Werkstoffe.

Ein vorbehaltloser Befürworter spanloser Fertigung war der Ministerialrat Dr. Ing. Anton Peters (»Blechpeter«) von der Abteilung WaPrw 2 (Infanterie, kleinkalibrige Waffen bis 2 cm) des Heereswaffenamtes. Er fand mit der Firma Johannes Großfuß einen Partner mit Erfahrungen auf diesem Gebiet der Metallverarbeitung und in Dr. Ing. Werner Gruner den talentierten Konstrukteur. Gruner, der im Juni 1991 berichtete, dass er »... bei Auftragserteilung noch nie einen Karabiner oder ein Maschinengewehr ... in der Hand gehabt hatte ..., begann also zunächst mit einfachen Versuchen über Beanspruchung und Funktion verschiedener eigener Entwürfe von Verschlussmechanismen«.

Im April 1938 stellten die Firmen ihre Entwürfe vor; den von Großfuß zeichnete ein hoher Anteil von Blechstanzteilen aus 2,5 mm dickem Bandstahl aus. Während der Dauererprobung in Döbeln auftretende Mängel, vorwiegend Materialbrüche, wurden beseitigt. Das Heereswaffenamt gab 100 Maschinengewehre in Auftrag. Sie erhielten die Modellbezeichnung 39. Deren Erprobung mit weiter gesteigerter Feuergeschwindigkeit kam bis Ende 1940 zum Abschluss. Das Ergebnis konnte im März 1941 als Maschinengewehr 39/41 präsentiert werden. Nachdem man es im Dezember des Jahres Hitler vorgeführt hatte, forderte er, die bereits bestellten 1500 Stück in kürzester Zeit auszuliefern. Das erste Merkblatt für die Ausbildung am Maschinengewehr 42 (bisher Maschinengewehr 39/41) erschien am 3. Juni 1942, 16 Monate vor der offiziellen Einführungsverordnung. Die Umbewaffnung machte bezüglich der Bedienung keine Schwierigkeiten, weil sie einigermaßen der des Maschinengewehrs 34 entsprach. Als Schießgestell diente weiterhin die Maschinengewehrlafette 34, auch wenn ihre Standfestigkeit bei großer Anschlaghöhe mit dem Maschinengewehr 42 nicht mehr genügte. Die Truppe begrüßte das neue Maschinengewehr.

Das 7,92-mm-leichte Maschinengewehr 42. Mit ihm konnte nur Dauerfeuer (Feuerstöße) abgegeben werden. Der Lauf musste nach 150 rasch aufeinanderfolgenden Schüssen gewechselt werden.

Vergleichserprobung zwischen dem Maschinengewehr 34 und dem zunächst als Maschinengewehr 39 bezeichneten späteren Maschinengewehr 42 (im Vordergrund).

Zum Maschinengewehr 42 gehörte bei der Verwendung als schweres Maschinengewehr die Maschinengewehrlafette 42 mit Lafettenaufsatzstück 34 und Lager 42 sowie die Maschinengewehr-Zieleinrichtung 40 mit Vorsatzfernrohr.

Bericht des Hauptsturmführers Springer, Chef der 1. Kompanie/Infanterieregiment (mot) 1 LSSAH, über den Einsatz des Maschinengewehrs 42 in der Abwehrschlacht am Donez (4. bis 10. Februar 1942): »Am 4. Februar erschien der Russe vor unseren Stellungen. Er versuchte mehrfach, über den zugefrorenen Donez durch unsere Stellungen zu brechen, es gelang ihm nicht. Erstens lag hinter unseren … Stellungen eine genügende Gegenstoßreserve …, und zweitens hatten wir je Gruppe zwei Maschinengewehre 42, die erstmals bei uns eingesetzt, eine verheerende Wirkung hatten.« An diesem Tag erschien der SS-Gruppenführer und Generalleutnant der Waffen-SS, Paul Hauser, »… um sich persönlich von der Wirkung des Maschinengewehrs 42 zu überzeugen; gefallene Russen lagen in großer Zahl vor unseren Stellungen auf dem Eis des Donez.«

Zitiert aus: Lehmann, Rolf: Die Leibstandarte, Band III, Osnabrück 1982, S. 56 f.

Die Schussfolge des Maschinengewehrs 42 ist mit 25 Schuss in der Sekunde angegeben. Im Einsatz wird die Anzahl der Geschosse, die in einer Minute abgegeben werden können, als praktische Feuergeschwindigkeit bezeichnet. Sie lag beim Modell 42 als leichtes Maschinengewehr bei 120–150 Schuss/min, als schweres Maschinengewehr bei 400–500 Schuss/min.

In den Kompanien und Schwadronen der Bataillone bzw. Abteilungen blieb das Ausstattungssoll bei neun leichten Maschinengewehren (vgl. u.a. Kriegsstärkenachweisung Nr. 131n vom 1. Dezember 1943). Die Zahl der schweren Maschinengewehre in den 4. (Maschinengewehr-) Kompanien der Infanteriebataillone stieg auf zwölf, gegliedert in drei Züge; der 4. Zug war mit 8-cm-Granatwerfern 34 bewaffnet. Aus dem Bedürfnis heraus, den Kompaniechefs und Bataillonskommandeuren eine höhere Feuerkraft in die Hand zu geben, wurden beginnend 1942 Veränderungen vorgenommen. Aus den Kompanien entstanden die 4. (Schweren) Kompanien der Bataillone, in denen die schweren Infanteriewaffen zusammengefasst waren. Aus der Vielfalt der Gliederungs- und Bewaffnungsvarianten sollen nur zwei genannt werden:

1. die schwere Kompanie eines Jägerbataillons (nach Kriegsstärkenachweisung Nr. 155a vom 1. Dezember 1943), die noch über zwei 7,5-cm-leichten Infanteriegeschütze, sechs 8-cm-mittlere Granatwerfer 34 und vier 12-cm-schwere Granatwerfer 42 verfügte und
2. die schwere Kompanie eines Grenadierbataillons (nach Kriegsstärkenachweisung Nr. 151V vom 1. September 1944) mit acht schweren Maschinengewehren 42, vier 7,5-cm-leichten Infanteriegeschützen und sechs 8-cm-mittleren Granatwerfern 34.

Dafür wurde Feuerkraft an die Kompaniechefs abgegeben, die neben den leichten Maschinengewehren über zwei schwere Maschinengewehre in ihren schweren Zügen oder schweren Maschinengewehrgruppen verfügen konnten. Das zeigt recht deutlich, welch hohen Wert die Maschinengewehre für den Erhalt der Kampfkraft einer Infanterie besaßen, die im Kriegsverlauf quantitative und qualitative Einbußen zu verarbeiten hatte. Die taktischen und technischen Vorzüge der deutschen Einheitsmaschinengewehre erleichterte die Erfüllung der Aufgaben.

Eng verbunden damit blieb ein Problem – das des Munitionsnachschubes. Entsprechend einer Heeresverordnung vom 15. Dezember 1942 (O.K.H. /Ch H Rüst u. BdE), 15.12.42 - 200086/42 - In 2 (IV)) bestand die 1. Munitionsausstattung für ein schweres Maschinengewehr aus 6300 Schuss (davon 4740 bei der fechtenden Truppe). Das sind über 165 kg (ohne Verpackung) und beim schweren Maschinengewehr 42 4,2 min Feuertätigkeit.

Die Fertigung des Maschinengewehrs 42 war breit aufgestellt, auf vier große Unternehmen verteilt. Trotzdem gelang es nicht, den Bedarf der Truppe zu befriedigen. Hitler hatte schon am 4. Juni 1942 eine kurzfristige Steigerung auf monatlich 13.000 Maschinengewehre 42 gefordert. Erfolg stellte sich nur ansatzweise ein, und das zu Lasten der Ersatzteilproduktion. Die Forderung nach monatlich 16.000 Maschinengewehren konnte im Oktober des Jahres leicht übertroffen werden, 17.148 wurden ausgeliefert, davon 13.100 Maschinengewehre 42. Die Zahlen zeigen, welche Bedeutung dieses Modell für die deutsche Heeresrüstung erlangt hatte. Nach dem Sturmprogramm des Heeres vom 9. Januar 1945 lag das monatliche Fertigungssoll bei 35.000 Maschinengewehren 34 und 42, im Rüstungs-Notprogramm war nur noch von einer Waffe – dem Maschinengewehr 42, vereinfacht – die Rede (ebenfalls 35.000 im Monat). Die Organisationsabteilung III im Generalstab des Heeres gab am 26. April eine letzte Prognose ab. Von den drei verbliebenen Herstellern in Brünn (Brno), Berlin und Steyr erwartete man die Auslieferung von 13.100 Maschinengewehren 34 und 42. Allerdings fehlten überall diverse Einzelteile, deren Anlieferung ungewiss blieb.

Herstellung der Maschinengewehre 34 und 42 zwischen 1939 und 1945 (Angaben in Stück)

	1939	1940	1941	1942	1943	1944	1945			
							Jan.	Febr.	März	April
MG 34	12.822	54.826	80.952	63.163	48.802	61.396	k.A.	6.275	6.322	4.000 [1]
MG 34/41	-	-	-	1.705	-	-	-	-	-	-
MG 42	-	-	-	17.195	116.725	211.806	k.A.	18.921	19.383	9.100 [1]
Summe	12.822	54.826	80.952	82.783	166.527	273.202	k.A.			

[1] Zusammenstellung GenSt.d.H./Ord.Abt.III Nr. 5666/45 gKdos vom 26. April 1945

Die hohen Verluste – 1943/44 im monatlichen Durchschnitt fast 8.000, allein im November 1944 13.401 Maschinengewehre – zwangen dazu, ausgesonderte Flugzeugbordwaffen der Luftwaffe für den Erdkampf und die Fliegerabwehr herzurichten. Erbeutete Maschinengewehre aller Kaliber, Systeme und Herkunftsländer halfen, Ausstattungslücken in den drei Wehrmachtsteilen, der Waffen-SS und dem Reichsarbeitsdienst zu schließen. Der Deutsche Volkssturm erhielt bis Anfang Dezember 1944 3.028 Maschinengewehre aus sieben verschiedenen Herkunftsländern, weitere 3.500 waren in Aussicht gestellt.
Inzwischen arbeitete man bei der Firma Großfuß an einer neuen Konstruktion – dem 42 V – auch als Maschinengewehr 45 bezeichnet. Es wurde bis zum Kriegsende nicht fertig. Gruner setzte seine Arbeit ab Januar 1946 fort, diesmal unter sowjetischer Aufsicht.

Ein Angehöriger der Deutschen Kriegsmarine bei der Übernahme von Waffen und Ausrüstungen der italienischen Streitkräfte. Im Vordergrund stehen 6,5-mm-leichte Maschinengewehre Breda Mod. 30 (Beutegutnummer 099 (i)), dahinter 8-mm-schwere Maschinengewehre Fiat Mod. 14/35 (Beutegutnummer 255 (i)). Aufnahme vom September 1943.

Das 7,62-mm-leichte Maschinengewehr Degtjarow fand auf deutscher Seite unter der Beutegutnummer 120 (r) Verwendung. Aufnahme aus dem Jahr 1942.

Deutsche Maschinengewehre 1918–1945 (Anhaltswerte)								
Modellbezeichnung	s.MG 08	le.MG 08/15	le.MG 08/18	le.MG 13	le. MG 34	s.MG 42	le. MG 42	s.MG 42
Kaliber (mm)	7,92	7,92	7,92	7,92	7,92	7,92	7,92	7,92
Gewicht (kg)	56,65 bis 68,35	20,8	15.82	11,4	12,1	33,1	11,6	32,6
V_0 (m/s)	815	815	815	823	755	755	750	750
Schussweite (m)	2.400–3.500	1.200	1.200	2.000	2.000	2.000	2.000	2.000
Feuergeschwindigkeit (Schuss/min)	450–600	450–600	450–600	550	800–900	800–900	1.500	1.500
Patronenzuführung	Gurt 250 Patronen	Gurttrommel 50 Patronen Gurtkasten 250 Patronen	Gurttrommel 50 Patronen Gurtkasten 250 Patronen	Kastenmagazin 25 Patr. Gurt-trommel 75 Patr.	Gurttrommel 50 Patronen Gurtkästen oder -säcke 100–300 Patronen			

Die Bewaffnung der Infanterie mit überschweren Maschinengewehren ist in Beiträgen der Fachpresse zwischen den beiden Weltkriegen thematisiert worden. Wie so oft in vergleichbaren Fällen wurde bereits an solchen Waffen gearbeitet. In einem Entwicklungsprogramm der Reichswehr von 1929/1930 waren die Abteilungen WaPrw 1 (Munition) und WaPrw 2 (Infanterie, kleinkalibrige Waffen bis 2 cm) des Heereswaffenamtes mit Einträgen für 13- und 20-mm-überschwere Maschinengewehre und ihre Munition vorgemerkt. Waffen verschiedener Systeme waren Anfang 1930 fertig. Brauchbare Lafetten erwartete man im Haushaltjahr 1932/1933, darunter eine Dreibeinlafette, die zu zwei Stück auf dem Gefechtswagen der Infanterie mitgeführt werden konnten.

Absicht war, mit infanteristischer Feuerkraft Schwächen der Artillerie zu kompensieren, aber auch der Bedrohung durch Schlachtflugzeuge entgegentreten zu können. »Die Infanterie ist nach wie vor die problematischste aller Waffen geblieben«, resümiert Oberst Dr. Lothar Redulic in der Ausgabe 36 des »Militär-Wochenblatt« vom 25. März 1930. Im Interesse der Erhaltung ihrer Stoßkraft galt es immer, zwischen Feuerkraft und Beweglichkeit abzuwägen. Die Feuerkraft überschwerer Maschinengewehre diente der Erfüllung von Sonderaufgaben – der Panzer- und Flugzeugabwehr – und stärkte in erster Linie die Verteidigung zuungunsten infanteristischer Stoßkraft. Ihre Entwicklung fand keine Fortsetzung. Ergebnisse bereits geleisteter Arbeit flossen in die Entwicklung kleinkalibriger Fla-Waffen ein.

Natürlich schätzte die Truppe die Feuerkraft solcher Waffen, so in Spanien, wo die 2-cm-Flugzeugabwehrkanone 30 wiederholt im Erdeinsatz gewesen ist, und an allen Fronten des Zweiten Weltkrieges. 14,4 kg Geschoss- und 0,74 kg Sprengstoffmasse, in einer Minute verschossen, hinterließen nachhaltigen Eindruck. Das Geschütz hatte mit seinen 463 kg in Feuerstellung und der sechsköpfigen Bedienung aber auch nichts mehr mit einer Infanteriewaffe gemein. So blieb ihr Einsatz besonderen taktischen Lagen vorbehalten. Im Kriegsverlauf wurde der Ruf nach einem großkalibrigen Maschinengewehr für die in verlustreichen Abwehrkämpfen gebundene Infanterie immer lauter.

Neben den doch sehr staubempfindlichen Flugzeugbordwaffen stand dafür nur die bei der Luftwaffe und der Heeres-Flugabwehr bereits im Gebrauch befindliche 2-cm-Flugzeugabwehrkanone 38 zur Verfügung. Für diese Waffe gab man eine Versuchsserie von 100 Erdkampflafetten 44 in Auftrag. Sie diente als Schießgestell. Mit dem Zielfernrohr 3 x 8^0 konnten Erdziele direkt, mit dem Richtaufsatz 44 indirekt bekämpft werden. Der Einsatz gegen Luftziele war nicht möglich. Eingesetzt wurden die 2-cm-überschweren Maschinengewehre zu je zwölf Stück in den überschweren Maschinengewehrkompanien (bespannt) (nach Kriegsstärkenachweisung Nr. 165a vom 1. November 1944). Das Oberkommando des Heeres verzichtete schon im Mai 1944 auf die Weiterführung der Produktion: »zu sperrig und schwer, nicht mehr kriegsentscheidend«.

Man wäre geneigt, diese Episode als den Schlusspunkt der Entwicklung überschwerer Maschinengewehre für die Infanterie des deutschen Heeres zu betrachten, lägen nicht so viele Informationen über Behelfslösungen aus den letzten Kriegsmonaten vor. Hitler selbst verlangte im Verlauf der Rüstungskonferenz vom 18.–20. August »einfachste Schießböcke«, um Flugzeugbordwaffen im Erdkampf einsetzen zu können. Luftwaffe und Heer hatten im Frühjahr 1944 eine Bauanleitung veröffentlicht, um 2-cm-Flugzeugabwehrkanonen für diese Verwendung verfügbar zu haben. Mitte April 1945 waren solcherart hergestellte überschwere Maschinengewehre am Mittellandkanal bei Magdeburg-Rothensee in Stellung. Noch abenteuerlicher muten die zahlreichen, für den Deutschen Volkssturm behelfsmäßig hergerichteten Flugzeugabwehr- und Flugzeugbordwaffen aus Beständen der Luftwaffe an. Bekannt geworden sind 13-mm-Maschinengewehre 131 mit Kugelblende und Rahmenlafette, 15-cm-Maschinengewehre 151 in Räderlafette, 2-cm-Maschinengewehre 151/20 auf Dreibock-, Sockel- und Räderlafette, 2-cm-Maschinengewehre FF/M in Pivotlafette und 2-cm-Flugzeugabwehrkanonen 30 in Erdkampfeinrichtung.

Die 2-cm-Flugzeugabwehrkanone 38 in Erdkampflafette 44 mit Zielfernrohr 3x80 und Richtaufsatz 44. Das Schießgestell bestand aus einer Spreizlafette und Stützfuß. Für den Transport im Mannschaftszug wurden stahlbereifte Räder (vgl. Infanteriekarren (If. 8)) oder Schneekufen angesteckt.

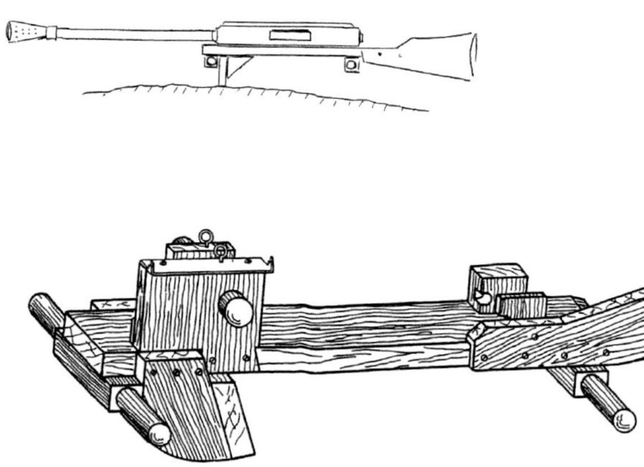

Der General der Flakwaffe beim Oberbefehlshaber der Luftwaffe ließ bereits 1943 die Beschreibung einer Behelfslafette aus Holz bekanntgeben, mit der die 2-cm-Flugzeugabwehrkanone 38 im Erdkampf eingesetzt werden konnte. Sie wurde im März 1944 vom Heer veröffentlicht.

Soldaten der US-Armee untersuchen eine 2-cm-Flugzeugabwehrkanone 30, die in einer Behelfslafette als überschweres Maschinengewehr für den Erdkampf umgewidmet wurde.

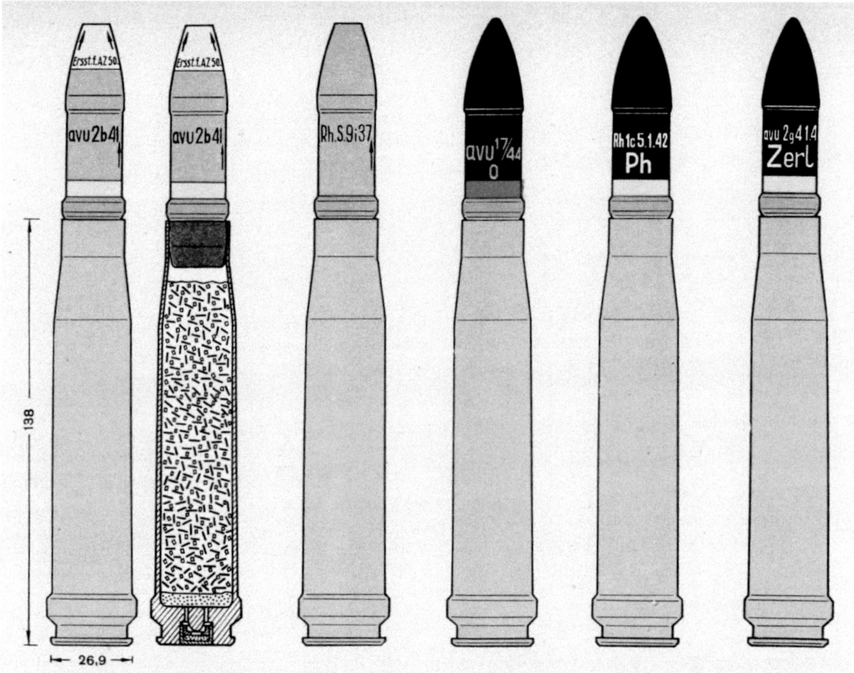

Die Munition für die 2-cm-Flugzeugabwehrkanonen 30 und 38 (20x204).

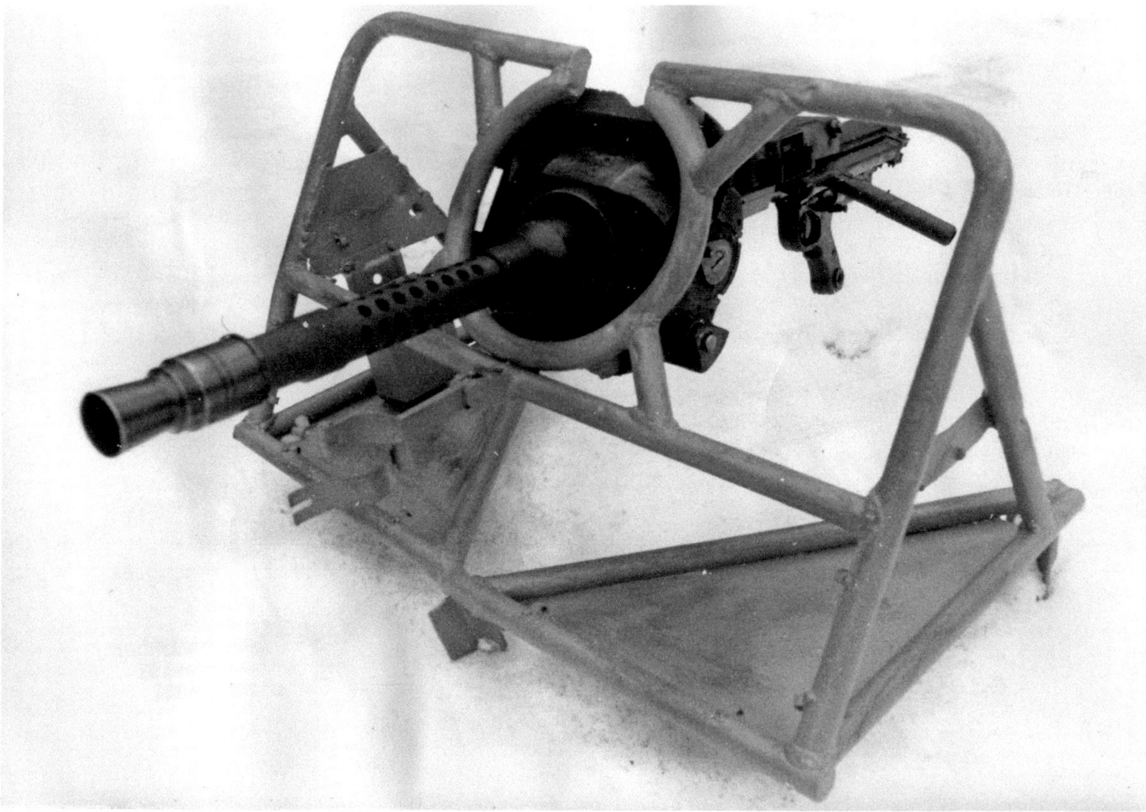

13-mm-Maschinengewehr 131 in Rahmenlafette. Diese Behelfslösung eines überschweren Maschinengewehrs aus dem Jahr 1945 entstand unter Verwendung von Flugzeugbordwaffen aus dem Werk Guben der Rheinmetall-Borsig AG. Die Waffe wog in Feuerstellung 31,8 kg.

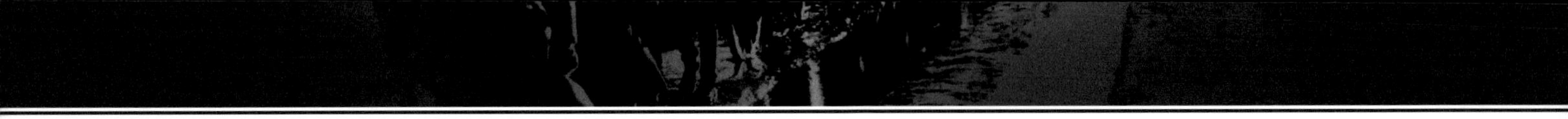

Kapitel 3

MILITÄRGEOLOGIE IM BEWEGUNGSKRIEG

»Da man aber nicht überall für Panzer geeignetes Gelände findet, kommt es um so mehr darauf an, die Waffe dort einzusetzen, wo sie sich bewegen und ihre Stoßkraft zur Geltung bringen kann.«

Generalmajor Heinz Guderian in »Achtung Panzer!«, Stuttgart 1937.

Im Ersten Weltkrieg hatte an fast allen Fronten der Stellungskrieg dominiert. Der Krieg um Festungen spielte, gemessen an den Maßstäben der Vorkriegszeit, eine untergeordnete Rolle. Das gilt auch für die Schlacht um Verdun vom Februar bis Oktober 1916. Die der Festung vorgelagerten Forts im Osten erfüllten dabei die Aufgaben von Korsettstangen in den französischen Stellungen. Der Anteil beweglicher Kriegführung war raum- und zeitmäßig gestaffelt und blieb in seinen Auswirkungen letztlich begrenzt. Nach dem Ende eines vierjährigen opferreichen Ringens beschäftigten sich viele Militärs mit der Theorie beweglicher, mechanisierter Kriegführung, um zukünftige militärische Auseinandersetzungen in kurzer Zeit erfolgreich beenden zu können. Charakteristische Merkmale des Bewegungskrieges sind schnelle, raumgreifende Operationen. Sie entschieden Verlauf und Ausgang des Zweiten Weltkrieges. Damit verbunden war eine Fülle neuer militärgeologischer Herausforderungen. Sie sind das Thema dieses Kapitels und werden im Kontext zum Festungs- und zum Stellungskrieg dargestellt. Das Hauptaugenmerk gilt der Entwicklung in den deutschen Streitkräften.

Militärgeologie wird als die praktische Anwendung geologischer Erkenntnisse für militärische Zwecke definiert. Sie befasst sich mit militärgeologischen Karten, berät die militärische Führung beim Bau von Verteidigungsanlagen, bei der Planung eigener Angriffsoperationen, ebenso wie beim Aufbau und dem Unterhalt der dafür benötigten Infrastruktur. Dazu zählen das Straßen- und Wegenetz, die Wasser- und Abwasserentsorgung, die Prüfung des Baugrundes (u.a. für Feldstellungen und Feldflugplätze), die Begeh- und Befahrbarkeit des Geländes unter verschiedenen Witterungsbedingungen, die Beschaffung von Baustoffen, aber auch die Erschließung kriegswichtiger Rohstoffe.

Der Motor als Waffe sah sich auf den Schlachtfeldern des Zweiten Weltkrieges mit einer geologischen Vielfalt konfrontiert. Sie reichte von Wüsten, Gebirgen, Sümpfen bis zu ausgedehnten Fluss- und Küstenlandschaften.

Im deutschen Heer war der Wert militärgeologischer Arbeit zu spät erkannt worden und entsprach erst zum Ende des Ersten Weltkrieges im Jahr 1918 den Anforderungen.[5] Nach dem Krieg fasste der Oberstleutnant Friedrich von Cochenhausen die bis dahin gesammelten Erfahrungen in dem 1924 erstmals veröffentlichten »Handbuch über die kriegswissenschaftliche Fortbildung des Truppenoffiziers« wie folgt zusammen: »Kenntnis des Geländes gibt wichtige Grundlagen für den Einsatz der Waffen. Wirkung moderner Kampfmittel kann nur durch sorgsamste Geländebenutzung abgeschwächt werden. Bei fortschreitender Motorisierung wird Geländeerkundung immer größere Bedeutung erlangen«.

Dabei hatte die während des Krieges aufgebaute Wehrgeologentruppe nach 1918 starke Einschnitte hinnehmen müssen – ein Ergebnis des am 28. Juni 1919 in Versailles unterzeichneten Friedensvertrages und der Forderung der Siegermächte, Wissenschaft und Militär strikt zu trennen. Wörtlich war im Vertragstext ausgeführt: »Unterrichtsanstalten, Hochschulen … dürfen sich nicht mit militärischen Dingen befassen«[6]. Aufgabe militärischer Schulen war die Heranbildung des Offiziersnachwuchses, der für die zugelassenen Einheiten unumgänglich benötigt wurde. 1920 wurde diese Forderung erfüllt und die letzte verbliebene Dienststelle für leitende Geologen in Berlin aufgelöst.

Das bedeutete nicht, dass wehrgeologische Kriegserfahrungen in Vergessenheit gerieten. Sie fanden Eingang in die neu ausgearbeiteten Dienstvorschriften für die Artillerie, die Kraftfahr-, Nachrichten- und Sanitätstruppe, vor allem aber für die Pioniere, die während des Krieges erheblich an Bedeutung gewonnen hatten. Sie waren für

[5] Vgl. Wolfgang Fleischer: Militärtechnik des Ersten Weltkrieges, Stuttgart 2014, S. 40 ff.

[6] Der Friedensvertrag zwischen Deutschland und der Entente, 1919 im Auftrag des Auswärtigen Amtes herausgegeben, Artikel 175 und 177

Baustoffgewinnung mit einem Hochlöffelbagger Menck M-152 oder M-154. Die Organisation Todt und der Reichsarbeitsdienst wurden häufig für diese Aufgaben eingesetzt.

vieles zuständig, u.a. für die Gewinnung von Baustoffen im Bewegungs- und im Stellungskrieg, wofür Kenntnisse der Geologie benötigt wurden. Bei ihrer Aufarbeitung wich man auf Veröffentlichungen im naturwissenschaftlichen Bereich aus, so auf die Zeitschrift »Die Naturwissenschaften« oder das »Handbuch der biologischen Arbeitsmethoden«. Besondere Bedeutung kam der Zeitschrift »Der Kraftzug in Wirtschaft und Heer« (später »Sankt Christophorus« bzw. »Die Kraftfahrkampftruppe«) zu.

In der zweiten Hälfte der 1920er Jahre erschienen in der Fachpresse zunehmend Beiträge, deren Autoren sich mit dem Einsatz der deutschen Kraftfahrtruppe unter komplizierten geologischen Bedingungen, in Gebirgen und Wüsten, beschäftigten. Weitere Themen waren die Wirkung von Artilleriegeschossen auf sumpfigen und besonders steinigen Böden, der Straßenbau sowie die Wasserversorgung in Kampfgebieten.

Für den Baustofftransport unterhielten Baupioniere 1944 8 Baustoffkolonnen. Spezielle Transporteinheiten gab es auch bei der Organisation Todt und dem Reichsarbeitsdienst.

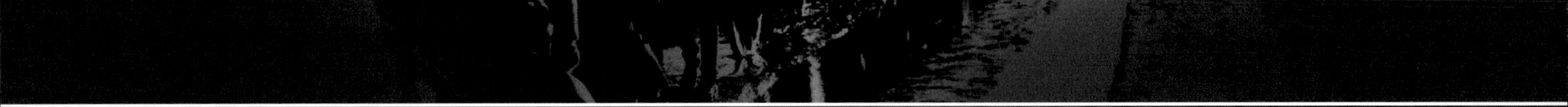

Die Auswertung von Weltkriegserfahrungen war das eine – die den militärischen Bedürfnissen entsprechende geologische Ausbildung und Forschung das andere. Der Reichswehr fehlten militärische Fachleute mit entsprechenden Spezialkenntnissen. Das erschwerte Studien- und Forschungsprojekte sowie konkrete, vor der Öffentlichkeit sorgfältig verborgene Entwicklungsvorhaben. Das waren Geländeversuche mit Kampfstoffen und seismische Ortungsgeräte zur Aufklärung der Marschbewegungen von Kampfwagenverbänden (Systeme Wiechert und Reutlinger). 1931 wurden Haushaltmittel zur Erprobung von Baumaschinen für die Anlage von Stellungen, Hindernissen und Kabelgräben bereitgestellt. Weiterhin liefen zu dieser Zeit Versuche mit Erdfunkgeräten. Große Aufmerksamkeit widmete man geländegängigen Kraftfahrzeugen und Panzerkampfwagen, für die in Kummersdorf-Schießplatz eine eigene Versuchsstelle mit Teststrecken unterschiedlicher Bodenbeschaffenheit eingerichtet worden ist.

Kampfwagen wie der Klein- und der Großtraktor[7] wurden aus Geheimhaltungsgründen nicht in Deutschland, sondern unter den schwierigen geologischen und meteorologischen Bedingungen der Sowjetunion, unweit der Stadt Kasan, erprobt.

[7] Tarnbezeichnung für den kleinen und den schweren Kampfwagen

Die geringe Stärke der Reichswehr sollte durch eine steigende Beweglichkeit wenigstens teilweise ausgeglichen werden. Deshalb beschäftigte man sich im Truppenamt nicht nur mit der technischen Weiterentwicklung, sondern auch mit Fragen der Kraftfahrausbildung. Fahrer wurden in die Lage versetzt, die Geländeverhältnisse vorausschauend zu bewerten. Steile Hänge, steinige oder mit Wasserläufen durchzogene, sumpfige Abschnitte waren nur schwer zu überwinden, Steilhänge, Schluchten und Sümpfe galten als panzersicher. »Die Fahrer sollen deshalb lernen, die Bodenart, über die sie fahren, mit dem Auge und Gefühl zu beurteilen …, um den günstigsten Fahrweg zu finden«. Nach der englischen Kampfwagenvorschrift von 1926 durften Kampfwagen nur in geeignetem Gelände eingesetzt werden – eine Erfahrung aus dem Weltkrieg.

Die Lagebeurteilung, Entschlussfassung und Befehlserteilung sind Aufgaben der Truppenführung. »Kenntnis und richtige Beurteilung des Geländes beeinflussen in hohem Grade die … Maßnahmen«, heißt es in der H.Dv. 300/1 »Truppenführung« vom 17. Oktober 1933. Dem zu entsprechen, setzte eine solide militärgeologische Ausbildung der Offiziere und ihre fachliche Beratung voraus. Diesem Zweck diente die Behandlung militärgeologischer Themen in der Fachpresse und -literatur, die in der ersten Hälfte der 1930er Jahre öffentlich geführt wurde. Den Anfang machte Oberleutnant Erich Sonne[8] mit seinem Aufsatz »Offizier und Geologie« in der Zeitschrift »Deutsche Wehr«.

Die Militärgeologie sollte fortan nicht mehr das »Stiefkind unter den militärwissenschaftlichen Fächern« sein. 1937/38 erschienen in schneller Folge Fachbücher namhafter Geologen zum Thema[9]. Aufbauend auf den Erfahrungen des Ersten Weltkrieges war man bemüht, die vielfältigen Aufgaben der Militärgeologen in einem zukünftigen Krieg zu definieren. Das betraf den Einfluss geologischer Fakten auf die Kriegsplanung und -führung sowie auf die Entwicklung und Beherrschung der Militärtechnik. Dabei gab es auch unterschiedliche Auffassungen, so bei der militärgeologischen Vorbereitung des Bewegungskrieges, dessen Bedeutung für militärische Auseinandersetzungen der Zukunft nicht in der ganzen Tragweite erkannt worden ist.

Das war kein spezifisch deutsches Problem. Wie sich zeigen sollte, hatte man auch in Frankreich, England und in den USA den Einfluss der Wehrgeologie unterschätzt. Zwar lagen in Frankreich, wie auch in der Tschechoslowakei, umfangreiche Erfahrungen beim Bau schwerer Befestigungsanlagen unter komplizierten geologischen Bedingungen vor, den Zusammenhang von Geologie und Krieg setzte man aber bei der Entwicklung der Streitkräfte nicht konsequent genug um. Allein in der Schweiz und in der Sowjetunion, so scheint es, hatte man bis zur Mitte der 1930er Jahre der Militärgeologie die gebührende Aufmerksamkeit gewidmet.

In der Roten Armee bestand eine wehrgeologische und wehrtechnische Friedensorganisation, zu deren Aufgaben die Kartierung voraussichtlicher Kriegsschauplätze

[8] Erich Sonne war Mitautor der 1938 in Leipzig veröffentlichten Arbeit »Wehrgeologie«.

[9] u.a. Kurd von Bülow, Walter Kranz, Erich Sonne, Carl Mordziol und Erich Wasmund (siehe Literaturverzeichnis)

gehörte. Das war Bestandteil planmäßiger Mobilmachungsvorbereitung. Deutschland zog nach. 1937 begann man die Wehrtechnische Fakultät an der Technischen Hochschule Berlin zu erweitern und ein Institut für Wehrtechnisches Bauwesen einzugliedern, »… in dem die Wehrgeologie als unentbehrliches Fach – wegen der vielfältigen Anwendung im Festungsbau, der Feldbefestigung und der Pionierarbeit überhaupt …« seinen Platz bekam.

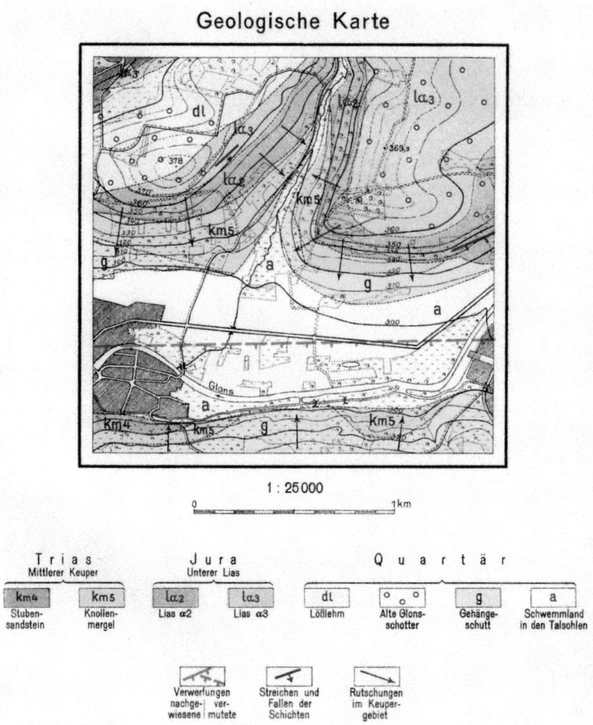

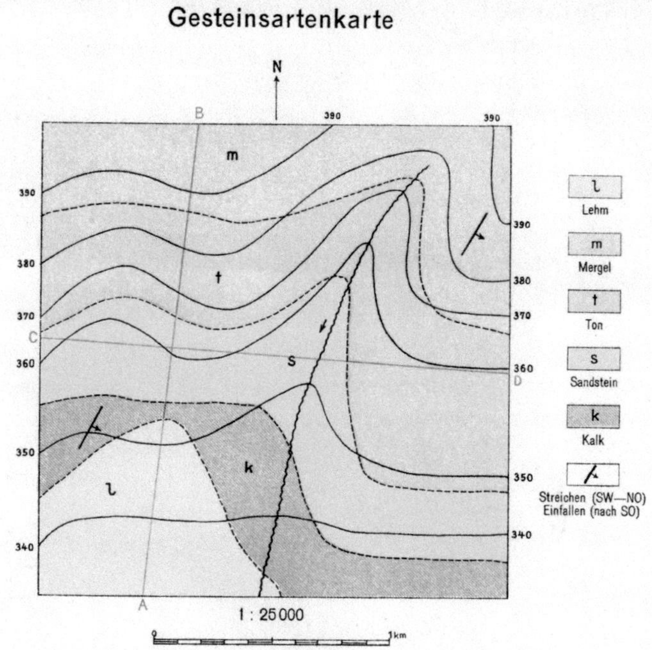

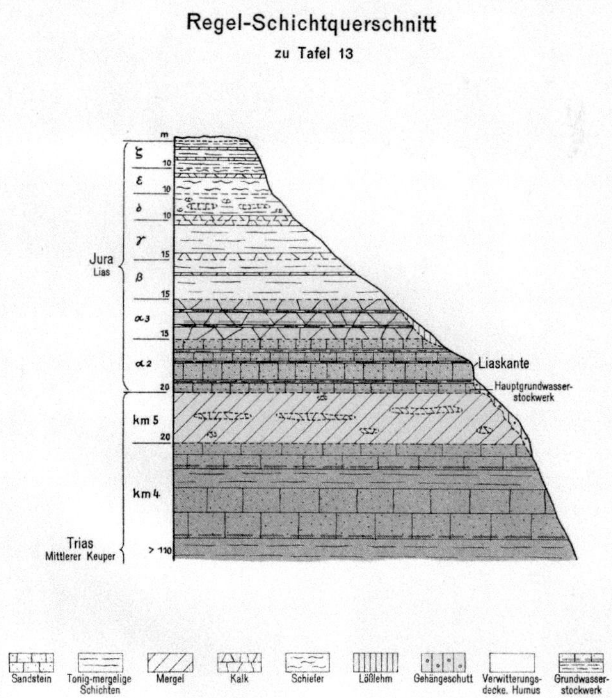

Wehrgeologische Karten sind die Arbeitsgrundlagen für die Planung und Entschlussfassung der militärischen Führung (Karten Seite 51 und 52).

Wasserversorgungskarte

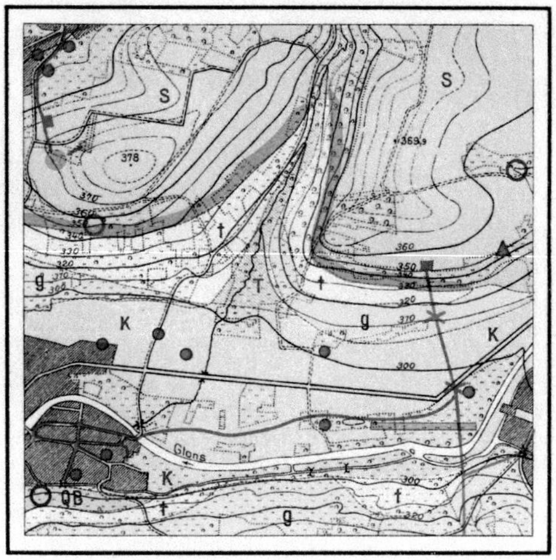

1 : 25000

0 — 1 km

K — Wasserführende Kiesschichten
T — Feuchte Talsohlen
QB — Bereich der Quellen und Bohrungen
Hauptgrundwasserstockwerk
S — Bereich der Schachtbrunnen
g — Gehängeschutt
t — Trockenbereich

Gefaßte Quellen (Brunnenstuben). Mindestschüttung 0,5 … etwa 2,0 l/sec | unter 0,5 l/sec
• Ungefaßte Quellen. Schüttung unter 0,5 l/sec
Sickeranlage
Schachtbrunnen soweit zur Zeit nutzbar
Laufende und Pumpbrunnen außerhalb der Ortschaften
Wasserleitung mit Pumpwerk, Wasserbehälter, Andeutung der Verzweigung in Ortschaften

Grundwasser- und Minier-Karte

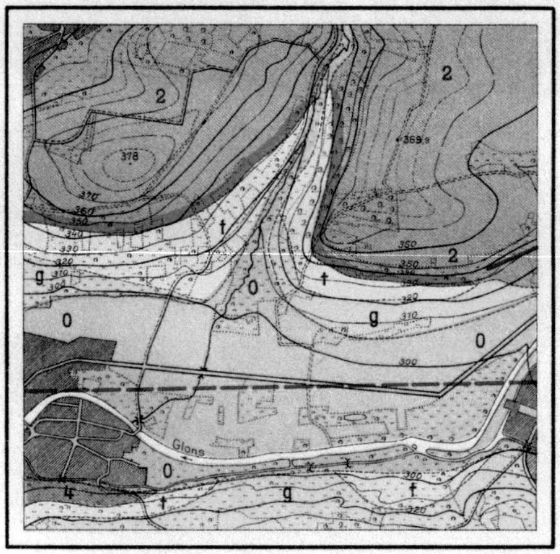

1 : 25000

0 — 1 km

0 — Grundwasser in 0,5 … 2 m Tiefe
2 — Oberstes Grundwasser in 2 … 6 m Tiefe
Hauptgrundwasserstockwerk
4 — Oberstes Grundwasser meist unter 4 m Tiefe
g — Kein Grundwasser
t — Kein Grundwasser
Verwerfungen beobachtet | vermutet

Baustoffkarte

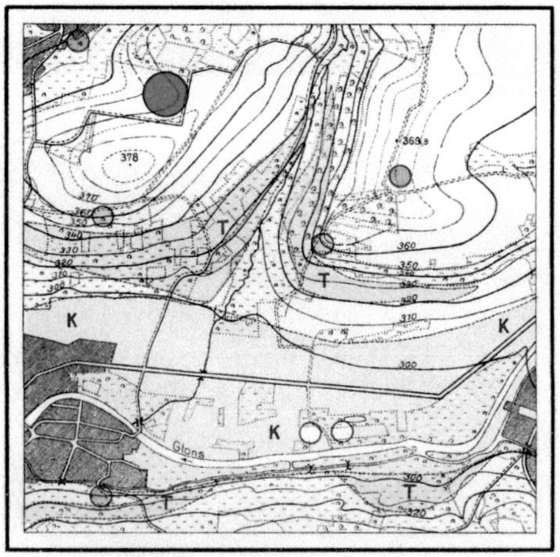

1 : 25000

0 — 1 km

	Lfde. Nr.	I	1	2	3	4	5	6
Baustoff	Art	II	Kalkstein	Sandstein	Sand(-stein)	Kies (Geschiebe)	Tonmergel	Lehm
	Zeichen	III				K	T	

Das Projekt »Midgardschlange«

In der Militärgeschichte gab es schon immer Projekte, die – wurden sie bekannt – die menschliche Vorstellungskraft an Grenzen führten. Man stelle sich einen riesigen Wurm vor: 524 m lang, über 60.000 t schwer, aus 77 6,8 m breiten und 3,5 m hohen Zellen bestehend, dessen Kopf vier Bohrer mit einem Durchmesser von je 1,5 m zeigt. Ein Ungeheuer, das sich mit bis zu 10 km/h schnell in 100 m Tiefe unter den feindlichen Linien durchfrisst. Den dabei anfallenden Abraum – je nach Bodenbeschaffenheit zwischen 47.500 und 237.500 m^3 in der Stunde – fördern zwölf Walzen nach hinten. Genau so phantastisch muten die Kraftquellen an, die zum Betrieb der Kriegsmaschine für notwendig gehalten wurden: Elektromotoren mit zusammen 8.800 PS für die Bohrköpfe, 19.800 PS für die 14 Elektromotoren zum Antrieb der Gleisketten für die Fortbewegung. 10.000 PS starke, mit Generatoren gekoppelte Dieselmotoren sorgen für den notwendigen Strom. 30 Männer arbeiten im Innern des Wurmes. Sie haben eine Küche, einen Schlafraum mit 20 Betten, mehrere Periskope, eine Sende- und Empfangsanlage sowie 580 Pressluftflaschen. Der Zweck dieser futuristisch anmutenden Konstruktion erschließt sich, wenn man das Waffenarsenal betrachtet: 1.000 Sprengladungen zu je 250 kg Gewicht, 100 zu je 10 kg, dazu zwölf Zwillingsmaschinengewehre. Die Sprengladungen werden unter den gegnerischen Verteidigungsanlangen gezündet – eine im Festungskrieg nicht grundsätzlich neue Idee.

Was wie die Zutat für einen Sci-fi-Actionfilm anmutet, war 1934 tatsächlich Gegenstand der Erfindung des Münchener Ingenieurs Johann Ritter, mit der sich das Reichswehrministerium im November 1934 beschäftigen musste. Der Erfinder hatte dem Projekt treffenderweise den Namen »Midgardschlange« gegeben. Jene riesenhafte Schlange aus der nordischen Mythologie umgürtete die von den Menschen bewohnte Erdmitte. In der Weltuntergangsdichtung kämpfte sie zusammen mit anderen Ungeheuern gegen die Götter, starb unter den Hammerschlägen des Donnergottes Thor, riss diesen aber mit in den Tod.
Der zuständige Bearbeiter im Reichswehrministerium blieb von dem der Sagenwelt entlehnten Namen für diese Erfindung unbeeindruckt. Das Projekt wurde mit Schreiben vom 10. Dezember 1934 unter Hinweis auf geologische und physikalische Gesetzmäßigkeiten abgelehnt. Wörtlich heißt es: »Es ist nicht möglich, einen Schnecken- oder Schraubenbohrer in einem nicht homogenen Erdreich vorzutreiben«.
Grundsätzlich erinnert die Midgardschlange an ein Verfahren zur Herstellung eines stollenartigen unterirdischen Ganges – den Schildkrötenvortrieb. Es war schon im 19. Jahrhundert in England angewendet worden und gilt bis heute als moderne Tunnelbauweise.

Vordringliche, bereits im Frieden durchzuführende Aufgabe der Militärgeologen war die militärgeologische Kartierung der voraussichtlichen Operationsgebiete. Die von jedem wehrgeologisch geschulten Offizier lesbaren Sonderkarten mit kurzgefassten praktisch-technischen Erläuterungen müssen alles enthalten, was die Truppe in diesem Kontext wissen muss:

- über den Untergrund und seine Beziehungen zu Grundwasser, Quellen, Wasserversorgung, Stauanlagen, Hochwasserschutz und Entwässerung;
- über den Stellungbau, die Bearbeitbarkeit und Standfestigkeit der Böden in Böschungen und unter schweren Geschützen, die Schallleitung, das Minieren sowie die Beschaffung militärisch brauchbarer Bau- und Rohstoffe;
- über den Festungsbau;
- über den Nachrichtendienst, insbesondere die Erd- und die Funkentelegrafie;
- über die Gangbarkeit des Geländes für die verschiedenen Waffen einschließlich der Kampfwagenverbände;
- über die Gefahren, die v.a. im Gebirge von Muren, Gletschern, Lawinen und Mooren ausgehen;
- über die Schuss-, Druck- und Splitterwirkung von Geschossen aller Art, insbesondere von Bomben und Granaten;
- über sanitäre Probleme bei der Ableitung von Brauchwasser, bei der Anlage von Begräbnisstätten und Latrinen,
- über den Einfluss des Erdmagnetismus, u.a. auf die Verwendung von Kompassen.

Damit berührt Militärgeologie alle Bereiche der Streitkräfteentwicklung und Kriegsführung. Sich in diesem Rahmen in der gebotenen Umfänglichkeit dem Thema zu widmen, ist nicht möglich, weshalb drei Themen ausgewählt wurden.

3.1 Militärgeologie und Panzerkrieg

Die Theoretiker des Panzerkrieges hatten es in den vor dem Zweiten Weltkrieg veröffentlichten Arbeiten nicht versäumt, auf den Zusammenhang zwischen Panzern und Gelände hinzuweisen. Walter K. Nehring, 1941 als Generalmajor Kommandeur der 18. Panzerdivision, schrieb 1938: »Die hervorragendste Rolle spielt … das Gelände, da Panzerverbände grundsätzlich nur in solchem Gelände angreifen können, … das für sie geeignet ist«. Diese Erkenntnis zu vernachlässigen, blieb im Mai/Juni 1940 während der Feldzüge in Westeuropa ohne

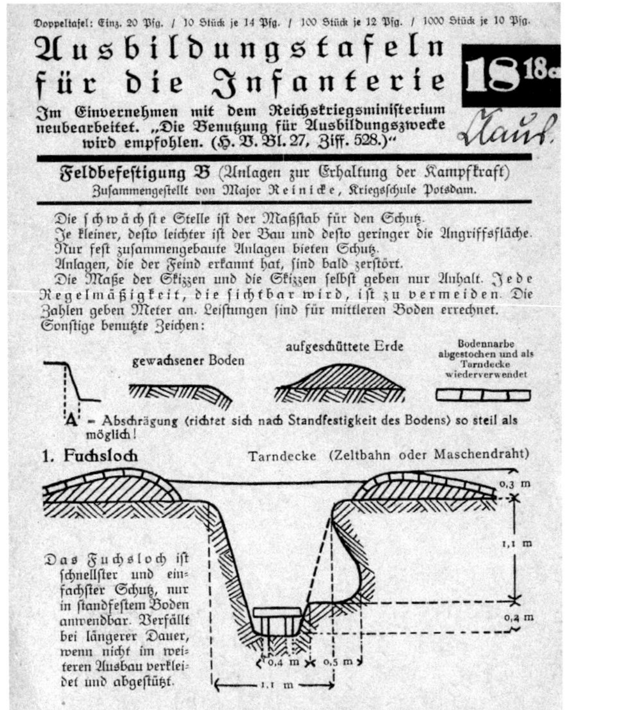
Doppeltafel: Einz. 20 Pfg. / 10 Stück je 14 Pfg. / 100 Stück je 12 Pfg. / 1000 Stück je 10 Pfg.

Ausbildungstafeln für die Infanterie 18 18a

Im Einvernehmen mit dem Reichskriegsministerium neubearbeitet. „Die Benutzung für Ausbildungszwecke wird empfohlen. (H. V. Bl. 27, Ziff. 528.)“

Feldbefestigung B (Anlagen zur Erhaltung der Kampfkraft)
Zusammengestellt von Major Reinicke, Kriegsschule Potsdam.

Die schwächste Stelle ist der Maßstab für den Schutz.
Je kleiner, desto leichter ist der Bau und desto geringer die Angriffsfläche.
Nur fest zusammengebaute Anlagen bieten Schutz.
Anlagen, die der Feind erkannt hat, sind bald zerstört.
Die Maße der Skizzen und die Skizzen selbst geben nur Anhalt. Jede Regelmäßigkeit, die sichtbar wird, ist zu vermeiden. Die Zahlen geben Meter an. Leistungen sind für mittleren Boden errechnet.
Sonstige benutzte Zeichen:

A = Abschrägung (richtet sich nach Standfestigkeit des Bodens) so steil als möglich!

1. Fuchsloch

Das Fuchsloch ist schnellster und einfachster Schutz, nur in standfestem Boden anwendbar. Verfällt bei längerer Dauer, wenn nicht im weiteren Ausbau verkleidet und abgestützt.

nachteilige Folgen, denn dort gab es eine gut entwickelte verkehrstechnische Infrastruktur.

Es erscheint deshalb folgerichtig, dass in den »Richtlinien für Führung und Einsatz einer Panzerdivision« vom Dezember 1940 die für Kampfwagenverbände anzustrebende Kenntnis vom Gelände mehr von taktischen und weniger von geologischen Faktoren bestimmt wurde. Wie sich zeigen sollte, war das ein Fehler. Wehrgeologen hatten zu dieser Zeit die notwendigen Kenntnisse, wie der Vortrag des Majors Birkefeld von der Festungsinspektion (!) auf dem wehrgeologischen Lehrgang in Heidelberg im Juli 1940 zeigt. Sein Thema »Die Schnellen Truppen[10] und Wehrgeologie«. Birkefeld bewertete sehr detailliert das Verhalten von Voll-, Halbketten- und Radfahrzeugen auf Sand-, Lehm- und Tonboden, auf Schwimmsand, in Mooren sowie auf Felsblockhängen, ebenso die jahreszeitlich bedingten Unterschiede.

[10] Die seit 1938 bestehende Waffengattung »Schnelle Truppen (Panzertruppen) und Kavallerie« wurde mit Wirkung vom 1. April 1943 aufgelöst und dafür die Waffengattung »Panzertruppen« geschaffen.

Geländefahrausbildung mit Kübelwagen (4x2) in der Reichswehr.

Erfahrungen mit Sandboden gehörten zu den Erinnerungen an den Polenfeldzug im September 1939. Für Vollkettenfahrzeuge ergab sich eine zeitlich begrenzte Befahrbarkeit, »... wegen starken Kraftstoffverbrauch, starkem Maschinen- und Kettenverschleiß. Geländeprofil für Sand ungeeignet, nur glatte Reifenprofile, je größer das Profil, desto besser wegen günstiger Druckverteilung. Feiner Sand, Staub: starke Verstaubung bringt starken Verschleiß der Ketten, Getriebe, Waffen«.

Welche Hilfe konnten Wehrgeologen den Schnellen Truppen geben? Dazu zählten die Beratung über die Verbreitung und die Eigenarten verschiedener Böden bei Nässe und bei Trockenheit, ihre kartenmäßige Darstellung, ebenso des Geländereliefs im künftigen Operationsgebiet, Hinweise auf unbefahrbare Geländeabschnitte

Fahrschulausbildung mit einem Fahrschulpanzer I, Ausführung B, (»Fahrschulwanne«) beim Panzerregiment 6 Neuruppin.

Geländefahrausbildung mit dem Panzerkampfwagen I (MG) (Sd. Kfz. 101), Ausführung A auf dem Truppenübungsplatz Ohrdruf in Thüringen.

und die Möglichkeiten, sie zu umgehen, auf Wasserstellen und die Mengen zu erwartenden Trink- und Nutzwassers, um nur einige Beispiele zu nennen. Geologisch fundierte Kenntnisse über den Untergrund geben den »schnellen Truppen eine größere Operationsbreite im Gelände«, resümierte Birkefeld.

Die Prognose der Wehrgeologen fand 1941 ihre Bestätigung auf den neuen Kriegsschauplätzen, in Nordafrika, auf dem Balkan und im Krieg mit der Sowjetunion, an einer Front, die von Karelien im Norden bis an das Schwarze Meer im Süden reichte. Der Angriff auf Griechenland und Jugoslawien war wegen der Landschaftsgestaltung im Operationsgebiet eine neue Herausforderung für den Einsatz motorisierter und gepanzerter Großverbände. Massige Gebirgsstöcke mit schmalen, steilen Rücken und engen schluchtartigen Tälern begünstigten die Verteidigung. Auf deutscher Seite registrierte man einen hohen Materialverschleiß.

Den widrigen meteorologischen und geologischen Verhältnissen in Nordafrika musste sich das Deutsche Afrika-Korps bereits ab Mitte Februar 1941 stellen. »In diesem auf weiten Gebieten ebenen Bereich hat die Wüste wechselnd einen festen Kiesuntergrund mit und ohne Sand, kleine Dünen oder Fels-Charakter. Oft sind weite Strecken mit kopfgroßen Steinen bedeckt. Bis auf tiefe Sandstellen und steile Täler (Wadi) ist das Gelände im allgemeinen für alle Kraftfahrzeuge befahrbar.« Es gibt mehrere, parallel zur Küste verlaufende Steilstufen, weiter im Süden ist die Wüste großwellig mit Höhenunterschieden und wechselndem Untergrund. In der Steinwüste litt infolge der Bodenerwärmung und teils scharfkantiger Oberflächengestaltung die Lebensdauer der Kraftfahrzeugbereifung, in der Sandwüste gelangte der feinkörnige mehlartige Staub trotz der Luftfilter und Dichtungen in das Innere der Maschinen. Er verursachte an allen gleitenden Teilen einen hohen Verschleiß. Dem versuchte man mit leistungsfähigeren Filtern zu begegnen.

Dennoch blieb die Lebensdauer der Kolben in den Motoren auf 2.000–3.000 km Fahrleistung begrenzt. Gleiches galt für die Gleisketten und die Federung. Man registrierte eine zunehmende Zahl von Federbrüchen, vornehmlich an Fahrzeugen mit Blattfederung (Panzerkampfwagen II (2 cm) (Sd.Kfz. 121) und IV (7,5 cm) (Sd.Kfz. 161)). »Der schlimmste Feind der Kraftfahrzeuge ist der Staub und … Sand«, heißt es in der D 635/50 »Kraftfahrzeuge in Staub, Hitze und Schlamm« vom 1. Oktober 1942. Damit mussten auch die italienischen und britischen Truppen auf dem nordafrikanischen Kriegsschauplatz fertig werden. Sie besaßen dafür aber größere Erfahrungen aus ihren Kolonien. Bemerkenswert ist deshalb die Einschätzung der deutschen Panzertruppe durch den Gegner. Der Brigadier John Charles Campell, 1941 Kommandeur der Unterstützungsgruppe in der 7th Royal Armored Division hat sich dazu geäußert: »Ausgedehntes Studium über den Panzereinsatz hat zusammen mit den … gesammelten Erfahrungen den Deutschen eine Fertigkeit verliehen, die sich in jedem der von ihnen geführten Gefechte ausdrückt. Die jeweilige Gefechtsgliederung entspricht … genau dem jeweiligen Gelände (Hervorhebung Autor) und der jeweiligen Situation«.

Vormarsch deutscher Einheiten in der nordafrikanischen Wüste. Aufnahme aus dem Jahr 1941.

Wenden wir uns dem Kriegsschauplatz zu, der wesentlich größere Auswirkungen auf den Verlauf und den Ausgang des Zweiten Weltkrieges haben sollte – der Ostfront. Hier hatten es die Deutschen auch mit Sand und Staub zu tun, zu denen sich aber bald weitere »Feinde« gesellten: der Schlamm, die Größe des Landes und die Wegelosigkeit, ausgedehnte Sümpfe, Frost und Schnee. Generaloberst Franz Halder, zwischen 1939 und 1942 Chef des Generalstabes im OKH, widmete den damit verbundenen Problemen in seinem Kriegstagebuch eine zunehmende Zahl von Einträgen. Am 24. Juli 1941 notierte er: »Zehntägige Auffrischungsfrist für die Verbände … Größere Ausfälle an Motoren infolge Staub, seit Überschreiten der Beresina«. Die technischen Ausfälle bei Panzern übertrafen alle bisherigen Berechnungen, die Nachführung von Ersatzmotoren erwies sich als schwierig. Die Lage bei Kraftfahrzeugen war, wie Halder feststellen musste, »ganz übel«. Sie konnte bis zum 1. Ok-

tober 1941, dem Beginn der Operation »Taifun« (Angriff auf Moskau) verbessert werden.
Aber schon fünf Tage später bremste Schlamm – als Folge des regnerischen Wetters – die Bewegungsfreiheit der 2. Panzerarmee. Generaloberst Heinz Guderian, zu dieser Zeit Chef dieser Armee, erinnerte sich: »Die nächsten Wochen standen ganz im Zeichen der Schlammperiode. Die Räderfahrzeuge konnten nur mit Hilfe der Kettenfahrzeuge bewegt werden. Diese wurden, durch die damit verbundenen Belastungen … übermäßig abgenutzt«. Der Straßen- und Wegebau in dem in seiner Ausdehnung beständig wachsenden rückwärtigen Frontgebiet kam nicht nach und die Eisenbahnlage war katastrophal. Die Folgen waren überall spürbar, auch in den folgenden Jahren. Kampfverbände mussten oft per Rad oder Kette in neue Einsatzräume verlegt werden. Ähnlich sah es beim Nachschub aus. Neben der Überlastung der Fahrzeugtechnik ergab sich ein signifikant höherer Betriebsstoffverbrauch, der in der nachfolgenden Tabelle beispielhaft für Panzerkampfwagen dargestellt werden soll:

Entlastung für den Nachschub brachten von den Baupionieren oder Einheiten des Reichsarbeitsdienstes angelegte Rollbahnen. Aufnahme von der Ostfront, Ende Juli 1941.

Ein Sturmgeschütz III (7,5 cm StuK 37 L/24) (Sd.Kfz. 142) auf einer Vormarschstraße an der Ostfront. Aufnahme vom Sommer 1941. Fahrzeug und Besatzung waren einer außerordentlich hohen Belastung durch Staub und Sand ausgesetzt.

Im Osten standen die deutschen Verbände mit einsetzender Herbstwitterung vor neuen Herausforderungen – Schlamm, Wasser, Frost und Schnee. Im Bild zu sehen eine Kolonne mit Henschel-3-Tonnern (6x4), die mit Hilfe eines erbeuteten Kettenschleppers wieder beweglich gemacht werden sollen.

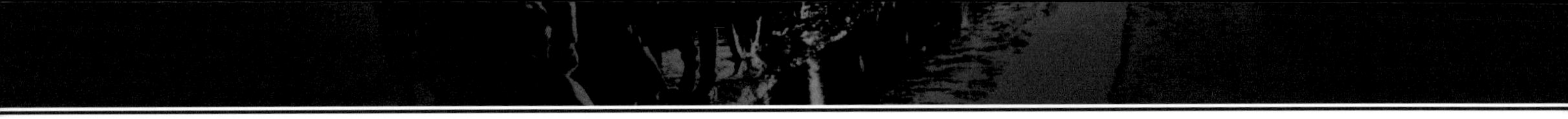

Betriebsstoffverbrauch in unterschiedlichem Gelände

Panzertyp	Tankinhalt		Verbrauch		Fahrbereich
		Straße	Leichtes Gelände	Schweres Gelände	
Pzkpfwg IV (Sd.Kfz. 161)	470 l	300 l	450 l	600 l	157 / 105 / 78 km
Pzkpfwg V »Panther« (Sd.Kfz. 171)	730 l	500 l	750 l	1.000 l	145 / 98 / 73 km
Pzkpfwg VI »Tiger« I (Sd.Kfz. 181)	560 l	600 l	900 l	1.200 l	93 / 62 / 47 km
Pzkpfwg VI »Tiger« II (Sd.Kfz. 182)	860 l	750 l	1.000 l	1.300 l	115 / 86 / 65 km

Erkennbar ist der Mehrverbrauch durch schlechtes Gelände, der in weiten Grenzen pendelte. Es waren die Militärgeologen, die auf den Zusammenhang von Kraftstoffverbrauch von Vollkettenfahrzeugen und Bodengestaltung und die daraus resultierende begrenzte taktische Beweglichkeit aufmerksam gemacht haben. Es gibt weitere Faktoren, die darauf Einfluss nehmen, allen voran der spezifische Bodendruck[11]. Der ist bei Radfahrzeugen mit verhältnismäßig schmalen Reifen hoch, bei Kettenfahrzeugen mit großer Auflagefläche wesentlich günstiger. Aufschlussreich für die Berücksichtigung wehrgeologischer Erkenntnisse bei der Konzeption neuer Kampfwagen in der Vorkriegszeit ist ein länderübergreifender Vergleich einiger taktisch-technischer Parameter.

Der sowjetische mittlere Panzer T-34 steht mit seinem spezifischen Bodendruck unangefochten an der Spitze. Er ist das Ergebnis klarer militärischer Bedarfsforderungen. Das Wissen um Geographie und Geologie, die meteorologischen Gegebenheiten und die verkehrstechnische Infrastruktur des riesigen Landes flossen in die

Vergleich der Kettenbreite und des spezifischen Bodendruckes wichtiger Panzermodelle zu Beginn des Zweiten Weltkrieges

Land	Panzertyp	Gefechtsgewicht	Baujahr (ab)	Breite der Gleiskette	Spezifischer Bodendruck
Sowjetunion	T-34, Modell 1941	29,12 t	1941	500 mm	0,72 kp/cm^2
Deutschland	PzKpfWg III (5 cm), Ausführung J (Sd.Kfz. 141)	21,5 t	1941	400 mm	0,95 kp/cm^2
Frankreich	Somua S-35	19,5 t	1936	360 mm	0,92 kp/cm^2
Großbritannien	Infanteriepanzer Mk II »Mathilda« Mk II	26,5 t	1940	370 mm	1,12 kp/cm^2
	Kreuzerpanzer Mk IV »Crusader« Mk I	19,27 t	1939	250 mm	1,04 kp/cm^2
USA	M 4 A 1 »Sherman« II	30,7 t	1942	420 mm	1,32 kp/cm^2
Italien	M 13/40	15,4 t	1940	259 mm	0,94 kp/cm^2
Japan	Typ 2597	15,0 t	1937	330 mm	1,10 kp/cm^2

[11] Der spezifische Bodendruck wird aus dem Gewicht des Panzers in kp, geteilt durch die Auflagefläche der Ketten in cm^2 errechnet, wobei angenommen wird, dass sich der Druck gleichmäßig über die gesamte Auflagefläche verteilt.

Arbeit der Konstrukteure ein. Es ist also kein Zufall, dass man in einem Erfahrungsbericht des Infanterieregiments 41 (mot) über die Kampfwagenabwehr im Gebiet von Rhsew vom Oktober 1942 feststellte: »Erstaunlich war … die bekannte Geländegängigkeit des T-34. Durch Moor und Sumpf, für Menschen ungangbar, ist er ohne Mühe durchgefahren und hat eigene Stellungen vernichtet«. Natürlich war es nicht möglich, gepanzerten Verbänden nur Operationsgebiete zuzuweisen, deren Gelände ihren Eigenarten in jeder Hinsicht entsprochen hätte. Ein Beispiel für den verfehlten Einsatz eines Panzerverbandes bietet die Geschichte der 24. Panzerdivision und ihres Marsches durch das Schwarzerdegebiet der Dnjeprplatte Ende Januar, Anfang Februar 1944. Sie ist im Textkasten auszugsweise wiedergegeben.

Die geografische Lage, die geologischen Gegebenheiten und das Wetter bestimmten den Alltag der Soldaten an allen Abschnitten der Ostfront. Das zeigt die Folge von Bildern, die in der Zeit zwischen September 1941 und März 1942 entstanden sind.

Das Truppenkennzeichen der Sturmgeschützabteilung 276 war ein springender Panther. Diese Beweglichkeit ist diesen beiden Sturmgeschützen III (7,5 cm StuK 40 L/48) (Sd.Kfz. 142/1) im ukrainischen Schlamm unweit von Winniza abhanden gekommen. Aufnahme vom März 1944.

Der Marsch der 24. Panzerdivision nach Tscherkassy (28. Januar bis 9. Februar 1944)

Die Ausgangslage: Mitte Januar 1944 zeichnete sich bei der Heeresgruppe A im Süden der Ostfront eine kritische Lage ab. Ihre 6. Armee registrierte Umgruppierungen bei der 3. Ukrainischen Front, die sich zum Angriff konzentrierte. Deshalb wurde die 24. Panzerdivision als Eingreifreserve im Raum Mariopol – Iwanowka bereitgestellt. Zur gleichen Zeit war es der 2. und der 1. Ukrainischen Front gelungen, bei der benachbarten 8. Armee durchzubrechen und zehn Divisionen westlich von Tscherkassy einzukesseln. Am 27. Januar erhielt die 24. Panzerdivision den Befehl, am folgenden Tag über Scholochowo, Kriwoi Rog bis nördlich Nowo Ukrainska zu marschieren, sich dort zum Angriff nach Norden bereitzustellen und die Verbindung zu den abgeschnittenen Divisionen wieder herzustellen. Der befohlene Marsch sollte auf der zwischen dem Dnjepr und dem südlichen Bug gelegenen Dnjepr-Platte über eine Entfernung von 240 km führen.

Typisch für dieses Gebiet ist der Schwarzerdeboden, der in einer Dicke bis zu 2 m auf einer mächtigen Lößschicht lagert. Schwarzerde ist krümelig, zeigt eine schwarze Farbe und ist sehr fruchtbar. Bei Regen und Tauwetter weicht sie auf und bildet einen zähen, grundlosen Schlamm, der bei Frost hart wie Beton wird. Bei anhaltenden Niederschlägen und Temperaturen um den Nullpunkt verwandelt sie sich in einen zähen Brei. Typisch für Lößgebiete mit auflagernden Schwarzerdeschichten sind viele Kilometer lange Regenwasserschluchten (Balkas), tief und mit zahlreichen seitlichen Verästelungen. Die Wiedergabe in Landkarten stimmte selten mit der Wirklichkeit überein. Zu den geologischen Besonderheiten kam das Wetter. Der Januar ist in der Ukraine der niederschlagreichste Monat. Im Januar 1944 hatten steigende Temperaturen zur Schneeschmelze geführt. Fast täglich fiel nasser Schnee oder Regen. Nachts lagen die Temperaturen unter dem Gefrierpunkt, wodurch der Schlamm teilweise festfror. Soweit zur geologischen Ausgangslage für den Marsch der 24. Panzerdivision.

Erschwerend sollten sich die Straßenverhältnisse auswirken. Mit einem Anteil von nur 7% Straßen mit Unterbau und Schotterdecke boten sie keine Aussicht auf »Marscherleichterung«. Alle anderen Verkehrswege waren nämlich auf Schwarzerde angelegt, bei trockenem Wetter gut befahrbar, nicht aber während der jährlichen Schlammperioden.

Der erste Marschtag war der 28. Januar 1944. Die leistungsfähigsten Fahrzeuge der ersten Marschgruppe kamen bis Krowoi Rog. Für die 75 km hatten sie 15 Stunden gebraucht, dabei die Schwarzerde und das Wasser des Dauerregens auf den Marschwegen zu einem Brei vermischt, in dem die Fahrzeuge tiefe Spuren hinterließen, die nachts wie in Beton gegossen froren. Nachfolgende Marschgruppen brachten es nur noch auf eine Tagesleistung von 10 km. Sie stauten sich an den Übergängen über die Regenwasserschluchten. Um sie wieder in Bewegung zu bringen, erhielt die auf dem Weg zur Eisenbahnverladung befindliche Divisionsartillerie (I.–III. Abteilung / Panzerartillerieregiment 89) Befehl, nur die Geschütze zu verladen, um ihre Zugkraftwagen zum Abschleppen einsetzen zu können.

Am 29. Januar erreichten die Spitzen der Division Ustinowka, die Masse des Verbandes Krowoi Rog. Ab der Ortschaft Rownoje erleichterte eine befestigte Straße das Vorwärtskommen. Abends kamen vordere Teile bis in den Versammlungsraum nördlich Nowo Ukraina. Trotzdem gab die Situation keinen Anlass für Optimismus. Die Marschgruppen wurden immer weiter auseinandergezogen. Im Raum Nikopol verblieben waren die Nachschubtruppen der Division, für die kein Eisenbahntransport gestellt werden konnte. Sie mussten den Marsch ohne Instandsetzung und Versorgung bewältigen. Von den Kampfeinheiten lagen 70% der Fahrzeuge auf der gesamten Marschstrecke verteilt, die Tankfüllung der Panzerkampfwagen reichte nur noch für wenige Kilometer. Besatzungen gingen zu Fuß, bildeten Gruppen von 20 bis 30 Mann, um liegengebliebene Radfahrzeuge zu schieben oder zu ziehen.

Am 3. Februar wurde die Versammlung der nach und nach eintreffenden Teile der Division festgesetzt. Von den 50 Panzerkampfwagen, die zum Marsch angetreten waren, hatte nur ein Dutzend das Ziel erreicht, von den 16 Batterien des Artillerieregiments nur eine sowie Panzergrenadiere der beiden Panzergrenadierregimenter. Von den 192 Schützenpanzerwagen des Panzergrenadierregiments 26 sind 50 während eines Nachtmarsches liegengeblieben. Der befohlene Angriff fiel trotzdem aus; er blieb buchstäblich »im Schlamm stecken«. Am 24. Februar gelang es, drei sowjetische Aufklärungspanzer abzuschießen – die einzig nennenswerte Kampfhandlung.

Veranlassung für den Marsch der 24. Panzerdivision war die kritische Lage bei der 8. Armee gewesen. Inzwischen befand sich die 6. Armee in einer vergleichbaren Situation. Ihr Gegenüber, die sowjetische 8. Gardearmee, hatte inzwischen Nikopol und Kriwoi Rog angegriffen, war beiderseits Busuluk durchgebrochen und hatte die parallel zur Front verlaufende Marschstraße der Division durchschnitten. Am 4. Februar traf der Befehl ein, sofort wieder dorthin zurückzuverlegen, wo sie acht Tage zuvor aufgebrochen war. Nun sollte sie sich im Raum Apostolowo versammeln. Auf dem Marsch zur Eisenbahnverladung nach Nowo Ukrainska gingen wieder 50% der noch vorhandenen Fahrzeuge verloren. Zur Verladung kam lediglich 15% des Bestandes vom 28. Januar 1944. Verloren waren große Teile der Technik des Pionierbataillons 40, der Werkstatteinheiten und der Nachschubtruppen – insgesamt 1958 Fahrzeuge. Sie wurden vom Feind überrollt. Innerhalb von nur acht Tagen war der Kampfwert der 24. Panzerdivision nur auf dem Marsch auf ukrainischer Schwarzerde um rund 75% geschrumpft.

3.2 Militärgeologie und Festungskrieg

Der Kreis der Freunde des Festungsbaues, der Festungsarchitektur des 20. Jahrhunderts, ist groß und international aufgestellt. Das widerspiegelt die zu diesem Thema veröffentlichte Fachliteratur. Darin werden mit großer Sachkenntnis die Geschichte des Festungsbaues, die unterschiedlichen Bauwerke und ihre Bewaffnung dargestellt. Bezüge zur Militärgeologie sucht man in den meisten Arbeiten jedoch vergeblich, so auch bei Albert Molt, ab 1943 als Technischer Amtmann (vergleichbar dem Rang eines Majors) beim Inspekteur der Landesbefestigung West tätig, der zu den Zeitzeugen zählt[12]. Auch die vielen anderen Autoren, die über die großen Festungsbauwerke in Europa publiziert haben[13], üben in dieser Hinsicht ausgesprochene Zurückhaltung. Die Dimension der engen Verflechtung von Militärgeologie und Festungsbau wird aber sichtbar, wenn die Themen Wasserver- und -entsorgung oder der gigantisch anmutende Verbrauch an Baustoffen Erwähnung finden. Diese Lücke im Rahmen dieser Arbeit zu schließen, ist allein aus Platzgründen nicht möglich, die Aufmerksamkeit des Lesers zu wecken aber schon.

Der Festungsbau als stärkste Form sollte ein Festungskampffeld oder ein befestigtes Gebiet schaffen, das gegnerischen, mit stärksten Mitteln vorgetragenen Angriffen auf unbegrenzte Zeit widerstehen konnte. Das tief gestaffelte System von einzelnen Werken bestand aus mehreren Kampfständen mit unterschiedlichen Waffen und war zur Rundumverteidigung eingerichtet. Eingebaute Maschinen sicherten die Energieversorgung, die für die Heizung, Lüftung, Beleuchtung, Wasserversorgung und Entwässerung unverzichtbar war. Mehrere Werke bildeten eine Werkgruppe; sie waren durch Hohlgänge miteinander verbunden. Natürliche und künstliche Hindernisse ergänzten die Widerstandskraft der Festungsbauwerke unterschiedlicher Baustärken.

[12] Albert Molt: Der deutsche Festungsbau von der Memel bis zum Atlantik, Friedberg 1988.

[13] u.a. Dieter Robert Bettinger, Manfred Groß, Günter Leibner, Martin Rabon, Jean-Bernard Wahl, R. Heinz Zimmermann (siehe Literaturverzeichnis)

Der Bau von Festungsanlagen bedurfte der vorausschauenden Projektierung, wobei viele Faktoren berücksichtigt werden mussten. Es waren vorrangig die taktischen Eigenschaften des Geländes auszunutzen. Das sicherte gute Beobachtungsmöglichkeiten und den eigenen Waffen das notwendige Schussfeld. Taktiker und Geologen gerieten darüber oft in Widerspruch. Letztere forderten:

a. eine ausreichende Tragfähigkeit des Untergrundes.
   Geologische Schichten besaßen – bedingt durch Verwitterung, Antragung, Ablagerung und Tektonik – unterschiedliche Eigenschaften. So mussten im Interesse der Standfestigkeit überschwerer Bauwerke an Berghängen tiefere Gründungen vorgenommen werden. Vergleichbare Probleme ergaben sich in den Dünenlandschaften der Meeresküsten.
b. Wasserver- und -entsorgung.
   Hydrologische Untersuchungen an den für Festungsbauwerken vorgesehenen Standorten dienten der Feststellung wasserführender Schichten. Dazu war es erforderlich, ihre Tiefe und Ausdehnung zu ermitteln, um Einzelheiten der Wasserentnahmestellen, ihrer Abdichtung und der Filterung des Wassers festlegen zu können. Andererseits war es notwendig, das Grundwasser von den Werken und Hohlgangsystemen fernzuhalten. Vorausschauend wurden deshalb gemauerte Wasserabzugsrinnen, Sicker- und Wassersammelschächte, Drainagen sowie Fugenrinnen in den Hohlgangsystemen geplant und angelegt.
c. Bestimmung der Boden- und Gesteinsarten.
   Kenntnisse darüber hatten Einfluss auf die Bauplanung, den Einsatz der Arbeitskräfte und -mittel sowie auf die für die Bauausführung benötigte Zeit, aber auch auf die zu erwartende Schutzwirkung vor den Kampfmitteln der Angreifer.

Aufgabe der Festungsbauer war es, eine sehr unterschiedlich gestaltete, erdgeschichtlich bedingte Landschaftsgliederung zu berücksichtigen. Das galt für die Befestigung des Oder-Warthe-Bogens wie für den »Westwall«, der ab 1938 auf 630 km Länge zwischen der Schweizer Grenze bis westlich von Aachen ausgebaut wurde. Hier traf man auf Sedimentschichten, Schotter, Muschelkalk, Buntsandsein und den sogenannten Keuper, entstanden durch Verlandung des Muschelkalkmeeres, gemischt mit Ablagerungen wie Mergel, Schieferton und Sandstein. Mit großem Interesse untersuchten deutsche Festungsbauspezialisten Landesbefestigungen Belgiens, Frankreichs und Griechenlands. Die Ergebnisse wurden in Denkschriften zusammengefasst.

Panzerwerk mit Maschinengewehr-Schartenturm nach der Fertigstellung und vor dem Aufbringen der Erdabdeckung. Aufnahme aus dem Jahr 1939.

Vor bisher nicht gekannten Herausforderungen standen die Festungspioniere des Heeres mit der Befestigung der Atlantikküste. Sie erreichte 1944 eine geografische Ausdehnung, die alles bisher Dagewesene in den Schatten stellte, auch hinsichtlich der Baustoffe, der Arbeitskräfte, der Bewaffnung und Ausrüstung. Ob in der von Fjorden durchschnittenen Gebirgslandschaft Norwegens oder in den Sanddünen zwischen Bordeaux und Biarritz – überall waren Militärgeologen unverzichtbare Ratgeber der Festungsbauer geworden. Das widerspiegelt die Kriegsgliederung des Feldheeres vom Januar 1944.

In einer Aufstellung der Heeres- und Armeetruppen sind den drei Inspektionen der Landbefestigungen (Nord, West und Ost) u.a. 34 Festungs-Pionierregimenter unterstellt, aber auch 44 Wehrgeologen, acht Festungs-Baustoffkolonnen und 36 Gesteinsbohrkompanien. Zu ihren Aufgaben gehörte die geologische Erkundung des Baugrundes für Festungsbauwerke. Das ursprünglich handelsübliche Spezialgerät war im Kriegsverlauf durch heereseigene Entwicklungen ersetzt worden. Die Gesteinsbohrkompanien erhielten auf Anhängern fahrbare Flach-, Freifall- und Drehbohr- sowie große und kleine Greifbohrgeräte. Sie ließen Bohrtiefen bis zu 100 m zu. Mit Heeresverordnung vom 5. Februar 1944 wurde ein verbessertes Bohrgerät 43 eingeführt. Mittels der aufsteckbaren Bohrkrone aus Hartmetallschneidern konnte in allen Gesteinsarten gebohrt, aber auch Straßendecken aufgerissen und Mauerwerk zertrümmert werden.

Im Sommer 1944, nachdem die alliierten Truppen erfolgreich an Frankreichs Küsten gelandet waren, setzten die Festungspioniere ihre Arbeit an der Nordflanke des »Atlantikwalls«, in Dänemark und Norwegen, fort. Die »Alpenfestung« blieb eine Idee. Neuen Aufgaben musste man sich an der Westgrenze des Reiches stellen. Hitler und Speer hatten schon im Juli angeregt, den teils desarmierten »Westwall« wieder verteidigungsbereit zu machen. Diese Arbeiten liefen aber erst Anfang September 1944 in geordneten Bahnen. Einen spürbaren Zeitgewinn brachten die Kämpfe in und innerhalb der Festungslinie nicht. Die letzten Aktivitäten der Festungspioniere, die Anlage von Straßensperren und das Sprengen von Brücken, bedurften keiner geologischen Spezialkenntnisse und -ausrüstungen. Durchaus vergleichbare Eindrücke vermittelte das Kampfgeschehen an der Ostfront. Die Angriffsspitzen der Roten Armee brauchten nur zwei Tage, um die Festungsfront im Oder-Warthe-Bogen zu durchbrechen.

Dreischartenturm 60 P 8 für 7,92-mm-Maschinengewehr 34 im Panzerwerk 702 der Werkgruppe »Körner« des »Ostwalles«. Der Turm (Ausbaustärke B) hat einen Innendurchmesser von 2.250 mm (außen 2.635 mm), ist 2.645 mm hoch und wiegt 52,5 t. Aufnahme vom Mai 1998.

Maschinengewehrschartenstand »Gunther« bei Fringhem-Ferme nahe Boulogne-sur-Mer in Frankreich während der Fertigstellung. Aufnahme vom Februar 1943.

Bunker einer Batterie der deutschen Heeresküstenartillerie am Strand von Vigsø in Dänemark. Aufnahme aus dem Jahr 2010.

Sonderanhänger (zweiachsig) mit großem Greifbohrgerät für Bohrtiefen bis 100 m. Als Antrieb diente ein 37-PS-Vergasermotor. Zuständig waren Gesteinsbohrkompanien.

Sonderanhänger (zweiachsig) mit kleinem Greifbohrgerät. Mit seiner Hilfe konnten Wehrgeologen in Tiefen bis 15 m (Bohrlochdurchmesser 0,36 m) vordringen

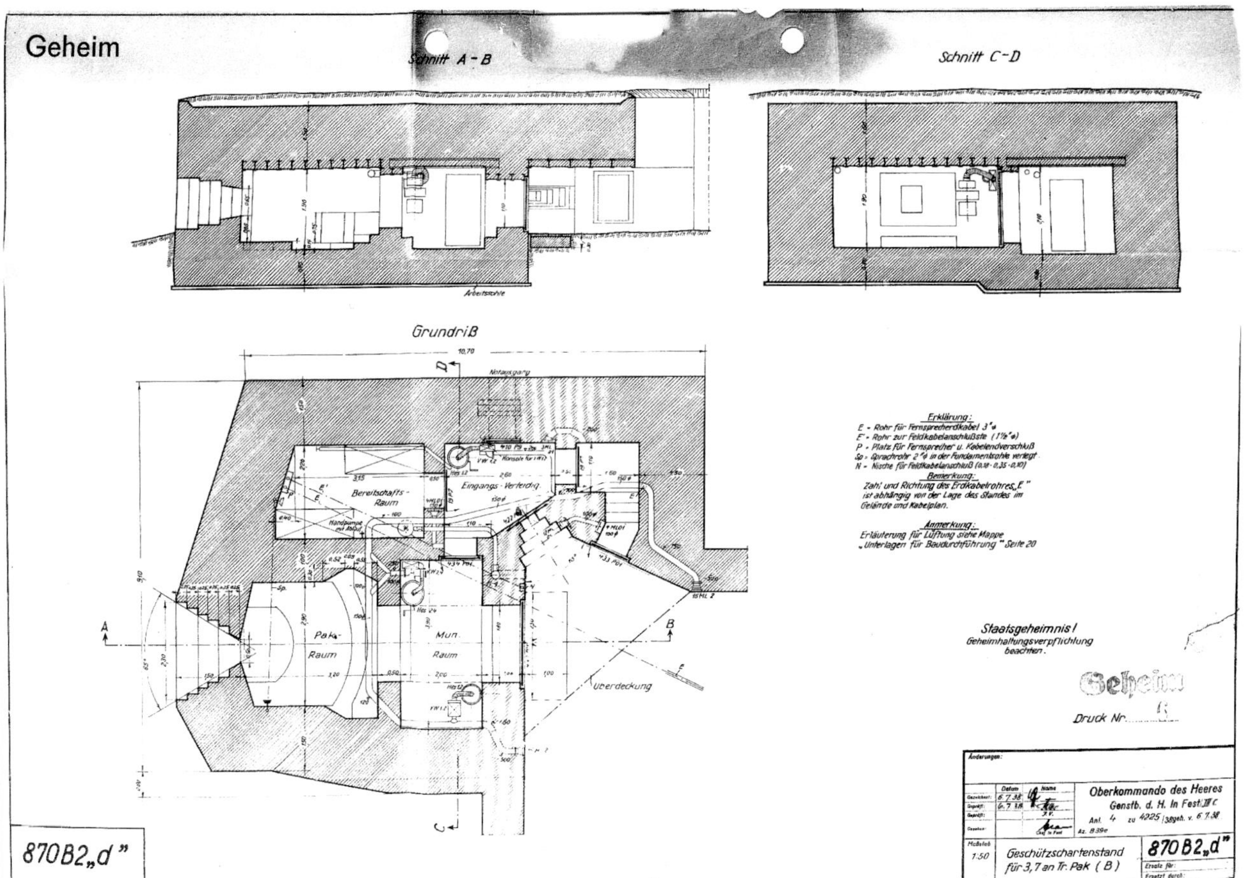

Bauzeichnung eines Geschützschartenstandes für eine 3,7-cm-Panzerabwehrkanone auf Räderlafette vom 6. Juli 1938.

3.3 Militärgeologie und Stellungskrieg

Stellungskrieg ist als eine Form der Kriegführung definiert, bei der sich die Gegner über einen längeren Zeitraum hinweg in ausgebauten Stellungen gegenüberliegen.[14] In wehrgeologischer Sicht zeigt er, in abgeschwächter Form, dem Festungskrieg vergleichbare Merkmale. Während des Zweiten Weltkrieges spielte Stellungskrieg bei allen Streitkräften eine Rolle, aber immer nur zeitlich begrenzt. Dafür gab es verschiedene Gründe: militärpolitische Überlegungen, jahreszeitlich bedingte Wetterlagen, Pausen, die benötigt wurden, um die Verbände neu zu ordnen, zu regenerieren und umzugruppieren.

In der zweiten Kriegshälfte zwangen Niederlagen an allen Fronten die deutschen Streitkräfte zu einer Defensivstrategie, den Übergang zum Stellungskrieg. Die feldmäßig ausgebauten Verteidigungslinien, durch »Feste Plätze« und »Festungen« verstärkt, erhielten Beständigkeit suggerierende Namen wie »Ostwall«, »Pommernwall« und »Ostpreußenschutzstellung« im Osten oder »Gotenlinie« in Italien. Sie konnten – wie der im Herbst 1944 wieder aktivierte »Westwall« – den Vormarsch der alliierten Streitkräfte verzögern, aber nicht aufhalten.

»Feldbefestigung ist Verstärkung des Geländes zum Zweck der Erhöhung eigener Waffenwirkung, Verminderung feindlicher Waffenwirkung, Erhaltung der eigenen Kampfkraft«, heißt es in Ausbildungsunterlagen der Infanterie vom November 1940. Der Grundsatz »Wirkung geht vor Deckung« sollte durch geschickte Wahl der Feuerstellung, eine gute Auflage bzw. Bettung der Waffe und Freimachen des Schussfeldes gewährleistet werden. Dass die Geologie dabei immer eine Rolle spielt, zeigt ein Bericht der 32. Infanteriedivision (Köslin) vom 20. Oktober 1937. Sie hatte den Auftrag erhalten, neue Formen von Feldbefestigungsanlagen zu testen, u.a. Panzerdeckungslöcher für die Infanterie. Wörtlich heißt es: »... fester Lehmboden [ist] am besten geeignet, ... in festem Sandboden fielen Wände wiederholt ein«. Während des Herbstmanövers hatten Panzerkampfwagen mehrfach Panzerdeckungslöcher angefahren, über ihnen gedreht und die Seitenwände zum Einsturz gebracht.

Ein weiterer Grundsatz war »Erst Tarnen, dann Schanzen«. Hier mussten die deutschen Soldaten dazulernen, vornehmlich von ihrem Gegner im Osten, dem sowjetischen Soldaten. Er galt als geschickt und verstand es, Gelände und Geländebedeckung auszunutzen. »In jeder Gefechtspause und nach jedem Geländegewinn gräbt sich die russische Infanterie in kürzester Zeit ein« (Merkblatt 19/2 »Merkblatt über Eigenarten russischer Kriegführung« vom 15. Februar 1942). Auf deutscher Seite war man bemüht, diese Erfahrungen zu verallgemeinern, so in den »Bildheften für den neuzeitlichen Stellungsbau«. In der Ausgabe vom 1. Juni 1944 wurde der Tarnung ausschlaggebende Bedeutung beigemessen. Sie musste der Jahreszeit, den Bodenverhältnissen und der Vegetation angepasst werden.

Auch bei der Berechnung der Arbeitsleistung spielten wehrgeologische Kenntnisse eine wichtige Rolle. Bei mittelschwerem Boden schaffte ein Mann an einem Tag bei achtstündiger Arbeitszeit 3 m^3. Felsiger Untergrund, gefrorener Boden, ebenso schlechtes Wetter verringerten die Arbeitsleistung. Vorteilhaft für den Stellungsbau, die Anlage von Unterkünften für die Truppe und für den Straßen- und Wegebau war möglichst trockener Baugrund, am besten fester Sandboden. Sumpfiges Gelände, lehmiger Boden sowie Humusboden erwiesen sich als ungeeignet, ebenso ein Grundwasserstand oberhalb

Von Rotarmisten angelegter Schützengraben bei Salla an der Nordostfront. Aufnahme vom 4. August 1941.

[14] Vgl. Wolfgang Fleischer: Militärtechnik des Ersten Weltkrieges, Stuttgart 2014, S. 40 ff.

2 m Tiefe. In dem Fall bedurfte es besonderer Entwässerungsleitungen unterhalb der Schützengräben, mussten Sickerlöcher gegraben werden. In Sumpfgelände wurden Feuerstellungen und Unterstände nur teilweise versenkt angelegt.

Wichtig war der Schutz feldmäßiger Deckungen gegen Gewehr- und Artilleriefeuer sowie Fliegerbomben. Er war abhängig von der Boden- bzw. Gesteinsart oder der Kombination und Schichtung der verschiedenen Materialien (z.B. Boden, Stampfbeton, Lehm und Rundholz). In der nachfolgenden Tabelle sind lediglich ausgewählte Böden und Gesteine erfasst; sie dient als Anhalt.

Deutscher Schützengraben mit Stellung für ein 7,92-mm-Maschinengewehr 34 in schwerer Maschinengewehrlafette.

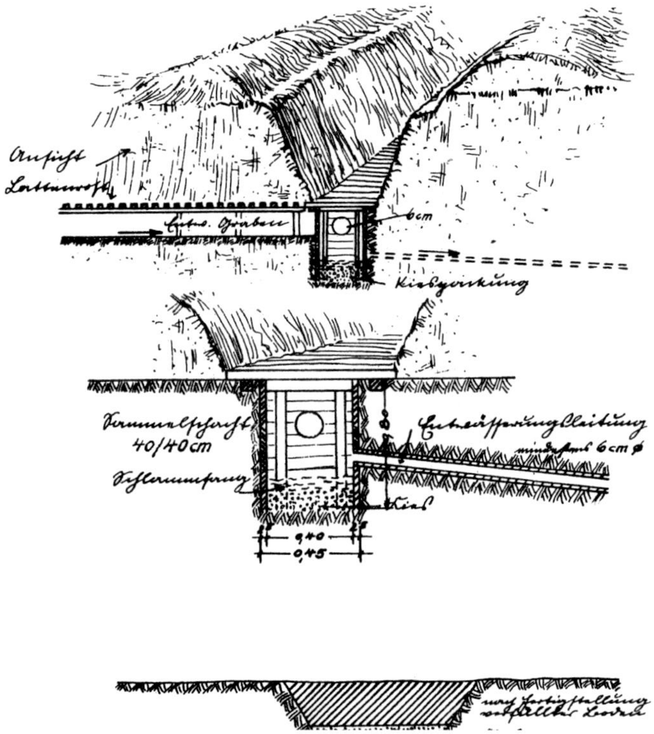

Entwässerungsleitungen sollten Grundwasser aus den eigenen Stellungen in tiefergelegene Geländeabschnitte ableiten. Für 10 m Graben brauchten zwölf Mann 5–6 Stunden.

Schützengraben in Eis und Schnee. Die Aufnahme ist im Februar 1942 im Abschnitt der 44. Infanteriedivision bei Charkow entstanden.

Schutzwirkung feldmäßiger Deckung				
Art der Deckung (Boden- und/ oder Gesteinsart bzw. Schichtung	Gewehrfeuer unterhalb 400 m	Massentreffer Artillerie-Sprenggranaten 10,5 cm, Auftreffwinkel 300, Auftreffgeschwindigkeit 200 m/s, Schussentfernung 3500 m	Einzeltreffer Artillerie-Sprenggranaten 15 cm, Auftreffwinkel 300, Auftreffgeschwindigkeit 200 m/s, Schussentfernung 4500 m	Fliegerbombe über 10 kg
Schotter	0,2 m			
Kies, grob	0,2 m			
Kies, fein	0,4 m			
Erde und Lehm	1,0 m	3 m	6–8 m	
Schichtung Erde, Steinpackung, Erde, Lehm, Rundholz		2,35–2,50 m	3,30 m	12–15 m
Schichtung Erde, Steinpackung, Erde, Lehm, Rundholz			2,15 m	

Große Aufmerksamkeit widmete man der Wasserver- und Wasserentsorgung. Grundlage war die Zusammenarbeit zwischen Geologen, Pionieren, Bauabteilungen, Hygienespezialisten, Etappenärzten und Meteorologen. Sie mussten über ein ganzes Paket unterschiedlicher Informationen verfügen können, über die Bodenschichtung (Lehm oder Ton, Sand oder Humus), über die Gesteinsformationen (Kalk usw.), die Verteilung, Fließrichtung, Ergiebigkeit und Qualität des Wassers, ebenso über den Wasserbedarf. Letzterer lag übrigens 1944 bei 20 Litern pro Mann und Tag. Den Umständen entsprechend wurden feldmäßige Brunnen, Feld- oder Schachtbrunnen[15] oder Zisternen angelegt. In Gegenden mit schlechter Wasserqualität waren zusätzlich Wasserfilter notwendig.

Zu einem weiteren Thema, dem Bau von Kampfwagenhindernissen. Die passive Kampfwagenabwehr hat zwischen den beiden Weltkriegen die Militärs aller europäischen Armeen beschäftigt. Ziel war es, die eigenen Stellungen möglichst durch natürliche Panzerhindernisse zu schützen. Als panzersicher galten aber nur Steilufer oder Steilhänge mit einer Neigung über 450, tiefe Gewässer (ab 1,50 m Tiefe und über 4 m Breite), ebenso auch

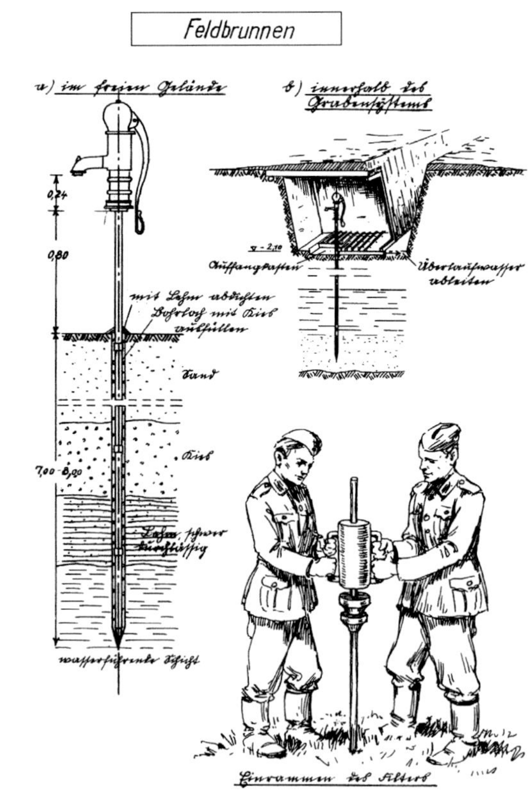

Für die Anlage eines Feldbrunnens benötigten vier Arbeitskräfte 3–4 Stunden.

[15] Feldmäßige Brunnen werden bis auf das Grundwasser ausgehoben. Bei Feldbrunnen versuchte man wasserführende Schichten mit Rohren und Handpumpen bis in 8 m Tiefe anzuzapfen

im Sommer offene Sümpfe (Mindesttiefe des Sumpfbodens etwa 1 m).

Als panzerungünstig eingestufte Geländeabschnitte mit zahlreichen natürlichen Hindernissen kanalisierten angreifende Panzereinheiten auf bestimmte Engstellen, die durch entsprechenden Ausbau panzersicher gestaltet werden konnten. Während der Feldzüge zwischen 1939 und 1941 waren deutsche Panzerverbände immer wieder mit natürlichen und künstlichen Panzerhindernissen konfrontiert. Die Franzosen hatten bei der Befestigung ihrer östlichen Landesgrenzen vor allem Schienen- oder Stahlrohr-Panzerhindernisse angelegt. Seit Anfang 1939 lag das Schwergewicht ihrer Arbeit bei den weniger aufwendigen Panzerabwehrgräben. Sie hatten unterschiedliches Profil, wurden je nach Bodenverhältnissen durch Holz, Flechtwerk oder Beton verstärkt.

Die griechische Heeresleitung konnte sich beim Bau der »Metaxas«-Linie (1936–1941) auf den Gebirgscharakter ihres Landes stützen, also starke natürliche Panzerhindernisse. Dort, wo notwendig, entstanden Panzersperren. Das waren Absturzwände von 2 bis 4 m Höhe. Im felsigen Gelände errichtete man Steinmauern oder sprengte Gräben in den Fels. Im Flachland und an der Mittelmeerküste gab es trockene und nasse Panzerabwehrgräben. Ein ungewöhnliches Panzerhindernis war der etwa 3.000 m lange Steinwall ostwärts der Stadt Xanthi. Er geht auf die Römer zurück und ist im Jahr 50 v.u.Z. aufgetürmt worden. Die Griechen hatten ihn lediglich durch einen trockenen Graben verstärkt.

An der Ostfront versuchte die Rote Armee, die Angriffskeile der deutschen Panzerverbände mit geschickt angelegten Panzerhindernissen beachtlicher flächenmäßiger Ausdehnung zu behindern. Sie waren von der Bevölkerung unter widrigsten Bedingungen, mit Schaufeln, Spaten und Hacken ausgeschachtet worden. Neben den Panzergräben gab es mit großen Gesteinsbrocken verstärkte Hindernisse.

Sowjetischer Panzerabwehrgraben in lockerem Boden, mit einer Versteifung aus Birkenstämmen. Aufnahme aus dem Jahr 1942.

1944/45 war es die deutsche Seite, auf der man größten Wert auf passive Panzerabwehrmaßnahmen gelegt hat. »Panzerhindernisse im vorderen Teil des HKF[16] … erschweren den Panzereinbruch und vermögen noch nicht kampferprobter oder kampferschöpfter Infanterie einen moralischen Rückhalt zu geben. Panzerhindernisse in der Tiefe des HKF verhindern den Panzerdurchbruch«, heißt es im Merkblatt 77/6 »Grundsätzliche Bemerkungen über Erkundung und Ausbau von Panzerhindernissen« vom 1. August 1944.

Sie gab es in Abhängigkeit vom Gelände und von der Beschaffenheit des Untergrundes in vielen Formen: Absturzwände, Kletterwandprofile und Panzerabwehr-Spitzgräben (mit und ohne Versteifung). Gewaltig blieb in jedem Fall der Arbeitsaufwand. 111 Arbeitskräfte mussten für einen 1.000 m langen, 3 m tiefen und oben 4,50 m breiten Panzerabwehr-Spitzgraben 4.400 m^3 Erdreich[17] bewegen. Dafür waren 22 Tage veranschlagt. Das erforderte vorausschauende Planung und massenhaft Arbeitskräfte. Oft hat man die Bevölkerung dazu verpflichtet. Der Aufwand lohnte angesichts der Schnelligkeit, mit der tiefe Angriffsoperationen motorisierter und gepanzerter Armeen abliefen, nicht der Mühe.

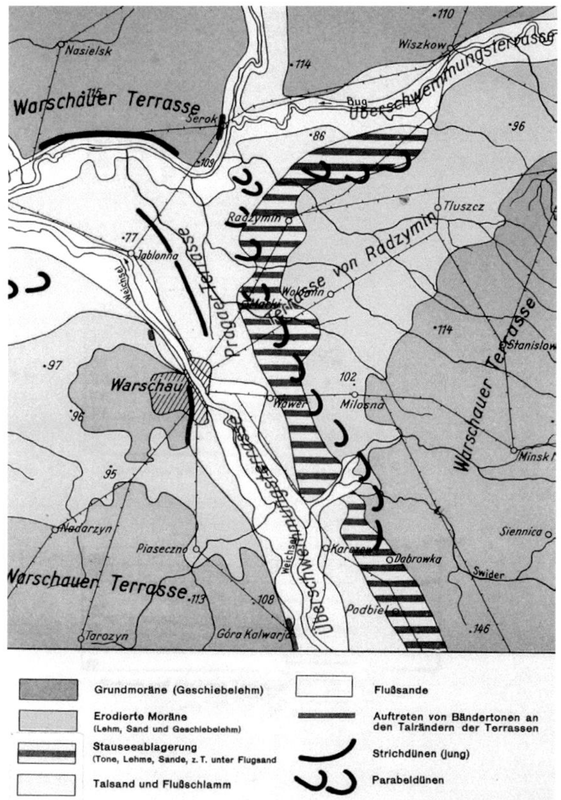

Wehrgeologische Karte des Großraums Warschau. Hier war der Vormarsch der Roten Armee Ende August 1944 zum Stillstand gekommen. In den folgenden Monaten spielten Stellungsbau und Stellungskrieg eine größere Rolle.

16 HKF: Hauptkampffeld

17 Das entspricht der Beladung von etwa 965 der damals üblichen 3-t-Lastkraftwagen

Um einen Unterschlupf aus Holz mit einer Decke aus Wellblech anzulegen, benötigten zehn Mann 2½ Tage. 1,2 t Material (Kanthölzer, Bohlen, Sandsäcke, Wellblech u.a.) mussten dafür herangeschafft werden.

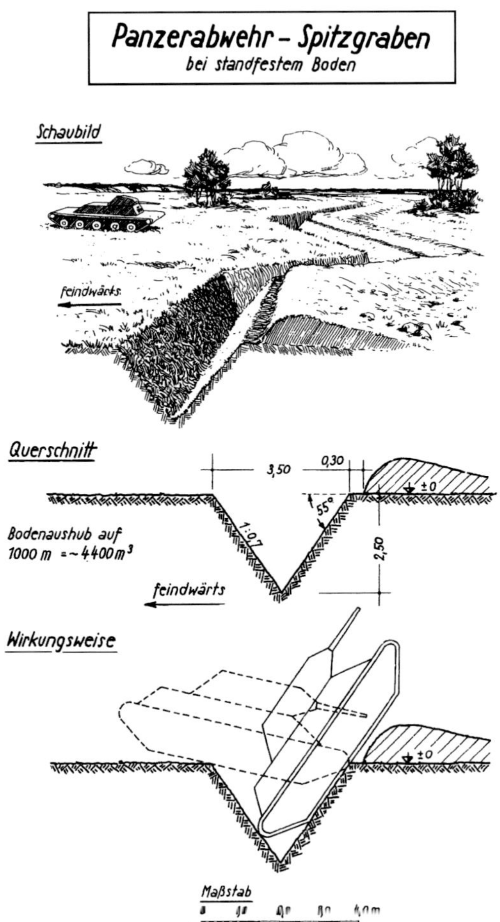

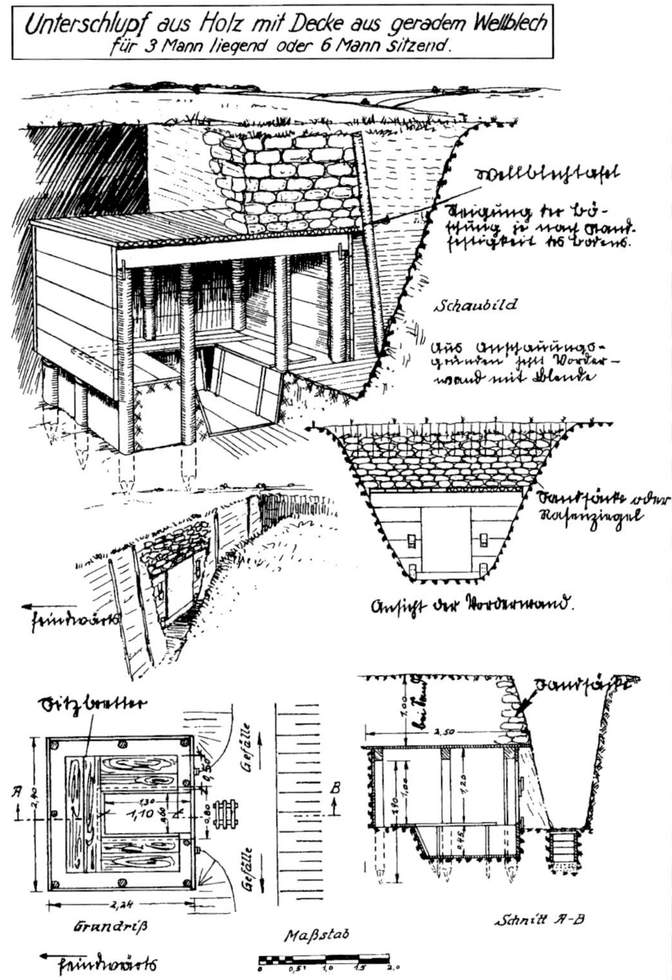

Baupioniere des Heeres beim Ausheben eines Panzerabwehr-Spitzgrabens. Bei standfestem Boden konnte auf eine Verschalung mit Pfählen und Faschinen verzichtet werden.

Um in den zu Festungen erklärten Städten die Verteidigungsbereitschaft herzustellen, wurde die Bevölkerung zur Teilnahme an Schanzarbeiten verpflichtet. Männer, Frauen, Jungen und Mädchen (ab dem 14. Lebensjahr) mussten jeden Tag zwischen 8 und 16 Uhr mit Schanzzeug dafür zur Verfügung stehen. Besonders aufwendig war das Ausheben der Panzergräben.

Kapitel 4

HAUPTFEUERKRAFT DES HEERES – DIE ARTILLERIE IM WANDEL

»Aufgabe der Artillerie ist es, mit der Gewalt ihres Feuers rechtzeitig die Kräfte des Feindes zu zerschlagen. ... Biegsamkeit, Reichweite und Schwenkbarkeit ihrer Flugbahnen machen es der Artillerie möglich, sich allen taktischen Lagen schnell anzupassen; die zerstörende Kraft und der seelische Eindruck der Geschosse geben ihrem Kampf das Gepräge.«

Zitiert aus: H.Dv. 200/5 Ausbildungsvorschrift für die Artillerie. Heft 5 Die Führung der Artillerie, Berlin 1937, S.9

Die Artillerie ist neben der Infanterie und der Kavallerie die älteste Waffengattung. Ihre Leistungsfähigkeit erfuhr beständige Steigerung, ihre Aufgaben – die Lähmung und Vernichtung der lebenden Kraft des Gegners, die Zerstörung seiner materiellen Mittel einschließlich der befestigten Anlagen – waren geblieben. Neu hinzu kamen die Bekämpfung gepanzerter Fahrzeuge und die Flugabwehr. Die Fortschritte in Wissenschaft und Technik machten beachtliche Leistungssteigerungen bei der konventionellen, der Rohrartillerie möglich.

Diese Fortschritte waren es auch, die den Raketen bei der Erfüllung der breiter gefächerten artilleristischen Aufgaben zu einem größeren Anteil verhalfen. Organisatorische Veränderungen begleiteten die militärische Entwicklung. Ausufernde Formen nahmen sie in den deutschen Streitkräften an. Sie zogen sich durch die Teilstreitkräfte und Waffengattungen. Beispiele? Küstenartillerie gab es im Heer und in der Kriegsmarine, Flugzeugabwehrartillerie in allen drei Teilstreitkräften. Die Infanterie unterhielt als schwere Waffen eine eigene Artillerie mit Infanteriegeschützen, die Panzertruppen waren auch für die Panzerabwehrartillerie zuständig – zumindest für einen Teil davon. Die Nebeltruppe, für den Einsatz von Nebel- und Kampfstoffmunition aufgebaut, erfüllte mit dem Vorschuss von Brisanzmunition vor allem ordinäre artilleristische Aufgaben. Granatwerfer, eine typische Waffe der deutschen Infanterie, traten mit der Einführung des Kalibers 21 cm zur schweren Artillerie. Die Streitkräfte der Kriegsgegner Deutschlands bevorzugten in der Regel einfachere organisatorische Lösungen. Besonders ausgeprägt war die Zentralisierung in den Streitkräften der Sowjetunion. Verantwortlich für die Granatwerfer, für die Rohr- und die Raketenartillerie zeichnete ein Vertreter des Volkskommissars für Verteidigung im Range eines Marschalls. Er leitete die Hauptverwaltung für Artillerie. Die demgegenüber kompliziertere Organisationsstruktur im deutschen Heer soll im Folgenden ausführlicher dargestellt werden.

Zum besonderen Verständnis erscheint es angebracht, den Blick auf den Beginn der 1920er Jahre zu richten. Am 31. Dezember 1920 hatte die Reichstreuhandgesellschaft ihren Geschäftsbericht vorgelegt. Von 59.897 Geschützen und Geschützrohren waren rund 24.000 zerstört worden. Am 18. Mai 1921 wurden im Heeresverordnungsblatt die im Gefolge des Versailler Vertrages festgelegten Sollstärken an Waffen und Gerät für die Einheiten des 100.000-Mann-Heeres veröffentlicht.

Für die Vernichtung des deutschen Kriegsmaterials, darunter vieler tausend Geschützrohre, war die am 30. Januar 1920 gegründete Reichstreuhandgesellschaft zuständig. Unter anderem mussten 3.220 Lager eingerichtet werden. Trotzdem verblieb im ersten Geschäftsjahr ein Reingewinn von über 2,2 Millionen Mark.

Der Artillerie blieben 256 7,7-cm-leichte Feldkanonen 96/16 und 16 sowie 10,5-cm-leichte Feldhaubitzen, einschließlich der vier Exerziergeräte an der Artillerieschule Jüterbog, weiterhin 23 7,7-cm-Kraftwagengeschütze und acht 7,5-cm-Gebirgskanonen 15. Natürlich sorgte die Reichswehrführung für einen Schwarzbestand an Geschützen, zu denen auch 81 10- und 15-cm-Kanonen sowie lange 21-cm-Mörser gehörten. Letztere bildeten später den Grundstock der schweren Artillerie des Heeres. Fazit: Wem (fast) nichts blieb, dem fällt es leichter, Neues zu schaffen. Diesen Weg bestritten die deutschen Militärs im Rahmen geheimer Rüstungsaktivitäten.

Als man das 2. Rüstungsprogramm am 1. April 1933 annahm, standen bereits serienreife Infanterie- und Feldgeschütze, Panzer- und Flugzeugabwehrkanonen zur Verfügung und wurden für das A-Heer beschafft. Bei der Motorisierung der Artillerie waren wichtige Akzente gesetzt. Nach der Machtergreifung durch Hitler ist das Tempo der Aufrüstung beschleunigt worden. Bis zum 1. September 1939 ergaben sich die folgenden Bestände an Artilleriewaffen:

Geschützart bzw. -typ	Anzahl (Stück)
7,5-cm-leichtes Infanteriegeschütz 18	2.933
15-cm-schweres Infanteriegeschütz 33	410
3,7-cm-Panzerabwehrkanone L/45 [1]	11.200
10,5-cm-leichte Feldhaubitze 18	4.845
15-cm-schwere Feldhaubitze 18	2.049
schwere Kanonen und Mörser	724
2-cm-Flugzeugabwehrkanonen 30 und 38 3,7-cm-Flugzeugabwehrkanonen 18, 36 und 37	6.700
8,8-cm-Flugzeugabwehrkanonen 18, 36 und 37	2.570
10,5-cm-Flugzeugabwehrkanone 38	30
[1] ursprünglich als Tankabwehrkanone (Tak) bezeichnet, ab April 1940 in Panzerjägerkanone (PzJägK) L/45 umbenannt	

Leichte Feldkanonen 96/16 fanden vor allem als Infanteriegeschütze Verwendung. Sie wogen in Feuerstellung 1.020 kg, erreichten aber nur eine Schussweite von 7.800 m.

7,7-cm-leichte Feldkanone 16. Das Gewicht in Feuerstellung ist mit 1.524 kg angegeben. Nach der Umrohrung erhielt sie die Bezeichnung 7,5-cm-Feldkanone 16 neuer Art und erreichte Ziele in 12.300 m Entfernung.

Das wirkungsvollste Geschütz in den Artillerieregimentern der sieben Infanteriedivisionen des Heeres war die 10,5-cm-leichte Feldhaubitze 16. Sie wog in Feuerstellung 1.450 kg und besaß eine Schussweite von 9.225 m.

Zwei Dutzend Kraftwagengeschütze KD-1 (Sd. Kfz. 1) verblieben der Reichswehr. Bei einem Gewicht von 11,25 t erreichten sie maximal 35 km/h. Bodenziele konnten aus einer Entfernung von 7.800 m beschossen werden. Die Bekämpfung von Luftzielen war nicht möglich.

4.1 Infanteriegeschütze

Sie fanden in den 9. bzw. 13. (Infanteriegeschütz-)Kompanien der Infanterieregimenter Verwendung. In ihrer ursprünglichen Gliederung bestanden sie aus drei leichten Zügen und einem schweren Zug mit zusammen sechs leichten 7,5-cm-Infanteriegeschützen 18 und zwei schweren 15-cm-Infanteriegeschützen 33 (Kriegsstärkenachweisung Nr. 171 vom 1. Oktober 1937). Abweichungen galten von vorn herein für die Infanterieverbände in motorisierten und gepanzerten Divisionen, wo die leichten Geschütze auf die schweren Kompanien der Bataillone aufgeteilt wurden. Handelte es sich dabei um gepanzerte Bataillone, traten 1943 an ihre Stelle 7,5-cm-Kanonen 37 L/24 auf mittleren Schützenpanzerwagen (Sd.Kfz. 251/9). Die 15-cm-schweren Infanteriegeschütze 33 – sechs an der Zahl – wurden dagegen in schwere Infanteriegeschützkompanien (Sf.) zusammengefasst.
Die Infanteriegeschütze zählten zu den schweren Infanteriewaffen. Zu ihren Aufgaben gehörte die Bekämpfung widerstandsfähiger Einzelziele auf Entfernungen bis 3.550 bzw. 4.700 m. Bevorzugt worden ist das indirekte Schießen aus verdeckten Feuerstellungen. Aber auch die Verwendung aus offenen Feuerstellungen konnte wirksam sein, wenn die Granaten mit Zündverzögerung als »Abpraller« verschossen wurden.

7,5-cm-leichtes Infanteriegeschütz 18 (besp) in Feuerstellung (440 kg Gewicht). Die Höchstschussweite ist mit 3.550 m angegeben, die Feuergeschwindigkeit mit 8–12 Schuss/min.

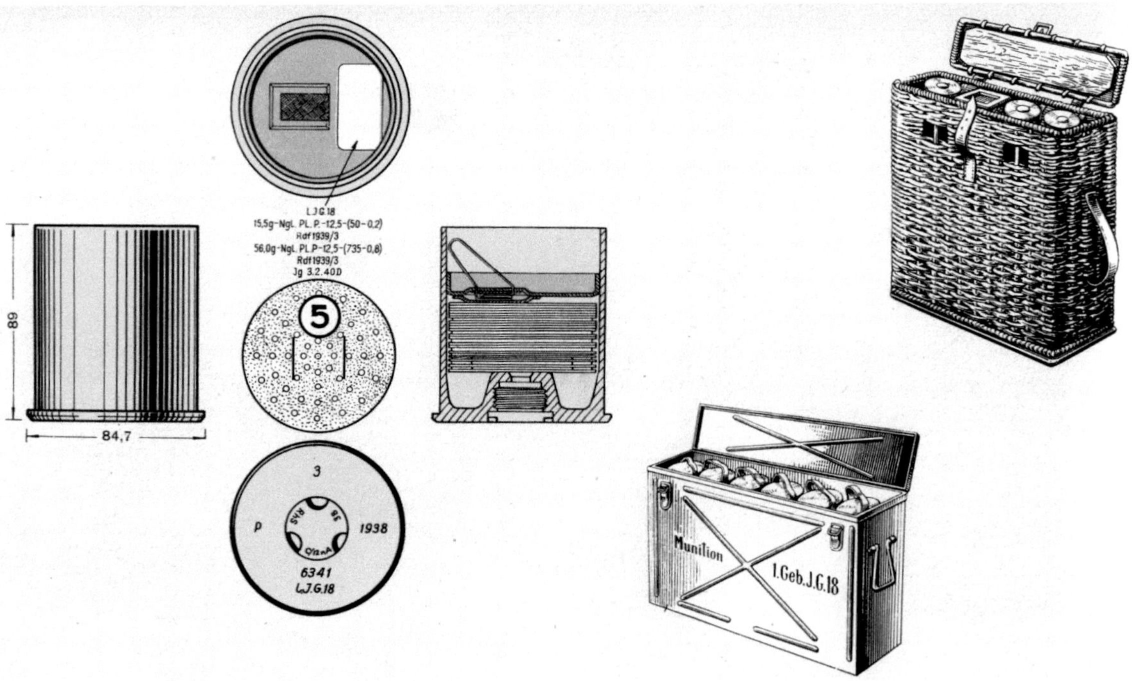

Das 7,5-cm-leichtes Infanteriegeschütz 18 verschoss getrennt zu ladende Munition. Vier Kartuschhülsen wurden zusammen mit vier 5,5 kg schweren Infanteriegranaten in einem Munitionskorb transportiert.

Vier Pferde waren notwendig, um ein 7,5-cm-leichtes Infanteriegeschütz 18 (besp) zusammen mit der Protze (If. 14) zu ziehen.

Das 7,5-cm-leichte Infanteriegeschütz 18 (mot) war für den Einsatz in motorisierten Einheiten vorgesehen. Als Zugmittel kamen leichte geländegängige Lastkraftwagen 1 t (6x4) Krupp L 2 H 143 (Kfz. 69) oder leichte Zugkraftwagen 1 t Demag D 7 (Sd.Kfz. 10) zum Einsatz.

Die leichten Infanteriegeschütze galten als außerordentlich beweglich und wendig, ebenso das 7,5-cm-Gebirgs-Infanteriegeschützen 18. Das traf auf das 15-cm-Infanteriegeschütze 33 nicht zu, welches immerhin 1.700 kg wog. Dafür war die Wirkung der 38 kg schweren Geschosse ähnlich der Munition schwerer Feldhaubitzen und befähigte zur Bekämpfung besonders widerstandsfähiger Ziele. Für beide Infanteriegeschütze gab es panzerbrechende Hohlladungsmunition. Ihrer wirksamen Einbeziehung in die Panzerabwehr standen allerdings schießtechnische Nachteile entgegen.

Im September 1944 lag der Bestand bei 3.785 leichten und 1.335 schweren Infanteriegeschützen. Die Verluste sind in diesem Monat mit 232 bzw. 88 Stück angegeben. Bei den leichten Geschützen mussten seit Juni 1944 ohnehin rückläufige Bestandszahlen zur Kenntnis genommen werden. Die Einstellung der Fertigung war absehbar. Mit der Herstellung eines Nachfolgemodells, des 7,5-cm-leichten Infanteriegeschützes 37, hatte man erst im Mai 1944 begonnen. Die damit verbundenen Erwartungen an eine kombinierte Infanterieunterstützungs- und Panzerabwehrwaffe erfüllten sich nicht.

Es blieb ein Kompromiss. Bis zum Dezember 1944 nahm das Heereswaffenamt 2.276 Stück ab. Danach war der Vorrat an Pak-Lafetten für den Einbau der 7,5-cm-Rohre L/24 aufgebraucht. Ähnlich verhielt es sich mit dem 7,5-cm-leichten Infanteriegeschütz 42. Als echte Alternative zeichnete sich die 8-cm-Panzerwurfkanone 600 (PWK 8 H 63) ab, deren Fertigung aber im März 1945 aus Mangel an Munition wieder gestoppt werden musste. Sie sollte in den 14. Kompanien der Grenadier- und Panzergrenadierregimenter zum Einsatz kommen. Die Kanone verschoss flügelstabilisierte Hohlladungs- und Splitterspreng-Wurfgranaten. Für ihre Entwicklung zeichnete die Rheinmetall-Borsig GmbH verantwortlich, die ein neues innenballistisches Prinzip in die Praxis umsetzte und so die Leichtbauweise des maximal nur 600 kg schweren Geschützes erst möglich gemacht hatte.

So nützlich sich die Infanteriegeschütze in den Jahren offensiver Kampfführung erwiesen hatten, die spürbar gewordene neuerliche Steigerung der Waffenwirkung ließ aufwendigen Spezialgeschützen auf dem Schlachtfeld immer weniger Platz. Artillerieduellen waren sie wegen der geringen Schussweite nicht gewachsen. Dem versuchte man dadurch zu begegnen, dass man den leichten Infanteriegeschützen einen weiter unten angesiedelten Platz in der Kriegsgliederung zuwies. Sie wurden Teil der 4. (schweren) Kompanien der Grenadierbataillone.

Eine vergleichbare Entwicklung zeichnete sich beim 15-cm-schweren Infanteriegeschütz 33 ab, von dem laut einer Führerforderung monatlich 200 zur Auslieferung kommen sollten. Sie widerspiegelt nicht die rüstungswirtschaftliche Realität. Im Februar 1945 konnten die Herstellerwerke in Berlin-Henningsdorf und Strakonitz nur 108 Geschütze bereitstellen. Überdies stellte das Oberkommando des Heeres im Interesse »schärfster Konzentration auf lebensnotwendige Waffen« die gänzliche Einstellung der Fertigung in Aussicht.

Mit 2.872 kg Gewicht war das 15-cm-schwere Infanteriegeschütz 33 für eine Infanteriewaffe zu unbeweglich. In Feuerstellung ergab sich ein Gewicht von 1.550–1.700 kg. Die maximale Schussweite lag bei 4.700 m.

Wartungsarbeiten an der Rücklaufbremse bzw. dem Luftvorholer des schweren Infanteriegeschützes.

Das 15-cm-schwere Infanteriegeschütz 33 auf Panzerkampfwagen I, Ausführung B zeigt alle Merkmale einer Behelfslösung. Es war 8,5 t schwer und 2,80 m hoch. 38 Stück entstanden im Februar 1940. Leistungsfähiger waren Geschützwagen auf den Fahrgestellen der Panzerkampfwagen 38 (t), die 1943/1944 ausgeliefert wurden.

Mit dem 7,5-cm-Infanteriegeschütz 37 erhielten die Infanteriegeschützkompanien ein weiteres Provisorium unter Verwendung der Spreizlafetten von Panzerabwehrgeschützen. Die Schussweite lag bei 5.150 m.

Die 8-cm-Panzerwurfkanonen 8 H 63 sollten Aufgaben zur Infanterieunterstützung und in der Panzerabwehr erfüllen. Sie wog in Feuerstellung 575 kg und konnte mit der Werferhohlladungsgranate auf 750 m Entfernung 140 mm Panzerstahl durchschlagen. Bis zum 1. März 1945 waren 155 Geschütze ausgeliefert worden.

4.2 Die Geschütze der Panzerjägertruppe

Sie unterstanden den jeweiligen Waffengattungen, Panzerabwehreinheiten der Truppe, gemeint sind die Züge und Kompanien in Abteilungen bzw. Regimentern der Infanterie (In 2) und der Kavallerie (In 3), die zu den Panzerabwehrverbänden der oberen (Truppen-)Führung gehörenden Panzerabwehrabteilungen (mot) der Divisionen, Armeekorps und Armeen unterstanden den Kraftfahrkampftruppen (In 6). Für die im Rahmen der Landesbefestigung vorgesehenen Kräfte und Mittel war die Inspektion der Pioniere und Festungen (In 5) zuständig. Die Infanterie-Panzerabwehrkompanie (mot) gliederte sich nach Kriegsstärkenachweisung Nr. 184 vom 1. Oktober 1937 in vier Züge mit zusammen zwölf 3,7-cm-Panzerabwehrkanonen L/45. Die Kompanie (mot) in den Panzerabwehrabteilungen der Infanteriedivisionen verfügte ebenfalls über zwölf Geschütze, die in den Panzerdivisionen über neun (Kriegsstärkenachweisung Nr. 1144 vom 29. Februar 1940). Sie waren in jedem Fall in drei Kompanien gegliedert.

Bei Ausbruch des Zweiten Weltkrieges war die 3,7-cm-Panzerabwehrkanone L/45 die wichtigste Panzerabwehrwaffe des Heeres. Sie entsprach weitgehend der »3,7-cm-Tankabwehrkanone in Spreizlafette«, deren Entwicklung im Rahmen der geheimen Rüstung der Reichswehr mit Vorrang betrieben worden war. Bis zum Mai 1929 hatte das Heereswaffenamt fünf Stück abgenommen. Die Einführung war aus Geheimhaltungsgründen ohne den üblichen Truppenversuch erfolgt. Änderungen ergaben sich 1934 mit der Weiterentwicklung der Einsatzgrundsätze, nach denen die Verwendung auf Bataillonsebene die Ausnahme bleiben sollte.

In der Reichswehr war die Entwicklung der 3,7-cm-Tankabwehrkanone L/45 mit besonderer Dringlichkeit vorangetrieben worden. Im Mai 1929 standen 13, im September 1932 262 Geschütze zur Verfügung. Sie waren für den Pferdezug eingerichtet und wurden nur in der Übergangszeit mit Kraftfahrzeugen fortbewegt.

Die 3,7-cm-Panzerabwehrkanone L/45 bei der Legion »Condor« im Einsatz. Deutschland lieferte im Verlaufe des Bürgerkrieges in Spanien 52 Geschütze und 50 Ersatzrohre an das Land (Gesamtwert über 400.000 Reichsmark). Zusammen mit der Bereitstellung für die Legion waren es 202 3,7-cm-Panzerabwehrkanonen und 146.600 Panzergranaten.

Die 3,7-cm-Panzerjägerkanone L/45 mit der ab 1941 verfügbaren 8,5 kg schweren Stielgranate.

In den Panzerjägerabteilungen wurden üblicherweise leichte Lastkraftwagen 1 t (6x4) Krupp L 2 H 143 (Kfz. 69) als Zugmittel verwendet, in den Panzerjägerabteilungen der Panzerdivisionen leichte Zugkraftwagen 1 t Demag D 7 (Sd.Kfz. 10).

Für den Einsatz in Festungsanlagen wurden 3,7-cm-Panzerabwehrgeschütze hinter Schartenplatten lafettiert. Modellversuch aus dem Jahr 1937.

Die Panzerabwehr wurde durchgehend motorisiert und im Rahmen der Regimenter, Divisionen und Armeen organisiert. Um Panzer zu »jagen«, musste sie hochmobil sein. Die schon zu dieser Zeit ins Gespräch gebrachte Umbenennung in Panzerjägertruppe wurde abgelehnt, um dem Ausland keine Rückschlüsse zu ermöglichen. Wesentliche Merkmale der halbautomatisch arbeitenden Waffe waren der Einzelschuss, die hohe Feuergeschwindigkeit und das Schießen im direkten Richten. Gute Trefferaussichten und ausreichende Durchschlagleistung konnten auf Entfernungen unterhalb 800 m erwartet werden. Das ließ der Bedienung wenig Zeit, Panzer – die diese Distanz in vier Minuten überwinden – erfolgreich zu bekämpfen.

In der D 95 »Angaben über Waffenwirkung« vom 21. Dezember 1934 sind Angaben zur Durchschlagleistung mit der Panzergranate zu finden: bei einem Auftreffwinkel von 60° lag der Wert auf 600 m bei 26 mm Panzerstahl. Zu dieser Zeit reichte das nicht mehr. Frankreichs mittlerer Panzer Renault D-1 zeigte an der Front eine 40 mm starke Panzerung. Nun rächte sich, dass man Vorschläge aus dem Jahr 1929 nicht weiterverfolgt hatte, die Rohrlänge der »3,7-cm-Tak« (und damit die Durchschlagleistung) zu vergrößern oder auf das Kaliber 5 cm überzugehen. Selbstzufriedenheit breitete sich aus und fand eine Bestätigung in den Erfahrungen, die man mit der 3,7-cm-Panzerabwehrkanone L/45 während des Bürgerkrieges in Spanien (1936–1939) gesammelt hatte, dass »Kampfwagen gegenwärtig der gut organisierten Panzerabwehr gegenüber unterlegen«[18] waren. Die fatalen Folgen dieser Fehleinschätzung zeigten sich bereits 1940 im Verlaufe des Westfeldzuges.

Zahlenmäßig war die deutsche Panzerjägertruppe überlegen: sie verfügte über 13.131 Geschütze. Rein rechnerisch kamen auf jeden Panzer der Alliierten 3,86 Panzerjägerkanonen. In der Praxis sah es anders aus, wie man einem Erfahrungsbericht vom 28. Juni 1940 entnehmen kann: »Die ungenügende Durchschlagleistung der 3,7-cm-Pak ist bekannt und wird behoben« – mit Hartkernmunition wie bei der Panzerbewaffnung. Ein Jahr später, mit Beginn des Feldzuges gegen die Sowjetunion, zeigte die Schwäche der Panzerabwehr für die Truppe mitunter katastrophale Folgen. Meldungen wie die folgende häuften sich: Bei der Panzerjägerabteilung 38 war es erst auf 10 m Distanz gelungen, einen T-34 durch einen Treffer auf die Maschinengewehrblende in Brand zu schießen.

[18] Zusammenstellung von technischen Erfahrungen in Spanien der 8. Abteilung im Generalstab des Heeres vom 20. März 1937

»Das 3,7-cm-Geschütz ist für die Bekämpfung der Kampfwagentypen des Gegners, die er jetzt auf das Gefechtsfeld bringt, unzureichend. Auch die vier 5-cm-Geschütze[1], die das Infanterieregiment bekommen soll, reichen für die Notwendigkeiten der Panzerbekämpfung ... nicht aus, insbesondere solange nicht auch für dieses Geschütz eine Sondermunition entsprechend der Rotkopfmunition[2] geschaffen wird. Die Neigung der Infanterie zur Panzerpanik wird allein auf dem Weg der Erziehung nicht behoben werden können, wenn man ihr nicht beschleunigt in ausreichender Zahl eine Waffe gibt, mit der sie sich mit ausreichender Aussicht auf Erfolg der feindlichen Panzer erwehren kann.«

Zitiert aus: 88. Infanteriedivision / Abt. Ia Nr. 230/42 geh. vom 28. März 1942
Betr. Gliederung, Bewaffnung und taktische Erfahrungen der Infanterie

[1] gemeint ist die 5-cm-Panzerjägerkanone 38 L/60
[2] gemeint ist die 3,7-cm-Panzergranate 40 mit ihrer Kennzeichnung durch einen roten Farbring

Die 3,7-cm-Panzerabwehrkanone L/45 war nicht mehr brauchbar. Daran konnte auch die ab Dezember 1941 der Truppe zugeführte Stielgranate 41 nichts ändern. Sie durchschlug beachtliche 180-mm-Panzerstahl, allerdings blieb die wirksame Schussweite der flügelstabilisierten überkalibrigen Geschosse auf 100 m begrenzt.

An einem leistungsfähigeren Panzerabwehrgeschütz arbeitete Rheinmetall seit Mitte der 1930er Jahre. Besonderes Interesse zeigte die Inspektion der Pioniere und Festungen (In 5), deren Panzerabwehr wegen der ortsfesten Aufstellung auf größere Entfernungen wirken musste, an der Frage der Kalibervergrößerung. Daraus entstand die 5-cm-Panzerabwehrkanone K. und T. zum Einbau in die Festungspanzertürme 71 P9 und 91 P9 (Gewicht 87 bzw. 48 t). 5-cm-Panzerabwehrkanonen mit Räderlafette und Spreizholmen erprobte das Heereswaffenamt/WaPrw 4 im Jahre 1937.

Die Weiterentwicklung stand unter der Bezeichnung 5-cm-Panzerabwehrkanone 38 L/60 in geringer Zahl schon während des Westfeldzuges 1940 zur Verfügung. Mit 59- bzw. 72-mm-Panzerdurchschlagleistung auf 500 m Entfernung blieb ihr Beitrag zur Lösung der Pan-

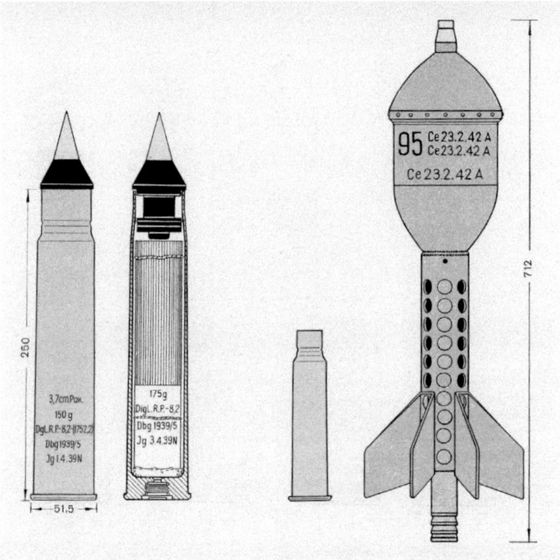

Die 3,7-cm-Panzergranatpatrone 40 und die 3,7-cm-Stielgranate 41 für die 3,7-cm-Panzerjägerkanone L/45.

zerabwehrkrise des deutschen Heeres begrenzt. Die sowjetischen T-34 und KW konnten nur unterhalb 100 bis 200 m mit Erfolgsaussichten beschossen werden. Nicht besser waren die Ergebnisse im Kampf gegen den britischen Infanteriepanzer Mk II »Matilda« Mk II und gegen die US-amerikanischen mittleren Panzern M-3 »Lee« sowie M-4 »Sherman«.

Offiziell wurde die 5-cm-Panzerjägerkanone 38 L/60 am 12. Dezember 1940 eingeführt. Sie wog 986 kg und war damit im Verhältnis zu ihren Leistungen zu schwer.

Für die Entwicklung der 2,8-cm-Panzerbüchse 41 mit konischem Lauf zeichnete die Inspektion 2 (Infanterie) verantwortlich. Rechts im Bild die 5-cm-Pak 38 L/60 mit Spornrad.

Die Zahl der 5-cm-Geschütze stieg bis zum 1. Juli 1941 auf 1.047. Sie wurden als zugstarke Teileinheiten mit zwei oder drei Kanonen den Infanterie-Panzerjägerkompanien (Kriegsstärkenachweisung Nr. 188 vom 1. Dezember 1941) zugeteilt und waren für den teilmotorisierten oder bespannten Zug eingerichtet – eine Abkehr von bisherigen Einsatzgrundsätzen, die dem Mangel an Zugfahrzeugen geschuldet war. In den Einheiten der Panzerjägerabteilungen blieb der motorisierte Zug erhalten, wofür der leichte Zugkraftwagen 1 t (Sd.Kfz. 10) am besten geeignet erschien. Was ihm fehlte, war ein Panzerschutz.

Forderungen der Panzerabwehr, Panzerschutz und eine den Kampfwagen vergleichbare Beweglichkeit zu geben, lassen sich bis in die 1920er Jahre zurückverfolgen. Ab 1934 entstanden im Auftrag der Inspektion der Kavallerie (In 3) Prototypen gepanzerter Halbkettenfahrzeuge mit 3,7-, 5- und 7,5-cm-Geschützen. Die ersten serienmäßig hergestellten Selbstfahrlafetten für die Panzerjäger gelangten ab März 1940 zur Truppe – in jeder Hinsicht eine Kompromisslösung. Tschechische 4,7-cm-Geschütze L/43,4 waren auf Fahrgestelle von Panzerkampfwagen I (MG) (Sd.Kfz. 101), Ausführung B gesetzt worden. 202 Fahrzeuge dieses Typs kamen zur Auslieferung und fanden bis auf wenige Ausnahmen in Heerespanzerjägerabteilungen Verwendung.

Damit nahm die Entwicklung hin zu Panzerjäger-Selbstfahrlafetten für das deutsche Heer ihren Anfang, eine Folge der Leistungssteigerung, des damit verbundenen größeren Kalibers und des von den Panzerjägern nur noch mit Mühe zu bewältigenden Gewichtes. Hochleistungswaffen mit konischen Rohren, die in den Kalibern 2,7, 4,2 und 7,5 cm eingeführt wurden, blieben auf diesem Weg eher Episoden. Dafür gaben der hohe Rohrverschleiß und der Bedarf an Wolfram den Ausschlag.

Die 7,5-cm-Panzerjägerkanone 41 besaß ein 2.950 mm langes Rohr mit konischem Lauf (= L/55), in dem die Geschosse von 75 auf 55 mm herunterkalibriert wurden. Von den 150 ausgelieferten Geschützen waren im Herbst 1943 nur noch 50% bei der Truppe.

4,7-cm-Panzerabwehrkanone 36 (t) L/43,4 (Sf.) auf Panzerkampfwagen I, Ausführung B zu Beginn des Feldzuges gegen die Sowjetunion. 1940 waren vier Abteilungen (Nr. 521, 616, 643 und 670) mit je 18 dieser Fahrzeuge als Heerestruppe aufgestellt worden.

Ein typisches Beispiel für Panzerabwehrgeschütze mit zylindrischen Rohren ist die 7,5-cm-Panzerjägerkanone 40 L/46. Die Förderung dieses Kalibers war erst 1941 mit dem offensichtlichen Versagen der 3,7- und 5-cm-Geschütze in Gang gekommen. Letzte Klarheit brachten die vom Heereswaffenamt Ende Juni 1941 durchgeführten Versuchsschießen auf sowjetische Panzer. Das Kaliber 7,5 cm erhielt höchste Priorität. Durchgesetzt hat sich Rheinmetall mit der 7,5-cm-Panzerjägerkanone 40 L/46. Sie brachte auf 1.000 m Entfernung eine ausreichende Durchschlagleistung (81-mm-Panzerstahl bei einem Auftreffwinkel von 60^0). Das hatte seinen Preis: das Geschütz wog in Feuerstellung 1.450 kg. Die Fertigung kam nur schleppend in Gang. Die ersten 15 nahm das Heereswaffenamt im Februar 1942 ab, im März 10 und im April 165. Hitler kritisierte auf der Rüstungskonferenz vom 21./22. Februar des Jahres die zu geringe Ausbringung. Vier Wochen später forderte er monatlich 500 Stück – eine Zahl, die erst im Januar 1943 erreicht werden konnte. Der höchste monatliche Ausstoß ist mit 1.054 Geschützen für November 1944 angegeben. Um Bewaffnungslücken zu schließen, erlangten Beutegeschütze aus allen Ländern an Bedeutung, insbesondere der Umbau französischer und aus der umfangreichen Beute an der Ostfront stammender Feldkanonen zu 7,5-cm-Panzerjägerkanonen 97/38 und 7,62-cm-Panzerjägerkanonen 36.

7,5-cm-Panzerjägerkanone 40 L/46 in Feuerstellung. Ihr Gewicht von 1.425 kg stellte für die Panzerjäger eine Herausforderung dar.

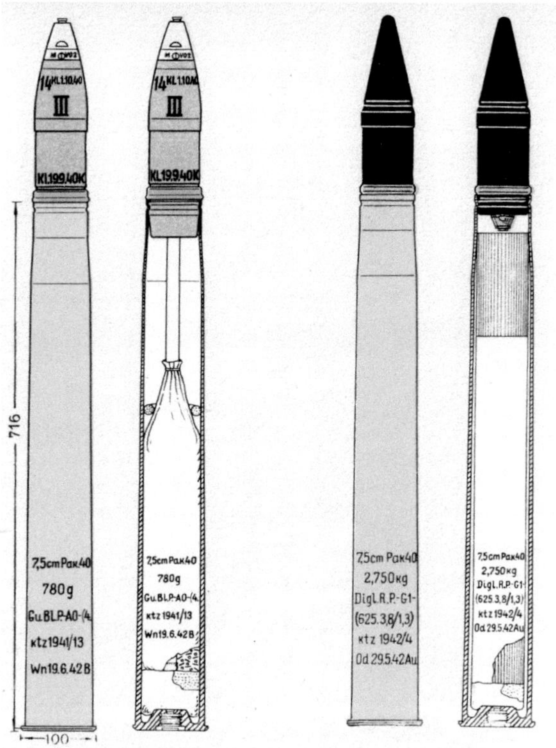

Die Munition für die 7,5-cm-Panzerjägerkanone 40 L/46 – die Panzergranatpatrone 39 (rechts) und die 7,5-cm-Sprenggranatpatrone 34 (links).

Die 7,5-cm-Panzerjägerkanone 40/1 L/46 auf dem Geschützwagen LrS (f) (Sd.Kfz. 135) fand in Panzerjägerabteilungen Verwendung. Im Sommer 1942 wurden von dieser Behelfslösung 170 Stück ausgeliefert. Ihre Vorteile waren eine höhere taktische Beweglichkeit und Feuerbereitschaft.

Als Feldkanone und Panzerabwehrgeschütz gleichermaßen geeignet war die Divisionskanone 36 (F-22) der Roten Armee. Erbeutete Geschütze waren begehrt. Sie fanden als 7,62-mm-Feldkanonen 296 (r) – russ. 36 – bei der Feldartillerie des deutschen Heeres Verwendung. 460 wurden zu 7,62-cm-Panzerjägerkanonen 36 umgebaut.

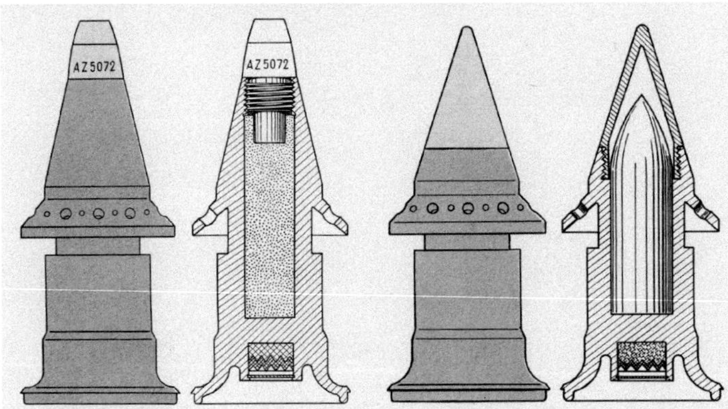

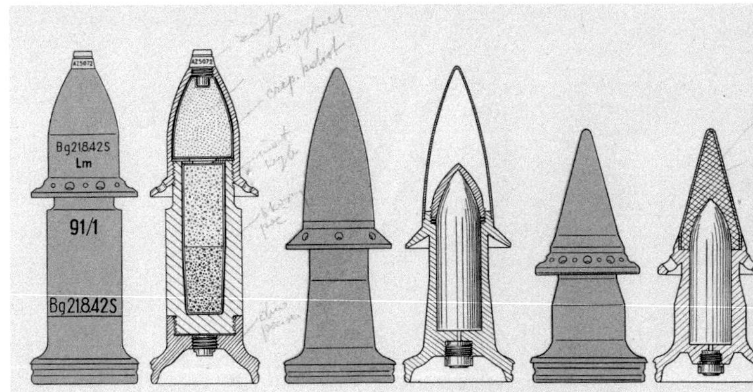

Die Munition deutscher Panzerkanonen:

a. 4,2-cm-Panzerjägerkanone 41 mit konischem Lauf: links 4,2-cm-Sprenggranate 41, rechts 4,2-cm-Panzergranate 41

c. 7,5-cm-Panzerjägerkanone 41 mit konischem Lauf: von links nach rechts 7,5-cm-Sprenggranate, 7,5-cm-Panzergranate 41 mit Hartkern, 7,5-cm-Panzergranate 41 mit Weichkern

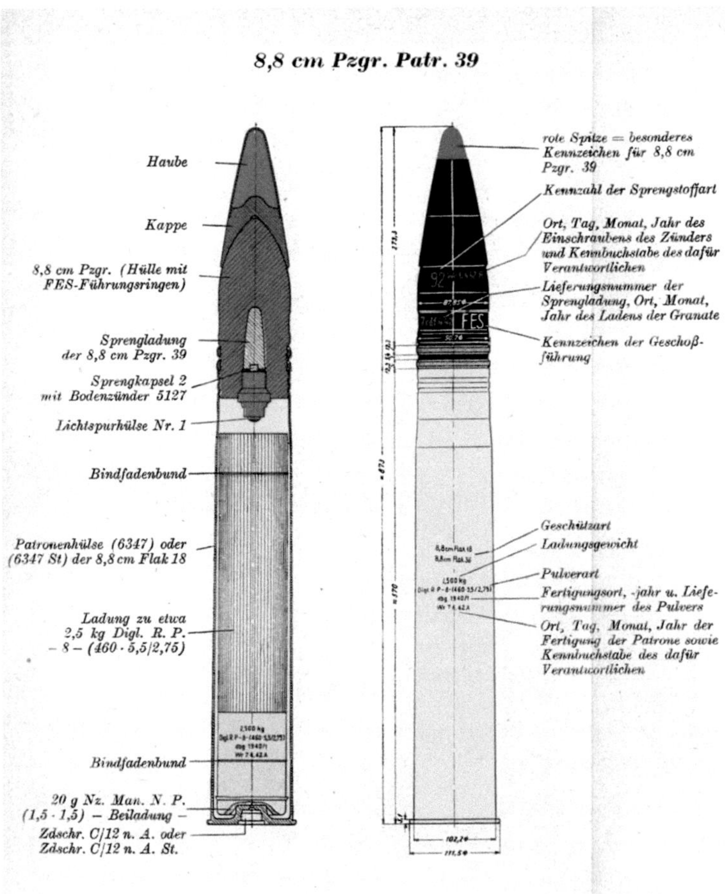

b. 8,8-cm-Panzergranatpatrone 39 - panzerbrechende Munition für die 8,8-cm-Geschütze der Panzerjägertruppe und der Flugabwehr-artillerie.

Auf die Problematik der Motorisierung der Panzerjägertruppe ist schon hingewiesen worden. Es mangelte an leichten Zugkraftwagen. Ersatzweise mussten Lastkraftwagen und Beuteschlepper diese Aufgabe übernehmen. Den Panzerjägerabteilungen in den Infanteriedivisionen wurden Raupenschlepper Ost (R.S.O.) zugeführt. Am 13. Mai 1942 informierte Albert Speer, der Minister für Bewaffnung und Munition, über die Möglichkeit, die 7,5-cm-Panzerjägerkanonen auf Panzer II-Fahrgestellen lafettieren zu können. Das war eine schnell lösbare Aufgabe, für die auch Panzerkampfwagen 38 (t) (3,7 cm) und andere erbeutete Panzerfahrzeuge verfügbar gemacht wurden. Sie fanden als Panzerjäger »Marder« in Panzerjägerabteilungen Verwendung.

Um die Handlungsfähigkeit der Panzerjägertruppe in den folgenden Jahren zu gewährleisten, erhielten die Firmen Rheinmetall-Borsig GmbH / Düsseldorf und F. Krupp AG / Essen Entwicklungsaufträge für 8,8-cm-Panzerabwehrgeschütze. Das Kaliber hatte schon 1940 bei den Heerespanzerjägern eine Rolle gespielt. Ursprünglich für die Bekämpfung von Bunkerscharten bestimmt, wurden die 36 8,8-cm-Flugzeugabwehrkanonen auf Sonderanhängern und die sechs Geschütze auf gepanzerten Zugkraftwagen 12 t transportiert, die in den drei Abteilungen und einer selbständigen Kompanie im Mai/Juni

1940 eingesetzt wurden. In diesem Kaliber gab es Entwicklungspotential.
Nun war es von vornherein in einer leistungsgesteigerten Variante für die Verwendung auf Geschützwagen III/IV (Panzerjäger »Hornisse« (Sd.Kfz. 164)) mit 8,8-cm-Panzerabwehrkanone 43/1 L/71 und auf Räderlafette mit Spreizholmen (8,8-cm-Panzerabwehrkanone 43 L/71) vorgesehen. Krupp gewann den Wettbewerb. Im Februar 1943 stand ein erstes Geschütz zur Verfügung, ein Hybrid mit Holmen ähnlich der 10,5-cm-leichten Feldhaubitze 18. Der seitliche Richtbereich blieb auf 56° beschränkt, was angesichts des hohen Gewichtes der Kanone erhebliche Nachteile mit sich brachte.

Panzer sind Kampfmittel mit hoher Manövrierfähigkeit – bestens geeignet, der Feuerkraft dieser Geschütze (Durchschlagleistung auf 1.000 m bei einem Auftreffwinkel von 60° 165 mm Panzerstahl und einer Schussweite im direkten Richten von etwa 1.100 m!) auszuweichen. Das Problem fand in der ab Januar 1944 gelieferten 8,8-cm-Panzerjägerkanone 43 L/71 eine gelungene technische Lösung. Mit dem Geschütz war Rundumfeuer möglich. Das hohe Gewicht blieb für die Verwendung als Panzerabwehrgeschütz ein Nachteil. Waffenträger befanden sich bis zum Kriegsende im Versuchsstadium. Eine weitere Leistungssteigerung strebte man mit der 12,8-cm-Panzerjägerkanone 80 L/55 an.

Leistungsvergleich ausgewählter taktisch-technischer Parameter deutscher Panzerabwehr-(Panzerjäger-) kanonen

Modell	Kaliber (mm)	Gewicht in Feuerstellung (kg)	Rohrlänge (mm = Kaliber)	V_0 (Panzergranate) (m/s)	Durchschlagleistung auf 1.000 m bei 60° Auftreffwinkel (mm)
3,7-cm-Pak L/45	37	450	1.665 = L/45	762	22
4,2-cm-Pak 41 L/53	42 / 28	560	2.250 = L/53	1.265 [1]	40
5-cm-Pak 38 L/60	50	986	2.975 = L/60	823	47
7,5-cm-Pak 97/38 L/36,5	75	1.190	2.720 = L/36,5	570	75 [2]
7,5-cm-Pak 40 L/46	75	1.425	3.450 = L/46	792	81
7,5-cm-Pak 41 L/55	75 / 55	1.390	4.322 = L/55	1.124	137 [3]
7,62-cm-Pak 43 L/51	76,2	1.710	3.895 = L/51	740	80
8,8-cm-Pak 43 L/71	88	3.650	6.610 = L/71	1.000	165
12,8-cm-Pak 80 L/55	128	8.160	7.020 = L/55	950	200

[1] Panzergranate mit Hartkern
[2] Hohlladungsgranate
[3] Panzergranate mit Hartkern

Am 26. August 1943 schätzte der Panzeroffizier beim Oberkommando des Heeres ein: »Die Panzerbekämpfung ist zu einer der entscheidenden Fragen dieses Krieges geworden. Alle Waffen sind daran beteiligt.« Der Anteil der Infanterie-Panzerjägereinheiten daran ging, soweit diese auf artilleristische Kampfmittel abgestellt waren, zurück. Hier traten neue Panzerabwehrwaffen, Raketenwerfer, Raketenpanzerbüchsen und Panzerwurfkanonen in Erscheinung. Im Sommer 1944 wurde die Entwicklung einer drahtgelenkten Panzerabwehrrakete, der X-7 »Rotkäppchen« in Angriff genommen. Auch bei der Panzerjägertruppe deuteten sich Veränderungen an. Die Feuerkraft ihrer mittlerweile schwergewichtigen Geschütze sollte zukünftig im Rahmen der Artillerie zur Geltung kommen.

Produktion deutscher Panzerabwehr- (Panzerjäger-) kanonen 1939–1945 (Angaben in Stück)

Modell	1939	1940	1941	1942	1943	1944	1945
3,7-cm-Pak L/45	1.229	2.713	1.365	32	-	-	-
4,2-cm-Pak 41 L/53	-	-	27	286	-	-	-
5-cm-Pak 38 L/60	2	388	2.072	4.480	2.626	-	-
7,5-cm-Pak 97/38 L/36,5	-	-	-	2.854	858	-	-
7,5-cm-Pak 40 L/46	-	-	-	2.112	8.739	11.728	721
7,5-cm-Pak 41 L/55	-	-	-	150	-	-	-
7,62-cm-Pak 43 L/51	-	-	-	358	169	33	-
8,8-cm-Pak 43 L/71	-	-	-	-	1.158	2.017	306
12,8-cm-Pak 80 L/55	-	-	-	-	-	40	220

Die 8,8-cm-Panzerabwehrkanone L/56 aus dem Jahr 1940 war eine abgeänderte 8,8-cm-Flugzeugabwehrkanone 18 L/56 mit verkürzten seitlichen Holmen, einem Erdkampfschutzschild und einer Schnellladevorrichtung. Sie wurde auf Sonderanhänger, mehrachsig (Sd.Ah. 201) von mittleren Zugkraftwagen 8 t (Sd.Kfz. 7), teils in der gepanzerten Ausführung, gezogen. 1940 gab es drei Panzerjägerabteilungen mit je zwölf Geschützen als Heerestruppe.

Im Frühjahr 1943 lief die Serienfertigung der 8,8-cm-Panzerjägerkanone 43 L/71 an, wovon zunächst 100 für eine Sonderaktion, den Einbau in Geschützwagen III/IV, abgezweigt wurden. Die Ausführung mit Spreizlafette war für die bewegliche Kampfführung nur bedingt geeignet, sollte im Kampf um Feste Plätze in Schartenständen und auf Sockellafetten besser zur Geltung kommen.

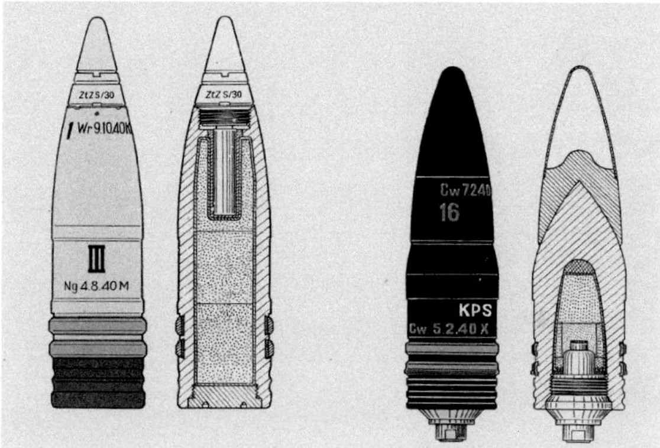

Die Munition für 8,8-cm-Panzerjäger- und Kampfwagenkanonen, links die Sprenggranaten L/4,5 mit Zeitzünder S/30, rechts die 8,8-cm-Panzergranate 39 mit Bodenzünder und Lichtspur.

US-amerikanische Soldaten beim Versuch, eine erbeutete deutsche 8,8-cm-Panzerjägerkanone 43 L/71 auf Kreuzlafette und mit Sonderanhänger zu bergen. Aufnahme aus dem Jahr 1944.

Vom Geschützwagen III/IV mit der 8,8-cm-Panzerjägerkanone 43/1 L/71 sind zwischen dem März 1943 und Februar 1935 494 Fahrzeuge ausgeliefert worden. Sie fanden als Heerestruppe in schweren Panzerjägerabteilungen Verwendung.

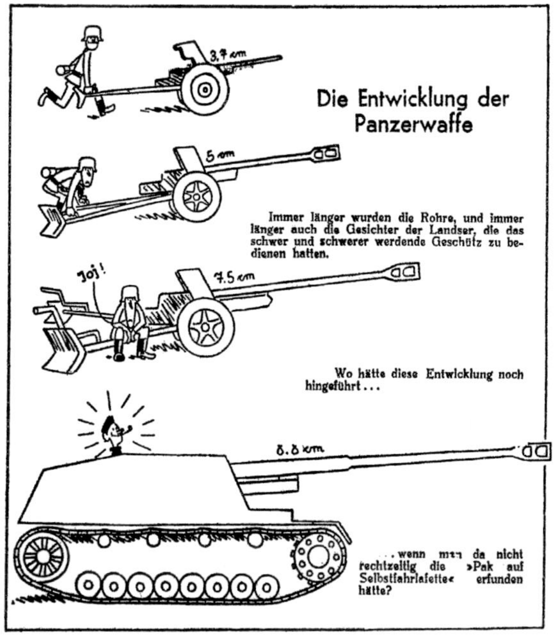

Zeitgenössische Karikatur, 1944.

Leichter Waffenträger mit der 8,8-cm-Panzerabwehrkanone 43/3 L/71. Die Entwicklung kam aus der Maschinenfabrik Ardelt-Werke / Eberswalde. Einzelstücke waren in den letzten Kriegstagen noch in Brandenburg im Einsatz.

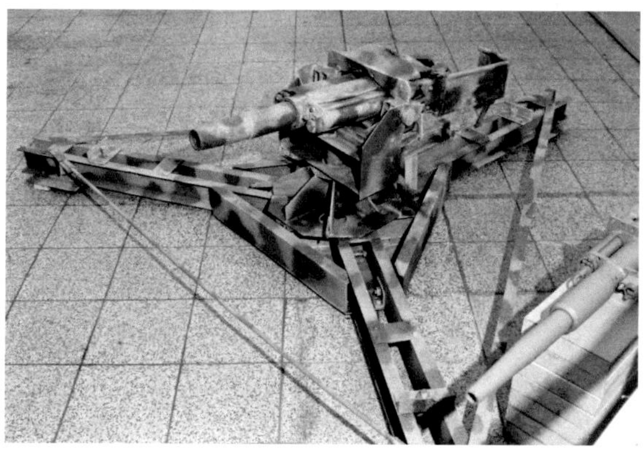

In den letzten Kriegsmonaten erhielten Festungs-Pak-Verbände ortsfeste Geschütze verschiedener Kaliber. Das Bild zeigt die 7,5-cm-Kampfwagenkanone in Sockellafette 1c. Einzig für die Panzerbekämpfung geeignete Munitionsart waren die 7,5-cm-Granatpatronen 38 Hl/B oder C, die 75 bzw. 100 mm Panzerstahl durchschlagen konnten.

4.3 Die Geschütze der Feldartillerie

Die Artillerieregimenter in den Divisionen stellten den größten Anteil an der Feldartillerie des Heeres. Die im Frühjahr 1944 gültige Kriegsstärkenachweisung entsprach in den wichtigsten Positionen noch dem Ausstattungssoll zu Beginn des Krieges. Die an sich bewährte Gliederung eines Artillerieregimentes sah drei leichte Abteilungen mit zwölf 10,5-cm-leichten Feldhaubitzen und eine IV. (schwere) Abteilung mit zwölf bzw. neun 15-cm-schweren Feldhaubitzen vor.

Ausgewählte Beispiele an Kriegsstärkenachweisungen der Feldartillerie und ihre Sollausstattung mit Geschützen und Zugmitteln (nur als Anhalt)

Kriegsstärkenachweisung (Nr. und Datum)	Zahl, Art und Kaliber der Geschütze	Zahl der Zugpferde (Tragtiere)	Zugmittel	
			R.S.O.	Zugkraftwagen
Nr. 437 n vom 1.5.1944	4 10,5-cm-le. FH 18	47	8 [1]	-
Nr. 434 vom 1.5.1944	4 10,5-cm-le. FH 18	-	-	5 Sd.Kfz. 11
Nr. 434 vom 1.5.1944	4 15-cm-s. FH 18	-	-	5 Sd.Kfz. 7
Nr. 433 vom 1.9.1944	6 15-cm-s. FH 18	116	-	-
Nr. 428 vom 1.11.1943	4 7,5-cm-Gebirgsgeschütz	20 (53)	-	-
Nr. 457 vom 1.2.1941	1 10-cm-Kanonen 18	-	-	5 Sd.Kfz. 7

[1] alternative Ausstattung mit Raupenschleppern Ost (R.S.O.)

Leichter Zugkraftwagen 3 t (Sd.Kfz. 11) mit 10,5-cm-leichter Feldhaubitze 18 (mot) der I. (leichten) Abteilung des Artillerieregimentes (mot) 19. Das Regiment kämpfte im Herbst 1941 im Rahmen der 19. Panzerdivision im Mittelabschnitt der Ostfront.

Abweichungen ergaben sich bei einer Reihe von Divisionen, vor allem in bodenständigen oder teilmotorisierten Verbänden, durch die Ausstattung mit erbeutetem Geschützmaterial und in den motorisierten, weiterhin in den Panzerdivisionen. Deren Artillerieregimenter (mot) hatten zwei leichte Abteilungen mit zusammen 24 10,5-cm-leichten Feldhaubitzen (mot). Als Zugmittel fanden leichte oder mittlere Zugkraftwagen (Sd.Kfz. 10 bzw. Sd.Kfz. 6) Verwendung. Die III. (schwere) Abteilungen mit zwei Batterien 15-cm-schweren Feldhaubitzen 18 (mot) und einer Batterie schwere 10-cm-Feldkanonen 18 (mot) waren mit mittleren Zugkraftwagen 8 t (Sd.Kfz. 7) für die bewegliche Kampfführung in diesen Verbänden angemessen motorisiert.

Im Frühjahr 1943 wurden Gliederung und Ausstattung der I. Abteilungen der Artillerieregimenter (mot) von Panzerdivisionen geändert. Sie erhielten zwölf 10,5-cm-leichte Feldhaubitzen 18 (Sf.) auf Geschützwagen II »Wespe« (Sd.Kfz. 124) und sechs 15-cm-schwere Feldhaubitzen 18/1 (Sf.) auf Geschützwagen

10,5-cm-leichte Feldhaubitze 18 (besp) in Feuerstellung. Aufnahme von der Ostfront, Frühjahr 1942.

III/IV »Hummel« (Sd.Kfz. 165) (vgl. Kriegsstärkenachweisungen Nr. 461 a vom 31. Oktober 1942 und Nr. 461 b vom 16. Januar 1943). Ihre hohe Beweglichkeit, die leichte Panzerung und die großzügige Ausstattung mit Nachrichtenmitteln befähigten diese Abteilungen zur unmittelbaren Zusammenarbeit mit den Panzergrenadieren und den Panzerkampfwagen. Die offensichtlichen Vorteile lösten eine Vielzahl vergleichbarer Entwicklungen – auch mit größeren Kalibern – aus. Es blieb bei Projekten, Prototypen und kleineren Versuchsserien.

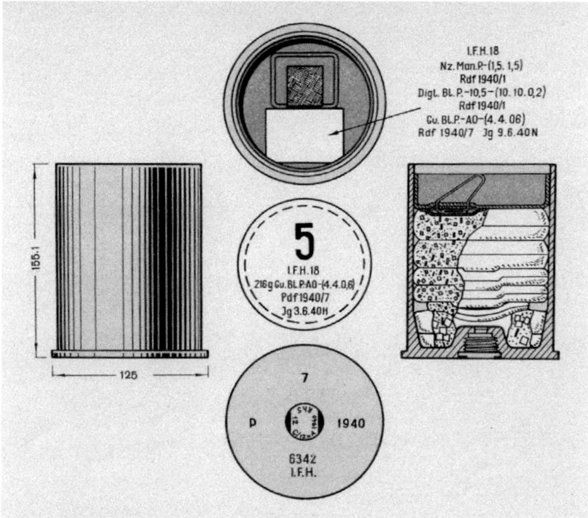

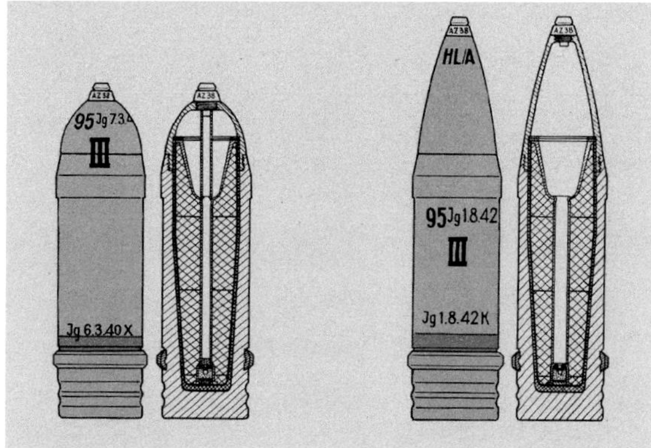

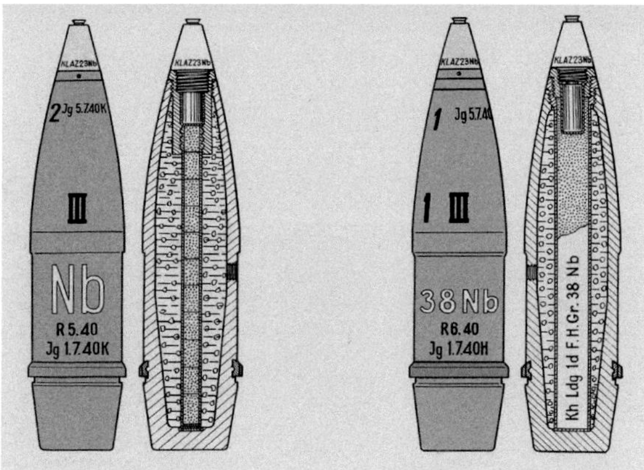

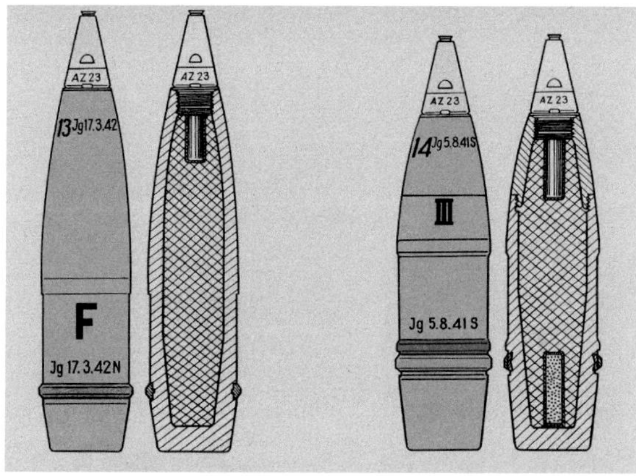

Die Munition der 10,5-cm-leichten Feldhaubitze wurde getrennt geladen – das Geschoss und die entsprechend dem Schießauftrag mit Grund- und Teilladungen gefüllte Kartuschhülse.

Allgemein galt die 10,5-cm-leichte Feldhaubitze 18 als brauchbares Geschütz mit standfester Spreizholmlafette. Bemängelt wurde die zu geringe Schussweite (10.675 m). Abhilfe brachte die 10,5-cm-leichte Feldhaubitze 18 M mit Mündungsbremse, verstärkter Rohrrücklaufbremse und Rohrvorholeinrichtung. Mit einem speziellen Ferngeschoss und verstärkter Treibladung konnten Schussweiten bis 12.325 m erreicht werden.

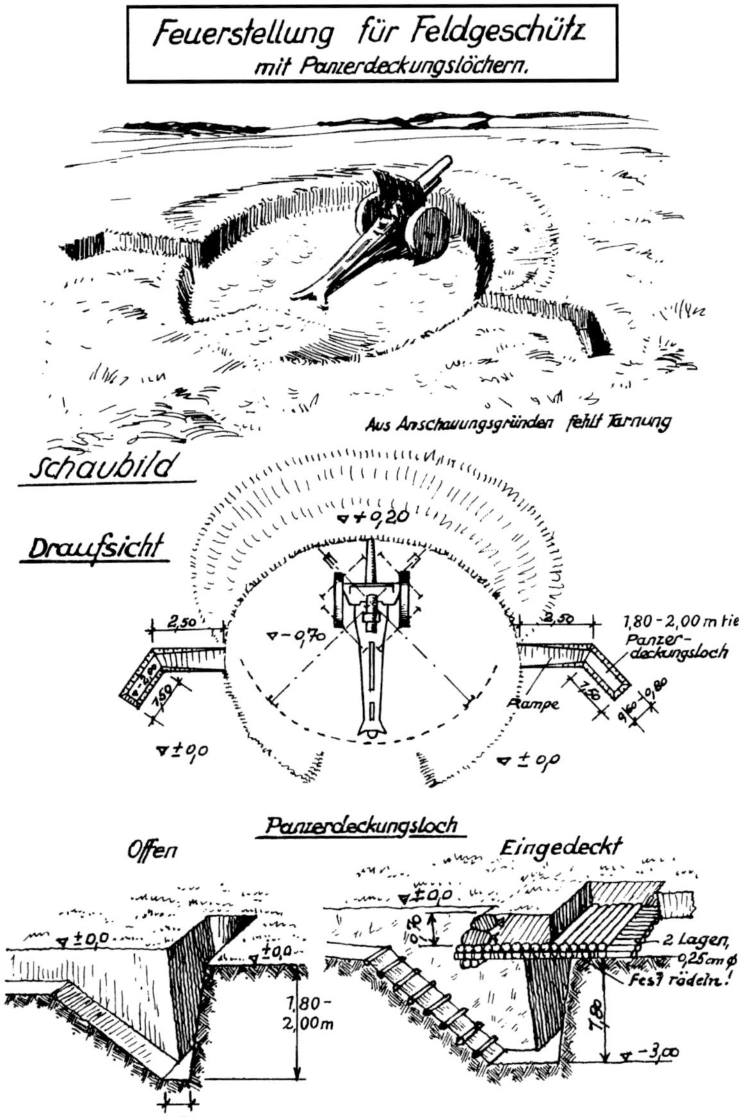

Feuerstellung für Geschütze der Feldartillerie.

1942 forderte das Heereswaffenamt für die 10,5-cm-leichte Feldhaubitze 18 eine vereinfachte Fertigung und ein geringeres Gewicht bei gleichbleibender Schussweite. Das Ergebnis war die 10,5-cm-leichte Feldhaubitze 18/40 mit einer Spreizholmlafette, ähnlich der 7,5-cm-Panzerjägerkanone 40 L/46.

Die 10,5-cm-leichte Feldhaubitze 18/II auf Geschützwagen II »Wespe« (Sd.Kfz. 124) löste in den I. Abteilungen der Artillerieregimenter der Panzerdivisionen die im motorisierten Zug bewegliche leichte Feldhaubitze ab. Zwischen Februar 1943 und Juli 1944 wurden 676 Stück sowie 159 Munitionsfahrzeuge ausgeliefert.

Die Masse der Divisionen des Heeres konnte nicht auf eine derartig moderne Ausstattung zurückgreifen. Ihre 45 bis 48 Feldhaubitzen mussten im Pferdezug fortbewegt werden, die des Kalibers 15 cm wegen des hohen Gewichtes (in Feuerstellung 6.304 kg!) in zwei Lasten. Gemessen an der Zahl der Geschütze und der in einer Minute verschossenen Munition waren die deutschen Divisionen denen der Roten Armee unterlegen. Das zeigt der folgende Vergleich:

Art und Anzahl der Geschütze	Deutsche Infanteriedivision 1944	Sowjetische Schützendivision 1944
leichte Feldhaubitzen	36 Stück	28 Stück
schwere Feldhaubitzen	12 Stück	12 Stück
leichte Feldkanonen (76,2 mm)	-	20 Stück
Selbstfahrlafetten (76,2 mm)	-	21 Stück

Die geringe Zahl der Geschütze auf deutscher Seite ist durch die großzügigere Ausstattung mit Beobachtungs- und Nachrichtenmitteln und vielseitig verwendbaren Zündern teilweise ausgeglichen worden.
Auffällig ist die durchgängige Ausstattung der deutschen Artillerieregimenter mit Haubitzen. Das hatte verschiedene Ursachen, war vor allem in den Erfahrungen des Ersten Weltkrieges begründet.

»Die Feldkanone ist zu verwenden gegen alle lebenden, freistehenden und von oben nicht eingedeckten Ziele, gegen hoch aufgesetzte Deckungen bei hinreichendem Einfallswinkel und gegen leichte eingedeckte Ziele.
Ihre Beweglichkeit befähigt sie zum Kampfe im engsten Anschluß an die Infanterie, ihre Feuergeschwindigkeit zum Niederhalten verdeckter Artillerie, zum Kampfe gegen Ziele in Bewegung und zur Abgabe von Sperr- und Vernichtungsfeuer. Die Feldkanone ist eine wirksame Waffe zur Vernichtung von Kampfwagen. …

Die leichte Feldhaubitze erfüllt ungefähr dieselben Aufgaben wie die Feldkanone. Sie ist jedoch mit ihren sechs verschiedenen Ladungen und ihrer gekrümmten Flugbahn in der Lage, Ziele hinter Deckungen zu bekämpfen, welche die Feldkanone mit ihrer rasanten Flugbahn nicht erreichen kann. Gegen die Artillerie, gegen Ziele dicht hinter Deckungen, gegen Eindeckungen, Örtlichkeiten und Truppen in hochstämmigen Wäldern ist sie infolge ihres größeren Kalibers und steileren Einfallswinkels zu größerer Wirkung befähigt. Die leichte Feldhaubitze ist das Hauptgeschütz der deutschen Artillerie. …

Schwere Feldhaubitzen sind den leichten an Durchschlagkraft, Spreng- und Splitterwirkung des Einzelschusses überlegen. … Sie sind im Bewegungskrieg das Hauptgeschütz für das Zerstörungsfeuer.« (besonders gegen die Artillerie – der Autor)

Zitiert aus: Ondarza, Leon-Herbert von: Taschenbuch der leichten Artillerie, Berlin 1939

Die Vielfalt der Munitionsausstattung für eine Feldhaubitzbatterie war beachtlich. 1943 sind für das Kaliber 10,5 cm 18 unterschiedliche Geschosse (u.a. Brisanz-, Sprengbrand-, Nebel-, Deut-, Leucht- und Hohlladungsgranaten) und acht Zündermodelle genannt. Beim Kaliber 15 cm waren es 11 Geschosse und 13 Zünder. Hunderttausende von Kampfstoffgranaten mit Laborierungen aus Lost (Gelbringgeschosse), Soman und Sarin (Grünringgeschosse) lagerten in den Munitionsanstalten. Die Geschossvielfalt nahm bis zum Ende des Krieges noch zu, vor allem aus rüstungswirtschaftlichen, weniger aus taktische Erwägungen. Der Verbrauch war einfach zu hoch und machte eine Rationalisierung der Munitionsherstellung notwendig. Er lag 1943/1944 im Monatsdurchschnitt bei 2.512.300 10,5- und 630.200 15-cm-Granaten. 1944 erreichte die Jahresproduktion mit 38 bzw. 7 Millionen Stück ihren Höchststand. Bei den Geschützen ergaben sich ebenfalls signifikante Steigerungsraten. Von der leichten Feldhaubitze waren 1943 4.337, 1944 10.070 Geschütze ausgeliefert worden. Wesentlichen Anteil daran hatte das Modell 18/40, ein kriegsbedingter Kompromiss. Von der 15-cm-schweren Feldhaubitze 18 kamen 1944 3.019 zur Auslieferung, im Jahr zuvor waren es 1.221 gewesen.
Beide Geschütze bildeten das Rückgrat der deutschen Feldartillerie, traten zunehmend auch in Abteilungsstärke in den neu aufgestellten Volksartilleriekorps in Erscheinung. Dank der variablen Flugbahn ihrer Geschosse konnten mit der 10,5-cm-leichten Feldhaubitze im Bereich der auf 12.325 km gesteigerten Schussweite vielfältige Ziele bekämpft werden. Für eine Aufgabe eigneten

sich Haubitzen nur bedingt: für die Panzerabwehr. Dem Kampf gegen Panzer im direkten Richten waren enge Grenzen gezogen:

- die auf 500 m (v_0 der Panzergranate 39 rot Hl mit der 5. Ladung 415 m/s + 100 m) beschränkte Schussweite,
- die geringe Feuergeschwindigkeit von 6–8 Schuss/min,
- die große Feuerhöhe,
- die starke Feuer- und Rauchentwicklung beim Abschuss der Granate,
- das hohe Gewicht in Feuerstellung (die 10,5-cm-leichte Feldhaubitze 18/40 wog 1.800 kg) erschwerte der Bedienung das Herumwerfen des Geschützes, um an den Flanken durchgebrochene Kampfwagen abwehren zu können.

Es ergaben sich brauchbare Durchschlagleistungen, die mit der Einführung von Hohlladungsmunition (Panzergranaten rot Hl) noch gesteigert werden konnten.

Durchschlagleistung der 10,5-cm-leichten Feldhaubitzen gegen Panzerstahl bei einem Auftreffwinkel von 60^0

Munitionsart und -typ	V_0 (m/s)	Durchschlagleistung (mm)	
		auf 100 m	auf 500 m
10-cm-Panzergranate 5. Ladung	390	56	52
10-cm-Panzergranate 6. Ladung		63	59
10-cm-Granate rot Hl/A und B 6. Ladung	495	90	90
10-cm-Granate rot Hl/C 6. Ladung	495	100	100

Zum Vergleich: Für die 15-cm-schwere Feldhaubitze 18 lag die Durchschlagleistung mit der 27,5 kg schweren Granate 39 Hl/A übrigens bei 160 mm Panzerstahl, bei einer Feuergeschwindigkeit von 4 Schuss/min.

Zusammenfassend kann man einschätzen, dass sich unter den veränderten Rahmenbedingungen die Schwächen der einseitig ausgerichteten Bewaffnung und Ausrüstung sowie der Ausbildungs- und Einsatzgrundsätze der deutschen Feldartillerie zeigten. Ursprünglich schwerpunktmäßig als »Artilleriefaust« der Division eingesetzt, sollten die Feldartilleristen mit ihren Haubitzen nun den Abwehrkampf der von alliierten Panzern bedrängten Infanterie- und Panzereinheiten unterstützen. Wiederholt wiesen Artillerieoffiziere darauf hin, dass dies nur eine Notmaßnahme sein könne, die sich auf Dauer nachteilig auf die Effektivität der Erfüllung der Hauptaufgaben der Feldartillerie auswirken würde. Kritisiert wurde die im Vergleich zu den Geschützen der Roten Armee offensichtlich zu geringe Schussweite und – ein neuer Gedanke – die fehlende Möglichkeit des Rundumfeuers. Neukonstruktionen kamen bis zum Kriegsende nicht über das Versuchsstadium hinaus.

Das war der im Frühjahr 1944 erreichte Stand der Dinge. Mittlerweile hatte es bei den Panzerjägern einen Generationswechsel bei der Geschützausstattung gegeben. Mit einem Kaliber von 7,5 und 8,8 cm erreichte sie das Niveau von Feldkanonen, und das auch beim Gewicht. Im Sommer 1944 gab es deshalb bei der Armeeabteilung Narwa (Heeresgruppe Nord) einen bemerkenswerten Truppenversuch. Panzerjägerkanonen wurden der Divisionsartillerie unterstellt. Die Zusammenfassung der Feuerkraft der Panzerjäger und der Feldartillerie zeichnete alle Merkmale eines aus der Not geborenen Kompromisses aus. Trotzdem wurde die einmal eingeschlagene Richtung beibehalten. Dazu gehörte die Aufstellung von Artillerie-Pak-Abteilungen. Sie zählten zu den Heerestruppen und erhielten 27 7,5-cm-Panzerjägerkanonen, um je nach Unterstellung artilleristische oder Panzerabwehr-Schwerpunkte zu bilden. Dazu waren sie allein schon wegen der Zugmittel – Raupenschlepper Ost (R.S.O.) – nicht geeignet.

Die Nachteile aus taktisch-technischer Sicht wogen schwerer. Die Lebensdauer des Rohres der 7,5-cm-Kanone lag bei 6.000 Schuss, das der 10,5-cm-leichten Feldhaubitze 18/40 hielt 10.000 Schuss aus. Die 7,5-cm-Sprenggranate wog 5,83 kg, die 10,5-cm-Feldhaubitzgranate 14,81 kg. Dementsprechend verhielt es sich mit der materiellen und moralischen Wirkung. Wichtige artilleristische Aufgaben wie das Sperrfeuerschießen waren so gut wie nicht zu lösen. Der geringe Höhenrichtbereich der 7,5-cm-Panzerjägerkanone 40 von nur 22^0 schränkte die Höchstschussweite auf 7.860 m ein und erschwerte

die Auswahl verdeckter Feuerstellung, ebenso die Bekämpfung von Zielen hinter Deckungen.
Das Heereswaffenamt/WaPrw 4 erhielt den Auftrag, die Panzerjägerkanone abzuändern. Als Endlösung in der Feldkanonenfrage wurde das Modell 7 M 85 präsentiert, die 7,5-cm-Waffe mit modifizierter Lafette, vergrößertem Höhenrichtbereich und einer maximalen Schussweite von 13.300 m. Neben diesen waffentechnischen Änderungen bahnte sich zum Jahreswechsel 1944/1945 ein grundsätzlicher Wandel in den Feldartillerieregimentern an. Anlass dafür gab der starke Rückgang in der Munitionsfertigung für leichte Feldhaubitzen, eine Folge der schwierigen Transport- und Energielage im Reichsgebiet. Der Chef der Heeresrüstung, General der Infanterie Walter Buhle, verkündete am 24. Februar 1945 die Führerweisung: »Die Kanonen scheiden bei den Panzerjägern aus und treten ausschließlich zur Artillerie. Auf diese Umbewaffnung muss sich die Artillerie einstellen und durch organisatorische und Ausbildungsmaßnahmen sicherstellen, dass sowohl die Belange der Artillerie wie der Panzerjäger erfüllt werden können.« Trotz aller Einwände ist die Umstellung der Divisionsartillerie im Frühjahr in Angriff genommen worden.
Die schon seit dem 10. Dezember 1944 gültige Kriegsstärkenachweisung für die Infanteriedivision 45 sah die übliche schwere Abteilung mit 15-cm-schweren Feldhaubitzen 18 vor. Für die leichten Abteilungen waren nach der im Frühjahr 1945 befohlenen endgültigen Gliederung eine gemischte Ausstattung mit zwei Batterien 7,5-cm-leichte Feldkanonen (= 12 Geschütze) und einer Batterie 10,5-cm-leichte Feldhaubitzen (= 4 Geschütze) vorgesehen. Auch die 8,8-cm-Panzerjägerkanone 43 trat zur Artillerie.
Als neue schwere Feldgeschütze wurden eine 12,8-cm-Kanone und eine 15,5-cm-Haubitze für erforderlich gehalten. Die wesentlichsten Forderungen an beide Geschütze waren:

a. eine erhöhte Schussweite (12,8-cm-Kanone: 21.000–23.000 m, Geschossgewicht 28 kg; 15,5-cm-Haubitze: 15.000 m, mit C-Geschoss 18.000 m, Geschossgewicht über 45 kg),
b. für beide Geschütze eine Lafettenkonstruktion für Rundumfeuer-Möglichkeit,
c. das Rohr der 12,8-cm-Kanone sollte auch als Kampfwagenkanone verwendet werden können. Das bedingte die Verwendung einer Jackenwiege und einer elektrischen Abfeuerung.

Mustergeschütze zeigten befriedigende Lösungen. Etwa 30 12,8-cm-Rohre wurden in Lafetten erbeuteter sowjetischer Kanonenhaubitzen eingelegt und während der Ardennenoffensive eingesetzt.

Mittlerer Zugkraftwagen 8 t (Sd.Kfz. 7) mit einer 15-cm-schweren Feldhaubitze 18 (mot).

In den IV. (schweren) Abteilungen der Artillerieregimenter von Infanteriedivisionen wurden 15-cm-schwere Feldhaubitzen zweilastig von je sechs schweren Heerespferden gezogen. Im Bild ist der etwa 4.000 kg schwere Rohrkarren (AF. 19) zu sehen.

Die 15-cm-schwere Feldhaubitze 18 (mot) in Feuerstellung.

Die Munition für die 15-cm-schwere Feldhaubitze 18. Sie wurde getrennt (Geschoss und Kartuschhülse) geladen. Hier zu sehen sind die 15-cm-Granaten 19 und 19 Stahlguss, beide mit dem Aufschlagzünder 23 umg. (0, 15) (Bild oben) sowie verschiedene Ausführungen der 15-cm-Granate 19 Be zum Beschuss betonierter Ziele (Bild unten)

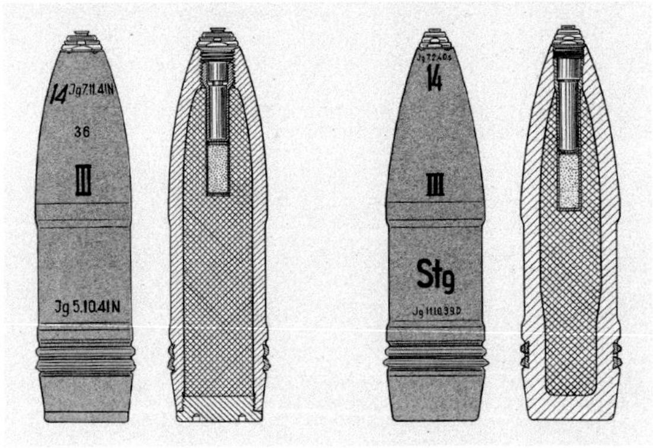

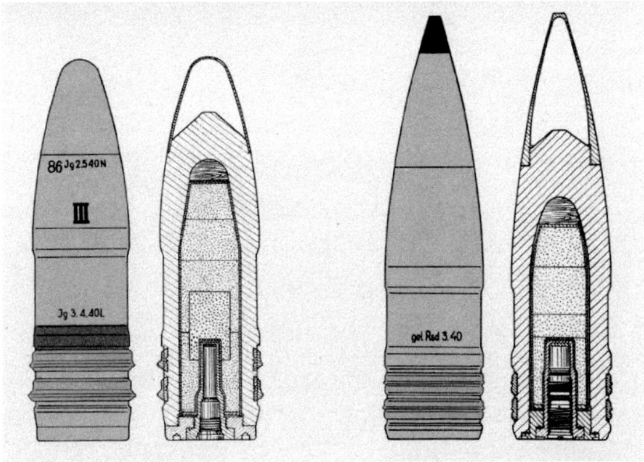

Mit einer Höchstschussweite von 19.075 m war die schwere 10-cm-Kanone 18 (mot) für die Bekämpfung von Zielen in der Tiefe der gegnerischen Verteidigung geeignet. Sie fand vorzugsweise in den Artillerieregimentern der Panzerdivisionen und bei der Heeresküstenartillerie Verwendung.

7,62-cm-Feldkanone 39. Sie ist das Ergebnis des Umbaus erbeuteter Feldkanonen M. 39 (USB) der Roten Armee. Sie erhielten u.a. Mündungsbremsen und hartgummibereifte Stahlscheibenräder. Im Hintergrund ist eine 10,5-cm-leichte Feldhaubitze 18 M (mot) zu sehen. Aufnahme aus dem Jahr 1944.

Aus Beständen der britischen Streitkräfte in Nordafrika kam die 8,76-cm-Feldkanone 280 (e) – engl. QF 25 pr Mk II – hier bei der Artillerieabteilung 361 der 90. Leichten Afrikadivision des Deutschen Afrikakorps.

Ausbildung an der 7,5-cm-Panzerjägerkanone 40 L/46 bei einer Artillerie-Pak-Abteilung. Aufnahme aus dem Spätsommer 1944.

Ebenfalls zur Artillerie gehörten Gebirgskanonen und -haubitzen. In den Gebirgsartillerieregimentern verfügten die leichten Abteilungen über zwei bis drei Batterien mit zerlegbaren, für den Tragtiertransport eingerichteten Geschützen. Von der 7,5-cm-Gebirgskanone 15 (vgl. Bild) gab es im März 1945 noch 251 Waffen.

In den Fallschirm-Artillerieregimentern der Fallschirmjägerdivisionen erhielten leichte Abteilungen 10,5-cm-Leichtgeschütze 2. Den Fallschirm-Batterien standen nach der Kriegsstärkenachweisung Nr. 8196 (L) vier der rückstoßfreien Kanonen, sechs Kettenkräder (Sd.Kfz. 2) und vier Handkarren für Munition zu.

Das 10,5-cm-Leichtgeschütz 2 wurde mit einem speziellen Rahmen (Gerät 10-5253 A-1 Fl 414620) mit dem Fallschirm abgeworfen. Je nach Ausführung wog das Geschütz zwischen 388 und 476 kg.

4.4 Geschütze der Heeresartillerie

Unter Heeresartillerie verstand man die nicht auf Divisionen, Armeekorps und Armeen aufgeteilte, meist aus schweren und schwersten Geschützen gebildete Artillerie. Unterschieden werden musste in schweres Flach- und in schweres Steilfeuer. Daneben gab es Abteilungen mit leichten Feld- und mit Leichtgeschützen. Sie unterstanden dem Oberkommando des Heeres und sind für den Einsatz an besonderen Schwerpunkten des Kampfes, für den Beschuss befestigter Anlagen vorgesehen gewesen. Die Masse der Verbände der Heeresartillerie war motorisiert, 1944/1945 aber nur noch als teilbeweglich eingestuft.

Die 15-cm-Kanone 16 war von der Fr. Krupp AG / Essen im Ersten Weltkrieg als schweres Flachfeuergeschütz entwickelt worden. Sie wurden in den 1930er Jahren modernisiert und für den motorisierten Zug eingerichtet. In Feuerstellung wog das bei der Heeresartillerie verwendete Geschütz 10.870 kg.

Langer 21-cm-Mörser (mot) beim Abschuss. Die Mörserbatterien der Heeresartillerie erhielten 1935/1936 je drei dieser für den motorisierten Zug modifizierten Steilfeuergeschütze. Das Gewicht ist mit 7.550 kg angegeben.

Die Anfänge der schweren Artillerie des Heeres begleiteten schwierige Umstände. Der Artillerieschule Jüterbog standen offiziell eine schwere 15-cm-Kanone 16 (Kp.) und ein langer 21-cm-Mörser als Exerzier- und Übungsgerät zu. Je ein weiteres Geschütz dieser Typen hatte mit angeschnittenen Lafettenschwänzen und angebohrten Rohren im Lichthof des Berliner Zeughauses Aufstellung gefunden. Über den tatsächlichen Bestand war die Kontrollkommission der alliierten Siegermächte getäuscht worden. 28 15-cm-Kanonen und ebenso viele 21-cm-Mörser überstanden alle Verschrottungsaktionen und bildeten, zeitgemäß modernisiert, in der Mitte der 1930er Jahre den Grundstock der Heeresartillerie.

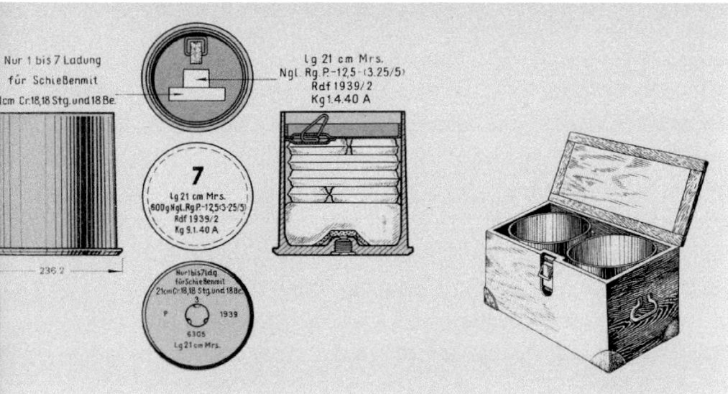

Der lange 21-cm-Mörser verschoss getrennt zu ladende Munition. Im Bild die dazugehörige Kartuschhülse und die Verpackung.

Um das schwere Flachfeuer zu verstärken, realisierte das Heer ab 1936 ein Sofortprogramm für Eisenbahngeschütze, wofür die Kriegsmarine ältere Schiffskanonen der Kaliber 15-, 17-, 24- und 28-cm zur Verfügung stellte. Dem Feldheer standen im Mai 1940 22 Eisenbahnbatterien unterschiedlicher Gliederung mit 37 Kanonen (E) zur Verfügung. Ihre Zahl wurde weiter erhöht. Im Januar 1944 sind es trotz erheblicher Verluste noch 26 Batterien mit 66 Eisenbahngeschützen.
Die im Verhältnis zum Aufwand ungenügende Schussweite der Kanonen aus dem Sofortprogramm veranlasste das Heereswaffenamt, Krupp mit der Entwicklung neuer Rohre für das wichtigste Kaliber zu beauftragen. Das Ergebnis war die 28-cm-Kanone (E) »Neuer Bruno« mit einer Höchstschussweite von 46.600 m (vorher 29.500–35.700 m). Die Herstellung wurde nach der Lieferung von drei Geschützen zugunsten der 28-cm-Kanone 5 (E) eingestellt. Sie stellte aus taktisch-technischer Sicht den Höhepunkt der Entwicklung der deutschen Eisenbahnartillerie dar. 284 kg schwere Sprenggranaten erreichten eine Höchstschussweite von 62.200 m. Zwischen 1939 und 1944 kamen 17 Geschütze zur Auslieferung, zwei weitere im Kaliber 31 cm mit glattem Rohr. Ein im Heer nicht gebräuchliches Kaliber besaßen die acht 20,3-cm-Kanonen (E) aus den Jahren 1941/42. Entscheidend für ihre Einführung war der Gedanke, vorhandenes Material der Kriegsmarine nutzbar zu machen.

15-cm-Kanone (E) in Feuerstellung. Aufnahme vom Frühjahr 1940. Zehn dieser Geschütze wurden im Rahmen des Sofortprogrammes gebaut. 1941 gab es davon noch acht, die in den Batterien 655 (zwei Kanonen), 717 und 718 (je drei Kanonen) im Einsatz standen.

Standardgeschütz der deutschen Eisenbahnartillerie war die 28-cm-Kanonen 5 (E). Im Februar 1941 gab es drei Batterien mit je zwei dieser 218.000 kg schweren Geschütze (712, 713 und 765).

Eine Neuauflage des »Paris«-Geschützes aus dem Jahr 1918 – die 21-cm-Kanone 12 (E). Sie wog 302.000 kg und erreichte eine Höchstschussweite von 115.000 m. 1941 war die Batterie 701 mit der Kanone im Einsatz.

Eine weitere Steigerung der Geschosswirkung versprach sich das Heer 1938 mit der Vergabe eines Auftrages für acht 38-cm-Kanonen (E) »Siegfried«, wofür man wiederum auf Marinegeschütze-38-cm-Schiffskanonen C/34 – zurückgriff, die zu den leistungsfähigen ihrer Art gehörten. Die Sprenggranate L/4,4 wog 495 kg (28 kg Sprengstoff) und erreichte 55.000 m, ein 800 kg schweres Geschoss mit der Kaliberlänge L/4,6 nur 42.000 m. Das Rohr brachte es auf 180 t, das komplette Geschütz auf 285 t Gewicht in Feuerstellung. Unter dem umfangreichen Bestand erbeuteter, weitgehend veralteter französischer Eisenbahngeschütze reichte das Kaliber von 164 bis 520 mm.

Zwei Geschütze der deutschen Eisenbahnartillerie müssen etwas ausführlicher dargestellt werden. Sie gehören zu den Sauriern militärtechnischer Entwicklung. Sie ist der Tatsache geschuldet, dass Militär immer nach dem Weg sucht, die eigene Überlegenheit, den Erfolg zu sichern und dabei zuerst auf Erfahrungen mit bereits bekannten Zerstörungstechnologien baut. Man wusste, was Artillerie leisten kann. Die Leistungsfähigkeit und das Entwicklungspotential der Raketentechnik blieben vielen eine unbekannte Größe. Sie kannten sie aus der Geschichte oder von der »Lustfeuerwerkerei«. Deshalb erhielt die herkömmliche Artillerie im Streben nach Höchstschussweiten und maximaler Zerstörungskraft den Vorrang. Interessant bleibt in diesem Zusammenhang, dass die Reichswehrführung den Raketenwissenschaftlern und -technikern Unterstützung gab, in der Hoffnung, zukünftig über eine Fernkampfwaffe verfügen zu können, deren Reichweite etwa der »Paris-Kanone« von 1918 entsprach. Mit dem Wegfall der Sanktionen erlebte sie eine Neuauflage.

Die 21-cm-Kanone 12 (E) war 1934 in Auftrag gegeben worden. 250 kg Treibladungspulver wurden benötigt, um die 107,5 kg schwere Granate auf maximal 115.000 m Entfernung zu verschießen. Das über 33 m lange Rohr hielt 90 Schuss aus. Ein Versuchsgeschütz war im März 1939 fertig. 1940 wurde ein Seriengeschütz – das einzige – an die Batterie (E) 701 übergeben und beschoss gelegentlich (Munitionsverbrauch 83 Schuss, davon elf für Übungszwecke) über die Straße von Dover die englische Kanalküste. Wegen der geringen Verwendungsmöglichkeiten erhielt die Batterie eine Zweitausstattung mit vier französischen 15,5-cm-Kanonen.

Die 80-cm-Kanone (E) »Dora« auf dem Versuchsschießplatz der Eisenbahnartillerie in Rügenwalde (Darłowo, Polen). Das Rohr ist 32.480 mm lang.

Das zweite Geschütz, ursprünglich als »schwerer Gustav« bezeichnet, war die 80-cm-Kanone (E) »Dora«. Ein Hintergrund dieser Entwicklung ist der Wunsch gewesen, die als unbezwingbar geltenden Festungswerke wie die französische »Maginot«-Linie überwinden zu können. Krupp legte dafür verschiedene Entwürfe vor. Bewegung in die Sache kam erst nach einem Besuch Hitlers in Essen 1936. Ein Jahr später erhielt das Unternehmen den Auftrag für drei 80-cm-Kanonen, von denen zwei 1941/42 ausgeliefert wurden. Das war zu spät für die ursprünglich gedachte Aufgabe.

Die »Maginot«-Linie war schon im Mai und Juni 1940 durchbrochen oder umgangen worden. Als neues Ziel machte man die modernen Panzerforts der Festung Sewastopol auf der Krim aus. Die Vorarbeiten beschäftigten tausende von Menschen. Fünf Eisenbahnzüge waren notwendig, um die »Dora« bis zur Feuerstellung zu bringen und sie dort auf zwei parallelen Gleisen zu montieren. Die 80-cm-Kanone (E) wog in Feuerstellung 1.350 t, wovon 400 t auf das Rohr entfielen. Seine Lebensdauer war mit etwa 100 Schuss angegeben. 48 der 7.100 kg schweren Panzergranaten (Granaten Be) wurden zwischen dem 5. und 17. Juni (insgesamt 327 t Geschossmasse) auf Forts, Küstenbatterien und Munitionsdepots der Festung abgegeben.

Die Geschosse konnten – wenn sie denn trafen – beachtliche Zerstörungen verursachen. Durchschlagen werden konnten 1.000 mm Panzerstahl, 8.000 mm Stahlbeton oder 32 m gewachsener Boden. Versuche mit leistungsgesteigerter Munition, darunter Raketengranaten, fanden keinen Abschluss. Die Geschütze wurden zum Ende des Krieges bei Grafenwöhr und bei Chemnitz gesprengt.

Von unterschiedlicher Herkunft und nicht ganz so spektakulär waren die anderen Geschütze des schweren Flachfeuers sowie des schweren und schwersten Steilfeuers der Heeresartillerie. Letztere standen in den Kalibern 24, 28, 30,5, 35,5, 42, 52, 54 und 60 cm im Sinne einer klassischen Belagerungsartillerie zur Verfügung, der nach Abschluss der Kämpfe auf der Krim aber die Ziele abhandengekommen waren. Im nachfolgend auszugsweise wiedergegebenen zeitgenössischen Bericht wird der Ein-

satz einer 21-cm-Mörserbatterie (mot) im Hochsommer 1942 am Kuban[19] geschildert:

»Zur Heeresartillerie gehören auch Mörserbatterien, die sich ebenso durch eine hohe tatsächliche und moralische Wirkung wie durch schnelle Feuerbereitschaft und große Beweglichkeit auszeichnen. In dicke Staubwolken gehüllt rollen im Hochsommer 1942 die mächtigen Zugmaschinen und schweren Lastkraftwagen einer Mörserbatterie durch die Kubanebene. Eine Abteilung Haubitzen und eine Mörserbatterie sind einer Kampfgruppe zugeteilt. Schulter an Schulter mit den Grenadieren einer motorisierten Division schlagen sich die Kanoniere von Dorf zu Dorf weiter ... Da kommt ein Alarmruf von der Abteilung: "Feind greift mit starken Kräften von Osten an!"
In wenigen Minuten ist der Batterietrupp am entgegengesetzten Dorfende angelangt und richtet eine Beobachtungsstelle ein. Inzwischen haben die Kanoniere die Rohre um 180° herumgeschwenkt.
Sie sind begeistert ..., denn nun ist endlich ihre Stunde gekommen. Schon senken einige leichte Geschütze ihr Abwehrfeuer zu den Bolschewisten.
Jetzt spricht der große Bruder: Tief orgelnd ziehen die Mörsergranaten über die B.-Stelle hinweg und drüben hinein in die kriechenden und springenden erdbraunen Gestalten. ... Die leichten Feldhaubitzen müssen schweigen, denn die Bolschewisten sind in die Deckung eines Erdrückens gekommen, wo sie die Flugbahn der Feldhaubitzen nicht mehr fassen kann. Nun sind die Mörser erst recht in ihrem Element. Sie schießen mit der oberen Winkelgruppe, also über 45°, jagen die Granaten nach oben, die dann mit voller Wucht ... einschlagen. ... Schnell zerbricht der Angriff.«

Zitiert aus: Beinhauer, Eugen: Artillerie im Osten, Berlin 1944, S. 174 f.

Nur ein geringer Teil der Geschütze der Heeresartillerie war deutscher Herkunft. Das schwerste Kaliber ist mit Abstand der 60-cm-Mörser »Karl« (Gerät 040) gewesen. Mit seiner Entwicklung beschäftigte sich die Firma Rheinmetall, die 1936 ein Geschütz nach dem Vorbild der schweren Minenwerfer mit gezogenem Rohr, aber nicht als Vorder-, sondern als Hinterlader vorschlug. Die Selbstfahrlafette mit absenkbarem und auch eisenbahntransportfähigem Sonderfahrgestell verschoss 2.000 kg schwere betonbrechende Granaten. Die Schussweite war auf 4.300 m, mit einem leichteren Geschoss auf 6.700 m begrenzt. Alternativ konnte ein 54-cm-Rohr (Gerät 041) mit einer Schussweite von 10.000 m lafettiert werden. Eingesetzt wurden Geräte 040 im Sommer 1941 bei der Belagerung der Festung Brest-Litowsk, im Frühjahr 1942 vor Sewastopol und 1944 in Warschau. Von den sechs Spezialgeschützen gab es 1945 noch eins, es stand auf dem Schießplatz Hillersleben, unweit von Magdeburg.
Viele der anderen schweren und schwersten Kanonen und Mörser waren nicht deutscher Herkunft. Sie kamen aus tschechoslowakischen, ehemals österreich-ungarischen Waffenschmieden, aus erbeuteten Beständen der französischen und sowjetischen Streitkräfte. Sie spielten im Rahmen der Heeresartillerie im Abwehrkampf an allen Fronten eine wichtige Rolle, soweit das die alliierte Luftüberlegenheit zuließ. Anfang 1944 bestand die schwere Artillerie des Heeres aus drei Regimentern bzw. Regimentsstäben, 239 Abteilungen und 46 selbständigen Batterien mit über 50 Geschützmodellen und Kalibern vom 10,5-cm-Leichtgeschütz bis zum schwersten Mörser.
Zu dieser Zeit mangelte es an motorisierten Zugmitteln, weshalb viele Formationen nur noch teilbeweglich/motorisiert oder ortsfest waren. Dem sowjetischen Vorbild folgend, plante das Heer den Aufbau artilleristischer Großverbände. Dazu gliederte man im September 1943 die 18. Panzerdivision in eine Artilleriedivision um. Ihre Sollausstattung mit 132 Geschützen war beeindruckend, ging aber endgültig im Frühjahr 1944 im Kessel von Kamenez-Podolsk verloren.
Nach dem misslungenen Experiment wurden im Herbst 1944 mehrere selbständige Heeresartillerieabteilungen in sechs Heeresartilleriebrigaden und 13 Volksartilleriekorps zusammengefasst.

[19] Kuban: Fluss im Nordkaukasus, entspringt am Elbrus und mündet in der Bucht von Temrjuk in das Asowsche Meer.

Zu den älteren Geschützen, die 1940 in Frankreich erbeutet werden konnten, gehörte die 164-mm-Kanone mle. 93/96 M, die unter der Bezeichnung 16,4-cm-Kanone (E) 453 (f) weiter Verwendung fand. Die Schussweite der 60.000 kg schweren Kanonen lag bei maximal 19.200 m.

Die Höchstschussweite der 32-cm-Kanone (E) 651 (f) – französisch 70/84 und 70/93 – ist mit 24.500 m angegeben. Anfang 1944 war die Batterie 696 mit zwei Geschützen dieses Typs ausgestattet. Dazu kam eine 34-cm-Kanone (E), ebenfalls französischer Herkunft.

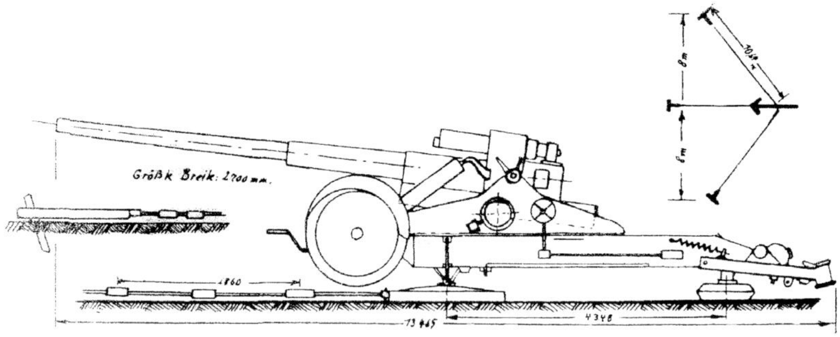

Weil es an 17-cm-Kanonenrohren fehlte, wurden die Rohre der 15-cm-Schiffskanone C/28 in Mörserlafetten eingelegt. 1940 gab es von dieser Behelfslösung acht Geschütze. Bei einer V_0 von 875 m/s erreichten die 45,3 kg schweren Geschosse eine Höchstschussweite von 24.700 m.

Die 24-cm-Kanone 3 war ab 1934 von Rheinmetall entwickelt worden. Das 86.000 kg schwere Geschütz wurde, in sechs Lasten zerlegt, von schweren Zugkraftwagen 18 t (Sd. Kfz. 9) gezogen und wog in Feuerstellung 54.000 kg.

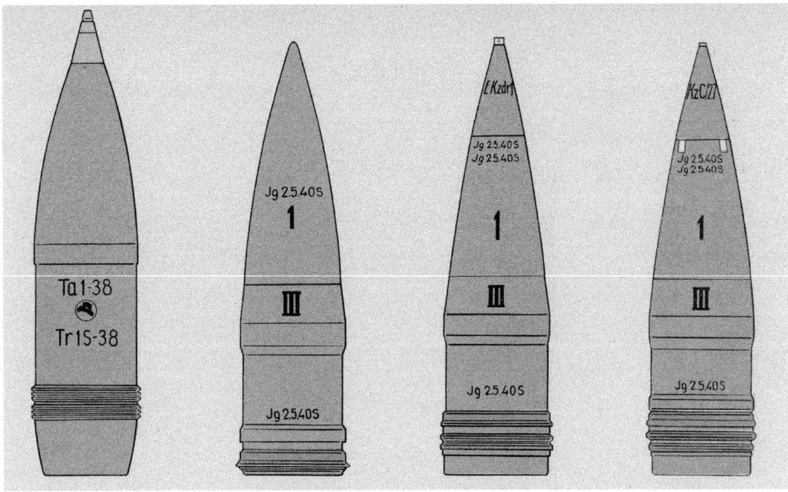

Ein grundlegendes logistisches Problem der deutschen Streitkräfte war die Munitionsvielfalt – hier nur beispielhaft am Kaliber 24 cm dargestellt.

Eine wertvolle Verstärkung des schweren Flachfeuers der Heeresartillerie war die Übernahme von sechs 24-cm-Kanonen 16 aus der Tschechoslowakei. Das 79.000 kg schwere Geschütz wurde, in vier Lasten zerlegt, von Artillerie-Generator-Autos auf Elektro-Fahrgestellen befördert. Die 24-cm-Kanone (t) kam in der II. Abteilung / Heeresartillerieregiment 84 u.a. an der Kanalküste und bei der Belagerung von Leningrad zum Einsatz.

Gliederung und Geschützausstattung der Volksartilleriekorps

	Art, Modell und Kaliber der Geschütze	Stückzahl
I. Abteilung	drei Batterien mit 7,5-cm-leichten Feldkanonen 7 M 85	18
II. Abteilung	drei Batterien mit 8,8-cm-Feldkanonen 43[1] (oder zwei Batterien mit 10-cm-Feldkanonen 18)	18 (12)
III. Abteilung	drei Batterien mit 10,5-cm-leichten Feldhaubitzen 18, 18 M oder 18/40	18
IV. Abteilung	zwei Batterien mit 12,2-cm-schweren Feldhaubitzen 396 (r) – russ. 38	12
V. Abteilung	zwei Batterien mit 21-cm-Mörser 18 und eine Batterie mit 17-cm-Kanonen in Mörserlafette (oder zwei Batterien 15,2-cm-Kanonenhaubitzen 433/1(3) (r) – russ. 37	9 (12)
[1] bei der Panzerjägertruppe als 8,8-cm-Panzerjägerkanone 43 L/71 bezeichnet		

Mit einer Salve des Volksartilleriekorps konnten Geschosse mit einem Gesamtgewicht von 1.353 bzw. 2.223 kg verfeuert werden. Neben dieser beachtlichen artilleristischen Feuerkraft standen den Korps mit den 36 leichten Feldkanonen[20] ausreichende Fähigkeiten zur Panzerabwehr zur Verfügung. Beide Gliederungsformen gab es in den Kategorien motorisiert und teilbeweglich/motorisiert. Abweichungen zeigte die Ausstattung mit Personal, Fahrzeugen, Beobachtungs- und Feuerleitmitteln.

Zwölf Volksartilleriekorps eröffneten am 16. Dezember 1944 mit dem Feuer ihrer Geschütze die letzte deutsche Großoffensive in den Ardennen. Zu dieser letztmalig erreichten Konzentration artilleristischer Kampfkraft war alles Verfügbare zusammengerafft worden: die Feldartillerie der Divisionen, selbständige Batterien und Abteilungen der Heeresartillerie, Nebelwerferbrigaden sowie 18 schwerste Kanonen- und Mörserbatterien einschließlich der Eisenbahngeschütze. Woran es mangelte, war

[20] bei der Panzerjägertruppe als 7,5-cm-Panzerjägerkanone 40 L/46 bezeichnet

Munition, zumindest für eine längerdauernde intensive Kampfführung.
Das Rückgrat der schweren Artillerie des Heeres waren bis zum Kriegsende der 21-cm-Mörser 18 und die 17-cm-Kanone in Mörserlafette. Und das, obwohl schon bei der Einführung des Mörsers zu Beginn des Krieges immer wieder das hohe Gewicht (22.700 kg) und die verhältnismäßig geringe Schussweite (maximal 16.725 m) in der Kritik gestanden haben. Im Abwehrkampf gab die Truppe der beeindruckenden Geschosswirkung den Vorzug vor der zeitweise favorisierten 17-cm-Kanone in Mörserlafette (Schussweite 29.600 m). Als neue Geschütze waren neben der 12,8-cm-Kanone und der 15,5-cm-Haubitze ein 30,5- und ein 42-cm-Mörser sowie zwei Granatwerfer gleichen Kalibers in Aussicht gestellt. Es gab Versuchsstücke, zu einem Abschluss sind die Arbeiten bis zum Kriegsende nicht mehr gekommen. Im Gegenteil – infolge der sich verschlechternden Rüstungslage musste Ende Januar 1945 die Einstellung der 21-cm-Mörserfertigung verfügt werden.

Im Februar verließen die letzten vier Geschütze die Werkhallen der Hannoverschen Maschinenbau AG (Hanomag) in Hannover-Linden. Am 1. März 1945 waren noch 218 21-cm-Mörser 18 mit 34.500 Granaten plus 1.500 Röchlinggranaten vorhanden. Bemühungen, den Mörser durch wesentlich billigere Granatwerfer der Kaliber 21, 30,5 und 42 cm zu ersetzen, blieben – abgesehen vom 21-cm-Wurfmörser 69 (21-cm-Granatwerfer) – der Erfolg versagt. Davon kamen 171 zur Auslieferung, die ersten an die IV. (schwere Granatwerfer-)Abteilung des Volksartilleriekorps 710. In den »Richtlinien für den Einsatz der 21-cm-Mörserabteilung« vom 8. November 1944 wurde der Werfer wie folgt charakterisiert: »Der 21-cm-Wurfmörser 69 ist ein sehr einfaches, übersichtliches Gerät, daß für die Massenfertigung entwickelt wurde. Es ist eine Steilfeuerwaffe, die in der oberen Winkelgruppe schießt. ... Größte Wirkung im geschlossenen Einsatz zum Vernichtungsfeuer auf Flächenziele ...«.

	21-cm-Mörser 18	21-cm-Wurfmörser 69
Kaliber	210,9 mm	210 mm
V_0	565 m/s	243,6 m/s
Schussweite	16.725 m	5.000–6.400 m
Gewicht in Feuerstellung	16.700 kg	2.700 kg
Geschossgewicht davon Sprengstoff	113 kg 11,7–15,7 kg	85–110 kg 11,2–43 kg

Selbst wenn es gelungen wäre, aus dem 21-cm-Wurfmörser ein truppenbrauchbares und in ausreichender Stückzahl verfügbares Gerät zu machen, hätte das keine spürbare Entlastung der schweren Artillerie zur Folge gehabt. Quantitativ und qualitativ wurde die deutsche Heeresartillerie von der Roten Armee und den anglo-amerikanischen Streitkräften überflügelt. Damit konnte sie ihrer neuen Aufgabe, mit der Feuerwirkung ihrer schweren Geschütze einen wirksamen Beitrag zum Abwehrkampf zu leisten, nur noch in begrenztem Umfang nachkommen.

Vom 21-cm-Mörser 18 wurden zwischen 1939 und 1945 711 Stück ausgeliefert. Das in Feuerstellung 16.700 kg schwere Geschütz fand in motorisierten Abteilungen (die Batterie mit je zwei bis drei Mörsern) der Heeresartillerie, vereinzelt bei Artillerieregimentern, bei der Heeresküstenartillerie und ab 1944 bei Volksartilleriekorps Verwendung.

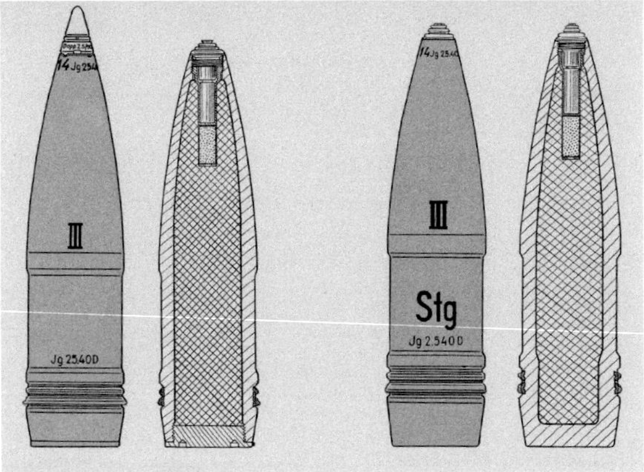

Standard-Sprenggeschoss für den 21-cm-Mörser 18 waren 113 kg schwere Geschosse mit 17,7 kg Sprengstoff (Granate 18). Die Munition wurde getrennt geladen.

30,5-cm-Mörser (t) während der Belagerung von Sewastopol im Juni 1942. 21 der insgesamt 23 Geschütze dieses Typs, die das Heer aus tschechoslowakischen Beständen übernommen hatte, nahmen an der Operation »Störfang« teil. Für einen Veteranen aus der Zeit des Ersten Weltkrieges genoss er noch hohes Ansehen.

Die 35,5-cm-Haubitze M1 bei der schweren Artillerieabteilung (mot) 641 unmittelbar nach dem Abschuss. Acht Stück dieses 78.000 kg schweren und in sieben Teillasten zerlegbaren Geschützes sind gefertigt worden.

Der 60-cm-Mörser Gerät 040 »Adam« im Panzermuseum Kubinka bei Moskau. Er hatte schon an der Belagerung der Festung Brest teilgenommen und war im Juni 1942 zusammen mit den Mörsern »Eva«, »Odin« und »Thor« im Bestand der schweren Artillerieabteilung (mot) 833 Teil des Belagerungsparks vor Sewastopol.

Die schwere Betongranate des 60-cm-Mörsers Gerät 040 wog 2.200 kg, erreichte mit der 4. Ladung eine Höchstschussweite von 4.320 m und eine Durchschlagleistung von 450 mm Panzerstahl bzw. 2.500 mm Beton.

a

b

c

d

Schwere Geschütze der Kriegsgegners Deutschlands:
a. 220-mm-Mörser mle. 16 TR der französischen Armee in Transportstellung. Aufnahme vom Juni 1940.
b. Schwere Feldhaubitze des britischen Expeditionskorps in Nordwestfrankreich. Aufnahme vom Juni 1940.
c. 203-mm-Haubitze B-4 der Roten Armee in Feuerstellung. Mit der Einführung des Geschützes war in den 1930er Jahren begonnen worden.
d. Selbstfahrlafette M 12 mit der 155-mm-Kanone M 1918 M 1 der US-Armee.

4.5 Sonderartillerie

In der Kriegsgliederung des Feldheeres vom 1. Februar 1944 sind im Band III die Heerestruppen detailliert aufgeführt, darunter die Sonderartillerie. Sie umfasste zu diesem Zeitpunkt:

- den Stab einer Artilleriedivision,
- das Artillerieregiment 705 mit zwei Batterien[21],
- den Stab eines Artillerieregimentes,
- zwei Artilleriestäbe (Nr. 839 und 958),
- vier Artillerieabteilungen mit je drei Batterien (Nr. 485, 836, 953 (Rahmeneinheit) und 962),
- zwei selbständige Batterien (3953 und 444) sowie
- drei motorisierte Abteilungen der Heeresflakartillerie.

Für welche »Sonderwaffen« gab es diese Einheiten und Verbände? Ihre Aufstellung erfolgte parallel zu der mit Hektik betriebenen Entwicklung neuer Fernkampfwaffen. An erster Stelle ist die ballistische Rakete A-4 (Aggregat 4), die spätere »Vergeltungswaffe 2«, zu nennen. Sie ging auf eine Entscheidung des Heereswaffenamtes aus dem Jahr 1929 zurück. Anregungen dafür gaben erfolgreiche Experimente von Raketenpionieren, die Dr. Ing. Walter Dornberger, 1943 Generalmajor und Abteilungsleiter im Heereswaffenamt/WaPrw 11, in seiner Denkschrift von 1943 namentlich erwähnte: Prof. Dr. Wernher Freiherr von Braun, Dr. Ing. Walter Thiel u.a. Die in ihrer Rüstung eingeschränkte Reichswehr war stets bemüht, die Wirkung ihrer Artillerie zu verbessern.
Das war nur unter Umgehung der Bestimmungen des Versailler Vertrages möglich. In den Raketen sah man einen Weg; mit Pulverraketen hatte man schon einige Erfahrungen sammeln können. Hinsichtlich der gewünschten Reichweitensteigerung boten Raketen mit Flüssigkeitstriebwerken beträchtliches Entwicklungspotential. Praktische Erkenntnisse hatten die Versuche mit den Aggregaten 1 und 2 (A-1 und A-2) auf dem Versuchsschießplatz Kummersdorf (bei Zossen) und auf Borkum gebracht. Um die Arbeiten fortführen zu können, wurde bis 1939 die Heeresversuchsstelle Peenemünde auf der Insel Usedom in Betrieb genommen. Die Aufgabe bestand darin, eine ballistische Rakete zur Serienreife zu bringen, die 1.000 kg Sprengstoff 275 km weit transportieren konnte.

Das Heereswaffenamt untersuchte auf dem Versuchsschießplatz Kummersdorf verschiedene Raketen. Im Bild eine Rakete nach dem System Richard Tilling aus dem Jahr 1936. Sie hat einen Durchmesser von 110 mm und eine Länge von 1.000 m.

Die Fernrakete Aggregat 4 während der Erprobung in der Heeresversuchsstelle Peenemünde.

In diesen Dimensionen lagen keine Erfahrungen vor, ungelöste Probleme verursachten zahlreiche Rückschläge. Erst am 3. Oktober 1942 gelang ein großer Erfolg. Ein 5.500 kg schweres Aggregat (A-4) flog 90 km hoch und 192 km weit. Mittlerweile betrieb die Luftwaffe mit dem Flugkörper Fi-103, der späteren »Vergeltungswaffe 1« (V-1), eine Konkurrenzentwicklung. Hitler gab beiden Vorhaben am 7. Juli 1943 höchste Dringlichkeit. Für die A-4 wurde ein Sonderausschuss im Reichsministerium für Rüstung und Kriegsproduktion eingerichtet unter der Leitung von Dr. Ing. Gerhard Degenkolb, einem der Direktoren der Deutschen Maschinenfabrik (DEMAG)

[21] im Dezember 1944 nur noch als Abteilung mit drei Batterien geführt

Die Überreste von Brennkammern aus Versuchsserien der Fernrakete Aggregat 4 auf der Insel Usedom. Aufnahme aus den 1980er Jahren.

Für die Endmontage und den Abschuss von Fernraketen Aggregat 4 wurde bei Wizernes in Nordwestfrankreich eine Bunkeranlage errichtet (OT-Bauvorhaben 21). Die Alliierten haben sie mehrfach bombardiert und am 30. April 1944 mit 6.000 kg schweren Spezialbomben so zerstört, dass das Projekt einer verbunkerten Abschussanlage endgültig aufgegeben werden musste. Aufnahme vom Mai 2009.

in Düsseldorf. Zielstellung war die, ab Januar 1944 monatlich 300, ab Sommer dann 600 Raketen auszuliefern. Für die Serienfertigung wurde in einem früheren Gips-Bergwerk bei Nordhausen im Harz die Fertigungsstätte Mittelwerk GmbH eingerichtet. Ihr Ausbau kostete 17,8 Millionen Reichsmark und wäre ohne die Einbeziehung von insgesamt etwa 60.000 KZ-Häftlingen gar nicht möglich gewesen, wovon viele Tausend den Tod fanden.

Im Sturmprogramm des Heeres vom 9. Januar wurde die Erhöhung der monatlichen Lieferung auf 900 Raketen gefordert. Das bedeutete u.a. die Bereitstellung von 1.500 t Sprengstoff, 13.000 t flüssigem Sauerstoff und 4.000 t 95%igem Alkohol. Der wurde aus Kartoffeln hergestellt, was nur unter Einschränkung bei Speisekartoffeln für die Volksernährung und der Futterversorgung in der Landwirtschaft abgesichert werden konnte. A-4 aus der Serienproduktion hatten eine Länge von 14 m und einen Durchmesser von 1,65, sie wogen 12,9 t und wurden senkrecht gestartet. Mit einem Treibstoffgemisch aus 5.000 kg flüssigem Sauerstoff und 3.800 kg Alkohol sowie 200 kg Wasser zur Kühlung erzeugte das Triebwerk eine Schubkraft von 31.300 kp und erreichte so die Höchstgeschwindigkeit von 1.520 m/s. Nach über 300 km Flug hatte sie im Zielanflug noch eine Geschwindigkeit von 1.000 km/h. Dagegen gab es keine Abwehrmittel. Je nach Bodenbeschaffenheit erzeugte sie beim Aufschlag einen Trichter von 30–40 m Durchmesser und 10–15 m Tiefe. Über die Stückzahlen der A-4-Produktion liegen unterschiedliche Angaben[1] vor:

A-4-Produktion von Januar 1944 bis März 1945[1]

Monat	1944	1945
Januar	50	690
Februar	86	612 (616)
März	170 (174)	362[2] (490)
April	253	-
Mai	437 (436)	-
Juni	132 (148)	-
Juli	86	-
August	374	-
September	629	-
Oktober	628	-
November	662	-
Dezember	613	-
Summe	4.120 (4.139)	1.164 (1.796)
erreichter Monatsdurchschnitt	343	645
erreichter Tagesdurchschnitt	11	22
Fertigungssoll pro Tag	30–160	30–160

[1] Neben den unterschiedlichen Bezugsdaten sind vermutlich die Differenzen zwischen den Angaben des Herstellerwerkes und der Abnahmestellen des Heereswaffenamtes eine Erklärung für die abweichenden Angaben.

[2] Angaben bis 18. März 1945

Titelseite der A 4-Fibel. Sie wurde als Ausbildungshilfe am 4. August 1944 herausgegeben.

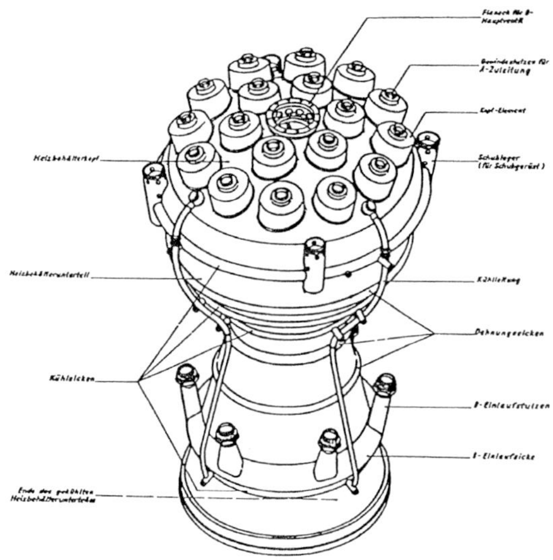

Brennkammer für das Aggregat 4.

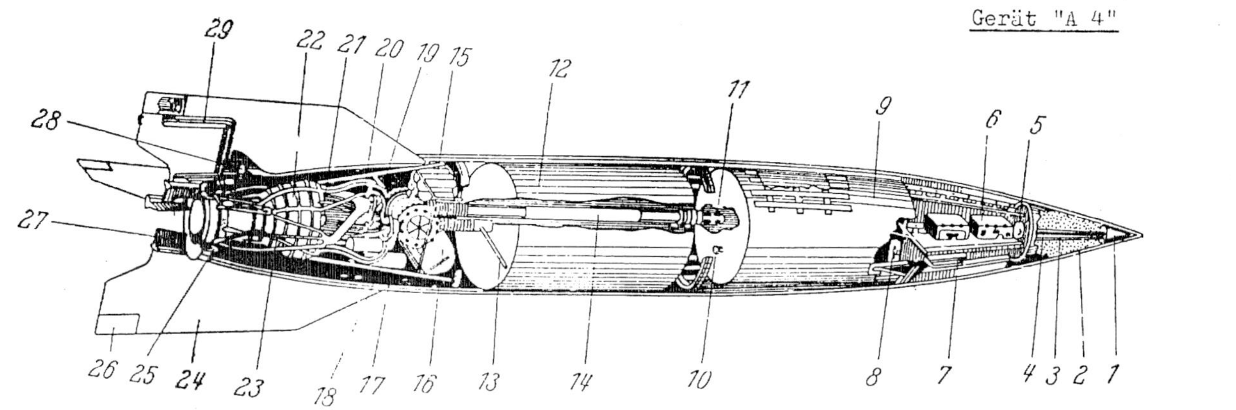

1. Haupt- bzw. Kopfzünder
2. Sprengladung 50/50
3. Detonatorrohr
4. Rohr für Zündleitung
5. Bodenzünder
6. FUMG-Gerät
7. Stickstoffbehälter
8. Steuergeräte
9. Tank für Methylalkohol
10. Tank-Absicherung
11. Absperrventil
12. Tank für flüssige Luft
13. Tank-Absperrventil
14. Alkohol-Zuleitungsrohr
15. Preßluftflaschen
16. Sauerstoff-Zwischenbehälter
17. Turbinen mit Pumpen
18. Verteilerleitung
19. Sauerstoffverteilerleitung
20. Alkoholverteilerleitung
21. Einspritz- bzw. Brennertöpfe
22. Brennkammer
23. Kühlleitungen
24. Stabilisierungsflächen
25. Servomotor für Strahlruder
26. Luftruder
27. Strahlruder
28. Servomotor für Luftruder
29. Rudergestänge

Schnittzeichnung der Fernrakete Aggregat 4 aus der Gerätbeschreibung »Das Gerät A 4 Baureihe B« vom 1. Februar 1945.

Parallel zur Einrichtung und zum Hochlaufen der Serienfertigung der A 4-Produktion wurde mit dem Aufbau der Fernraketentruppe begonnen, die Dornberger in seinen Erinnerungen als »V-Waffenkorps« bezeichnet und es wurden die dringend benötigten Ausbildungsunterlagen erstellt.

»Das Gerät A 4 ist ein Fernraketen-Geschoß, das sich durch Eigenantrieb mit flüssigem Treibstoff fortbewegt. Der Antrieb während der Brennzeit erfolgt mit annähernd gleichbleibender Stärke, unabhängig von der Flughöhe, da das Raketen-Geschoß seinen Sauerstoff-Träger mit sich führt. Die Schußweite wird durch Abschaltung des Antriebes bestimmt. Die Richtung wird dem Geschoß durch eine vorher eingestellte Steuerapparatur verliehen, die in Sonderfällen durch Fernlenkung unterstützt wird. Flugbahn und Fluglage werden nicht durch Drall, sondern durch Flossen und Ruder in Verbindung mit der Steuerapparatur eingehalten. Das Gerät A 4 dient zur Bekämpfung von Flächenzielen auf große Entfernung.«

Zitiert aus: OKH/Wa A/ Wa Prüf, Anlage zu Bb. Nr. 19/45 g.K. Das Gerät der Baureihe B. Gerätbeschreibung vom 1. Februar 1945

Jede Fernraketenbatterie verfügte über drei Schießzüge mit einem Feuerleitpanzer, einem Abschusstisch, eigener Stromversorgung, einem Gerät- und einem Prüfwagen sowie einer Nachschub- und Zubehörstaffel, die neun A 4-Raketen auf dreiachsigen Anhängern mitführte. Die Fernraketenabteilung gliederte sich in Stab, die drei Batterien, eine Sicherungsgruppe und eine Treibstoffbatterie. Sie verfügte über einen eigenen Flak-Schutz (2-cm-Vierlings-Flak).

Vom 6. September bis zum 31. Dezember 1944 wurden insgesamt 1.561 »Vergeltungswaffen 2« (V 2) abgeschossen. Ziele waren u.a. London, Ipswich, Norwich, Antwerpen, Lille und Paris. Am 27. März 1945 verließ die letzte von etwa 4.000 Raketen ihren Abschusstisch, von denen 2.748 ihre Ziele erreichten. Nach fundierten Berechnungen sind ihnen 7.150 Menschen zum Opfer gefallen, 16.500 wurden verletzt. Wesentlich größere Wirkung erhoffte man sich von deutscher Seite beim Beschuss von Zielen in Nordamerika, zum Beispiel New York. Dafür wurde das Projekt Aggregat 9 (A-9) verfolgt. Für die zweistufige Weiterentwicklung der A-4 sollten Reichweiten bis 5.500 km möglich sein.

Zur Sonderartillerie des Heeres muss auch die »Hochdruckpumpe« – keine Rakete – gezählt werden, die verschiedene Bezeichnungen erhielt, offiziell den Suggestivnamen »Fleißiges Lieschen«. Hitler, dem in der zweiten Mai-Hälfte 1944 über die enttäuschenden Ergebnisse der letzten Schießversuche berichtet worden war, erwartete »die Weiterbetreibung der Versuche und zwar sowohl für die spezielle Aufgabe als Englandgeschütz als auch ... für andere Zwecke«. Das ganze Projekt eines 15-cm-Mehrkammergeschützes mit 124 m (!) Rohrlänge erwies sich als Fehlschlag. Die Schussweite lag nicht bei 160, sondern nur bei 90 km, dafür war der Verbrauch an Treibladungspulver enorm. Rüstungswirtschaftliche Engpässe bremsten auch ein wesentlich zukunftsträchtigeres Projekt, den »Rheinboten«, aus.

Die vierstufige Feststoffrakete, offiziell als Raketen-Sprenggranate 4831 übernommen, erreichte Ziele in 194 km Entfernung, zeigte dabei jedoch eine Streuung von 6.000 m. Letzteres war zu viel für eine Rakete, bei der einer Nutzlast von 25 kg Sprengstoff 585 kg eines speziell strukturierten und 1944 nur noch schwer beschaffbaren Treibladungspulver gegenüberstanden. 142 Stück sind größtenteils an die erst im Dezember 1944 aufgestellte Artillerieabteilung 709 geliefert worden. Sie beschoss bis Mitte Januar 1945 Antwerpen, einen wichtigen Nachschubhafen der Alliierten. Treffer sind nicht nachgewiesen.

Albert Speer erläuterte den Mitarbeitern seines Ministeriums am 15. November 1944, dass Geschosse von der Art der V 2 »als Fernartillerie in der Zukunft von außerordentlicher Tragweite« sein könnten. Waffentechnisch war zweifellos der Durchbruch zu einer neuen Zerstörungstechnologie gelungen. Der erhoffte und unter dem Begriff »Vergeltungs- oder Wunderwaffen« propagandistisch angekündigte Einfluss auf den Verlauf des Krieges, die Wende, blieb aus.

4.6 Heeresküstenartillerie

Küstenschutz gehörte zu den vorrangigen Aufgaben der Kriegsmarine, die für diesen Zweck neben maritimen Kampfmitteln spezielle Küstenbatterien unterhielt. Die immer größere Ausdehnung der zu sichernden Küsten (1939: 1.500 km, 1942: 13.500 km) machten die Verstärkung der Marineküstenartillerie durch die des Heeres notwendig. Unabhängig von dieser organisatorischen Trennung mussten sie zwei Abwehraufgaben erfüllen:

a. die Bekämpfung von Seezielen, einschließlich der Sperrung von Hafeneinfahrten und der artilleristische Schutz eigener im Küstenvorfeld tätiger Seestreitkräfte bei der Verlegung von Seeminen u.ä.
b. die Mitwirkung an der unmittelbaren Abwehr von Landungsmanövern gegnerischer Kräfte an einem Küstenabschnitt.

Bereits nach dem Abschluss des Westfeldzuges waren an der Küste zwischen der holländisch-belgischen Grenze und Cherbourg vermehrt Verbände der Heeresküstenartillerie in Stellung gebracht worden. Nach und nach wurden die motorisierten Einheiten abgezogen und durch bodenständige ersetzt. Im Interesse einer einheitlichen Führung fasste man sie mit der Marineküstenartillerie zusammen. Daraus ergab sich ein Befehlschaos, Anlass zu fortwährenden Reibereien zwischen Dienststellen des Heeres und der Kriegsmarine. Im Verlaufe der Landungsoperation bei Dieppe im August 1942 hatte beispielsweise eine Heeresküstenbatterie erst zwei Stunden, nachdem die Landungsflotte in Sicht gekommen war, die Feuererlaubnis ihres befehlsführenden Seekommandanten erhalten. Das wurde geändert, den Belangen der Heeresküstenartillerie stärker Rechnung getragen. Ähnliche Lösungen fand man im besetzten Dänemark und Norwegen, an den Küsten des Balkans und des Schwarzen Meeres. Die Kriegsgliederung des Feldheeres vom 1. Februar 1944 (Sollgliederung) weist folgende Einheiten und Verbände aus:

- 10 Regimentsstäbe,
- 24 Regimenter,
- 36 selbständige Abteilungen (davon 11 Personaleinheiten),
- 70 selbständige Batterien (davon 47 Personaleinheiten) und
- 5 selbständige Turmhaubitzzüge.

Heeresküstenartillerieregimenter besaßen in der Normalgliederung drei Abteilungen, wobei einige bis zu zehn Batterien mit je drei, vier oder sechs Geschützen haben konnten. Das hing von der Küstengestaltung, also von taktisch-technischen Möglichkeiten ab. Nur selten gab es eine reinrassige Ausstattung mit einem Geschützkaliber oder gar Geschütztyp. Sie kamen aus allen von Deutschland besetzten Ländern und widerspiegelten 50 Jahre Entwicklungen der Artillerietechnik. Zwei Beispiele:

Gliederung und Geschützausstattung von Heeresküstenartillerieeinheiten (Beispiele)	
Heeresküstenartillerieabteilung 1230 im Bereich des Heeresgruppenkommandos D im Westen	
1. Batterie/1230	vier 10,5-cm-Kanonen (p) – polnisch wz. 29
2. Batterie/1230	vier 10,5-cm-Kanonen 331 (f) – französisch L 13 S
3. Batterie/1230	vier 10,5-cm-Kanonen 35 (t) – tschechisch vz. 35
4. Batterie/1230	vier 10,5-cm-Kanonen (p) – polnisch wz. 29
5. Batterie/1230	15,2-cm-Kanonenhaubitzen 433/1 (r) – russisch 37
Heeresküstenartillerieregiment 973 (Narvik) in Nordnorwegen	
I. Abteilung	zwei Batterien 15,5-cm-Haubitzen (p) – polnisch drei Batterien 15,5-cm-Kanonen (f) – französisch eine Batterie 15,5-cm-Haubitzen (j) – jugoslawisch eine Batterie 21-cm-Mörser 18 – deutsch
II. Abteilung	eine Batterie 10,5-cm-Kanonen (f) – französisch eine Batterie 15,5-cm-Haubitzen (p) – polnisch eine Batterie 14,5-cm-Kanonen (f) – französisch vier Batterien 15,5-cm-Kanonen (f) – französisch
III. Abteilung	eine Batterie 10,5-cm-Kanonen (f) – französisch eine Batterie 15,5-cm-Haubitzen (p) – polnisch eine Batterie 14,5-cm-Kanonen (f) – französisch vier Batterien 15,5-cm-Kanonen (f) – französisch
IV. Abteilung	zwei Batterie 10,5-cm-Kanonen (f) – französisch eine Batterie 15,5-cm-Haubitzen (p) – polnisch eine Batterie 15,5-cm-Haubitzen (p) – polnisch
V. Abteilung	vier Batterien 10,5-cm-Kanonen (f) – französisch

Aus der vielgestaltigen, mit diesen Beispielen lediglich angedeuteten Bewaffnung der Heeresküstenartillerie ergeben sich im engen Rahmen abgesteckte taktische Möglichkeiten. So war die Feuergeschwindigkeit vieler Geschütze zu gering. Um eine ausreichende Trefferzahl zu erreichen, waren mehr als drei Schuss/min notwendig. Die Kriegsmarine bewertete ihre Effizienz im Vergleich zu den eigenen Artillerieabteilungen geringer.

In Dänemark und Norwegen war die Küstenartillerie nicht gefordert. Anders in Nordwestfrankreich: während der Landung der Alliierten im Juni 1944 zeigten sich die Probleme der größtenteils schlecht ausgerüsteten Heeresküstenartillerie. Ihre Aufgabe war es gewesen, den Landungstruppen so viel Widerstand wie möglich entgegenzusetzen, bis eigene gepanzerte Verbände mit Unterstützung der Luftwaffe die Angreifer wieder ins Meer werfen konnten. Die Luftwaffe versagte und die Panzerdivisionen kamen trotz schwerer Kämpfe nicht bis zur Küste. So stand die Heeresküstenartillerie auf verlorenem Posten.

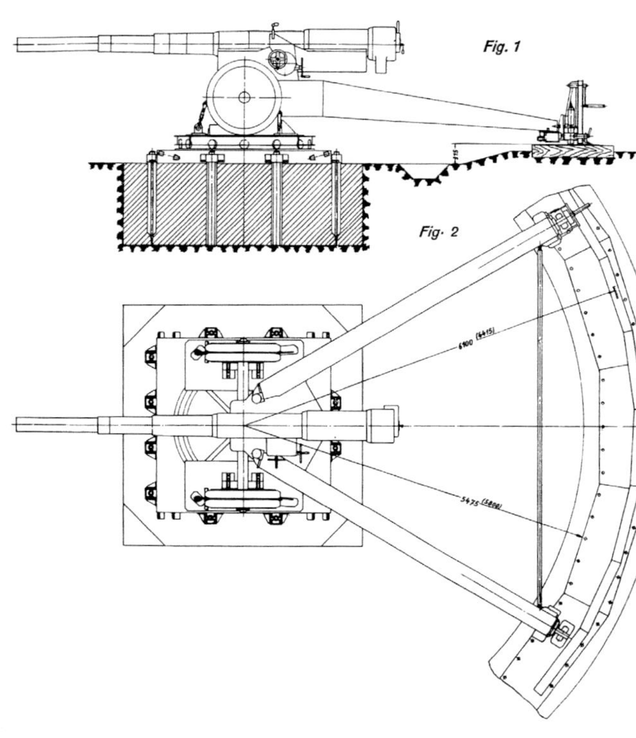

Drehbettung für 15,5-cm-Kanone 420 (f) – französisch L 16 St. Ch.

Die 10,5-cm-schwere Feldkanone 35 (t) in Drehbettung. Bei Ausbruch des Zweiten Weltkrieges waren 59 Geschütze dieses Typs vorhanden, weitere 49 wurden noch geliefert oder kamen 1941 aus jugoslawischen Beständen. Damit wurden eine Artillerieabteilung (mot) und die Küstenartillerieabteilungen 914 und 918 ausgestattet.

Aus der umfangreichen französischen Geschützbeute kam auch die 15,5-cm-Kanone 420 (f) – französisch L 16 St. Ch. – mit einer Schussweite von 21.300 m. Sie wog in Feuerstellung 16.400 kg und wurde für die Küstenverteidigung auf einer Drehbettung lafettiert.

Von den sowjetischen 152-mm-Kanonenhaubitzen M 10/34 und 37 übernahm das deutsche Heer 974 Stück. Sie fanden als 15,2-cm-Kanonenhaubitzen 433/1 (r) und 433/2 (r) u.a. bei der Heeresküstenartillerie Verwendung.

4.7 Heeresfestungsartillerie

Der Begriff Festungsartillerie umschreibt eine Sonderform der Artillerie. Im ursprünglichen Verständnis waren das fest unter Panzern und Beton eingebaute Geschütze (zur Armierung gehörend), die das Gelände im Umfeld von Festungen mit ihrem Feuer sichern sollten. Bei Bedarf wurden mobile Batterien beigegeben. Die Festungsartillerie des Heeres, wie sie im letzten Jahr des Zweiten Weltkrieges zum Einsatz kam, hatte grundsätzlich dieselben Aufgaben zu erfüllen. Bis auf wenige Ausnahmen handelte es sich dabei um bodenständige oder teilbewegliche Abteilungen, die aus feldmäßig angelegten Stellungen zur Wirkung kommen sollten. Im Einsatz unterstanden sie dem Kommandanten eines zur Rundumverteidigung ausgebauten Bereiches oder einer Ortschaft, die je nach Ausdehnung und Ausbaustufe die Bezeichnung Festung, Verteidigungsbereich oder Ortsstützpunkt erhielt.

Die Aufstellung von Heeresfestungsartillerieabteilungen steht im Zusammenhang mit den im Frühjahr 1944 erlassenen Führerbefehlen über die Verteidigung von »Festen Plätzen«. Ihre Kommandanten besaßen weitreichende Befugnisse, die es gestatteten, sich zurückziehende Heeresverbände zu unterstellen. Diese wurden für die bewegliche Kampfführung außerhalb ortsfester Verteidigung dringend benötigt und waren mit ihrer personellen und materiellen Ausstattung dazu in der Lage. Beispielhaft zeigt das der Feste Platz Tarnopol, dessen Kommandanten am 11. März 1944 in einem Fernschreiben mitgeteilt worden war: »Der Führer hat entschieden, daß Tarnopol weiterhin "Fester Platz" bleibt und bis zum letzten Mann zu halten ist«. Seine Besatzung setzte sich zusammen aus:

- einem Marschbataillon der 7. Panzerdivision,
- der 5. Batterie/Artillerieregiment 154,
- der Abteilung Grundmann (drei Züge mit 15-cm-schweren Infanteriegeschützen 33 der »Leibstandarte SS Adolf Hitler«),
- der 11. und 12. Batterie/Artillerieregiment 359 und
- der 1. Batterie/Sturmgeschützabteilung 301.

Für die Artillerie erwies es sich als äußerst nachteilig, im letzten Moment ungenügend ausgebaute und nicht vermessene Feuerstellungen zu beziehen. Dabei benötigte die oft aus Alarmkompanien gebildete, ohnehin nicht widerstandsfähige Infanterie dringend die Feuerkraft der Artillerie. Alles Gründe für die Aufstellung spezieller Festungsartillerieformationen des Heeres.

Nach dem Verlust Frankreichs wurden am 26. August 1944 die ersten von insgesamt 15 Heeresfestungsartillerieabteilungen für den Kampf um Metz und den »Westwall« aufgestellt. Von vornherein war klar, dass für ihre Bewaffnung vor allem Beutegeschütze genutzt werden mussten. Es fehlte an Personal, Kraftfahrzeugen, Munition und sonstigen Ausrüstungen. Um geeignete Geschütz- und Batterieführer verfügbar zu haben, nahm am 9. November 1944 die Festungsartillerieschule Dolle (bei Tangermünde) den Ausbildungsbetrieb auf. Der Personalmangel blieb bestehen. Im Februar 1945 wurde empfohlen, die Lücken mit artilleristisch vorgebildeten Volkssturmmännern zu schließen.

Im Westen wurde für die Ardennenoffensive Mitte Dezember 1944 Festungsartillerie bereitgestellt: die Abteilungen 1301, 1308 und 1310 bei der 15. Armee, je eine Batterie bei der 5. und 6. Panzerarmee. Die Geschütze mussten mit den wenigen verfügbaren Zugmitteln, auch Traktoren aus der Landwirtschaft, umständlich im Pendelverkehr in die Feuerstellungen vorgebracht werden.

Interessante Einblicke vom Entstehen der Heeresfestungsartillerie in einer zur Festung ernannten Stadt vermittelt das Geschehen in Frankfurt/Oder, 80 km östlich der Reichshauptstadt Berlin. Im Schriftverkehr zwischen dem General der Artillerie beim Oberkommando des Heeres und dem Heeresgruppenkommando Weichsel sind vier Abteilungen der Heeresküstenartillerie erwähnt – die Nr. 1325, 1326, 1327 und 1365. Die Geschützausstattung, die im April noch einmal um fünf Batterien verstärkt worden ist, vermittelt ein Bild, welches die Vielfalt der Heeresküstenartillerie bei weitem in den Schatten stellt: zwölf Geschützmodelle aus vier Ländern mit zehn unterschiedlichen Kalibern. Dazu gehörten 7,5-cm-Feldkanonen 231 (f) – französisch 97 –, 7,62-cm-Feldkanonen 297 (r) – russisch 39 –, 7,65-cm-Feldkanonen 300 (j) – jugoslawisch 5/8 Sk –, 10,5-cm-leichte Feldhaubitzen 18/40 – deutsch – und 22-cm-Mörser 531 (f) – französisch 16 TR–. Die Festungsbesatzung von Frankfurt/Oder hielt sich, nachdem die Rote Armee nördlich der Stadt die Verteidigung auf den Seelower Höhen durchbrochen hatte, bis zum 23. April 1945. Dann wurde sie zurückgenommen und versuchte Tage später, mit den Resten der 9. Armee die Umklammerung bei Halbe aufzubrechen. Mit dabei waren noch zwei französische 22-cm-Mörser der 4. Batterie/Heeresfestungsartillerieabteilung 1325. Sie beschossen am 28. April Verbände der 1. Ukrainischen Front an der Autobahn Berlin-Dresden. Ernst Noack, damals 14 Jahre alt, hat den Einsatz der Mörser bei Hermsdorf-Mühle als Zeitzeuge erlebt:

»Am Abend des 28. April 1945 hatte eine Artillerieeinheit … an der Straße von Hermsdorf Stellung bezogen. Sie eröffnete das Feuer in Richtung Autobahn. … Der donnernde Abschuß und gewaltige Feuerschein, der dabei entstand, versetzte uns Flüchtlinge in Angst und Schrecken. Nachdem drei oder vier Salven verschossen waren, wurde die Feuerstellung wieder abgebaut. Ein Geschütz, welches in der Dunkelheit und bei dem Durcheinander von der Straße abgekommen war, fuhr sich fest und ist an Ort und Stelle gesprengt worden.«

Zitiert nach: Ernst Noack, Zeitzeugenbericht vom Februar 1983. Der Verschluss und das Mantelrohr dieses Geschützes sind am 22. Februar 1983 15 m von der beschriebenen Straße entfernt aus einer an die Dahme grenzenden versumpften Niederung geborgen worden.

Ein weiteres Geschütz aus den Tagen des Ersten Weltkrieges, das an die Festungsartillerie des Heeres abgegeben wurde, war die 7,62-cm-Feldkanone 295/1 (r) – russisch 02/30 L/30–.

Vom französischen 220-mm-Mörser mle. 16 TR hat das deutsche Heer 1940 mehrere 100 Geschütze übernommen. Sie wurden zur Ausstattung schwerer Artillerieabteilungen herangezogen. 1945 erhielt die Festungsartillerie in Frankfurt an der Oder eine Batterie schwerer 22-cm-Mörser 531 (f), die in Feuerstellung zwischen 7.465 und 7.910 kg schwer waren.

Die 7,5-cm-Feldkanone 231 (f) – französisch 97 – gab es mit Luftbereifung auch für den motorisierten Zug. Ihr Gewicht ist mit 1.970 kg angegeben, die größte Schussweite mit 11.100 m.

4.8 Heeresflugabwehrartillerie[22]

Die Flugabwehrartillerie ist 1934 unter das Kommando der deutschen Luftwaffe getreten. Erst 1940 begann das Heer wieder mit dem Aufbau einer eigenen Flugabwehrartillerie, die vorrangig den Panzer- und motorisierten bzw. den Panzergrenadierdivisionen zugeordnet wurde. Ihre Aufgabe bestand ausschließlich im Schutz dieser Verbände vor Luftangriffen. Verfügte eine Division über eine eigene Heeresflugabwehrabteilung mit zwei schweren und einer leichten Batterie, stand den Panzerjägerabteilungen keine eigene Flugabwehrbatterie zu. Letztere gab es bei den Panzerjägerabteilungen der Infanteriedivisionen. Sie unterstanden dort der Waffengattung Infanterie. Darüber hinaus gab es Flugabwehrzüge in den Stabskompanien von Panzerregimentern und -abteilungen. Einige Panzergrenadierregimenter verfügten über leichte Flugabwehrkompanien.

Weitere Flugzeugabwehrwaffen gehörten zur Bewaffnung der schweren Kompanien der Panzergrenadierbataillone. Ab Oktober 1944 erhielten Panzergrenadierkompanien (gp) eine eigene Fliegerabwehrgruppe, ausgestattet mit drei mittleren Schützenpanzerwagen (Sd.Kfz. 251/17) für 2-cm-Kampfwagenkanonen 38 mit Flakrohr. Das unterstreicht die wachsende Bedeutung der Flugzeugabwehr für die kämpfende Truppe. Das vielschichtige Thema soll in diesem Rahmen am Beispiel der 2. Panzerdivision etwas detaillierter dargestellt werden:

Ausstattung und Verteilung der Flugzeugabwehrwaffen in der 2. Panzerarmee (Stand 30. November 1944)	
ein Fla-Zug	ein Flak-Panzer (2 cm) (Sd.Kfz. 140) und drei 2-cm-Flak (mot)
Panzergrenadierregiment 304	
1. Panzergrenadierbataillon (mot)/ 304	sechs 2-cm-Flak (mot) im Flakzug der 4. (schweren) Kompanie
2. Panzergrenadierbataillon (fahrradbeweglich)/ 304	sechs 2-cm-Flak (mot) im Flakzug der 8. (schweren) Kompanie
Panzergrenadierregiment 2	
1. Panzergrenadierbataillon (mot)/ 2	sechs 2-cm-Flak (mot) im Flakzug der 12. (schweren) Kompanie
2. Panzergrenadierbataillon (gp)/ 2	sechs 2-cm-Flak auf mittleren Schützenpanzerwagen (Sd.Kfz. 251/17), neun 2-cm-Fla-MG (Drilling) auf mittleren Schützenpanzerwagen (Sd.Kfz. 251/20)
Panzerregiment 3	
Stabskompanie	drei Flak-Panzer (2 cm) (Sd.Kfz. 140), vier 3,7-cm-Flak auf Flak-Panzer IV (3,7 cm) (Sd.Kfz. 161/3), vier 2-cm-Flak auf Flak-Panzer IV (2-cm-Flak-Vierling)
1. Abteilung/3 Stabskompanie	drei 2-cm-Flak (Sf) (Sd.Kfz. 10/5) im Flakzug
2. Abteilung/3 Stabskompanie	drei 2-cm-Flak (Sf) (Sd.Kfz. 10/5) im Flakzug, 2-cm-Flak (mot) im Flakzug
Panzeraufklärungsabteilung 2	
	fünf 2-cm-Flak (mot)
Panzerartillerieregiment 74	
1. Abteilung/74 Stabskompanie	drei 3,7-cm-Flak auf Flak-Panzer IV (3,7 cm) (Sd.Kfz. 161/3)
2. Abteilung (mot)/74 Stabskompanie	drei 3,7-cm-Flak (mot)
2. Abteilung (mot)/74 Stabskompanie	drei 3,7-cm-Flak (mot)
Heeres-Flak-Artillerieabteilung 273	
1. (schwere) Batterie	sechs 8,8-cm-Flak (mot), drei 2-cm-Flak (mot)
2. (schwere) Batterie	sechs 8,8-cm-Flak (mot), drei 2-cm-Flak (mot)
3. (leichte) Batterie	neun 3,7-cm-Flak (mot), zwei 2-cm-Flak-Vierling (mot)
Feldersatzbataillon	
	eine 2-cm-Flak

[22] Die Verwendung von Flugzeugabwehrgeschützen im Rahmen der Luftwaffe kann in diesem Kapitel nicht berücksichtigt werden.

Die Bewaffnung mit 48 2-cm-, 6 2-cm- (Vierling), 22 3,7-cm- und 12 8,8-cm-Flak stellte eine beachtliche Feuerkraft für die Flugzeugabwehr, aber auch im Einsatz gegen Bodenziele dar. Davon wurde immer öfter Gebrauch gemacht. Auffällig ist der wachsende Anteil der 2- und 3,7-cm-Geschütze auf Fahrgestellen gepanzerter Radfahrzeuge und auf Panzerkampfwagen.

2-cm-Flugzeugabwehrkanone 30 (Sf.) auf leichtem Zugkraftwagen 1 t (Sd.Kfz. 10/4). Der Einsatz erfolgte zugweise zu drei Geschützen in den Heeres-Fla-Kompanien.

Die 2-cm-Flugzeugabwehrkanone 30 auf Sonderanhänger, einachsig (Sd.Ah. 51). In Feuerstellung lag das Gewicht bei 450 kg. Die praktische Feuergeschwindigkeit von 120 Schuss/min und die maximal mögliche Schussweite/Schusshöhe (3.700/4.800 m) reichten im Kriegsverlauf nicht mehr aus, um moderne Kampfflugzeuge mit Erfolg zu bekämpfen.

Neben den divisionseigenen Flugzeugabwehrverbänden und -einheiten stellte das Heer selbständige Heeres-Flak-Abteilungen auf. In der Kriegsgliederung des Feldheeres vom 1. Februar 1944 sind 17 ausgewiesen. Davon konnten nur sechs so mit Zugkraftwagen ausgestattet werden, dass sie als vollmotorisiert beweglich galten. Die übrigen wurden als bodenständig eingestuft. Drei Heeres-Flak-Abteilungen waren zum Schutz der Fernraketentruppe (der »Sonderartillerie«) abgestellt.
Die übliche Gliederung einer Abteilung sah eine gemischte Ausstattung mit acht 8,8-cm-Flugzeugabwehrkanonen 36 oder 37 in den beiden schweren Batterien und mit zwölf 2-cm-Flugzeugabwehrkanonen 38 und vier leichten Flakscheinwerfern (60 cm) in der leichten Batterie vor. Abweichend davon gab es sie mit neun 3,7-cm-Flugzeugabwehrkanonen 36 oder 43. Einige leichte Batterien erhielten mit dem 2-cm-Flak-Vierling 38 ein besonders wirksames Flugzeugabwehrgeschütz. Die Heeresfliegerabwehr wurde in der zweiten Hälfte des Jahres 1944 auf Grund der Erfahrungen aus den Kämpfen in der Normandie noch einmal verstärkt. Die 33 Fla-Bataillone, die man zwischen 1939 und 1945 beim Heer aufgestellt hatte, waren hinsichtlich der Bewaffnung und Gliederung kriegsbedingten Veränderungen unterworfen, sie gehörten zeitweise auch zur Heerestruppe.

Leichter Zugkraftwagen 1 t (Sd.Kfz. 10) mit 2-cm-Flugzeugabwehrkanone 38 auf Sonderanhänger, einachsig (Sd.Ah. 51).

Die 2-cm-Gebirgs-Flugzeugabwehrkanone 38 war 1940/1941 für die Gebirgs- und Fallschirmjäger entwickelt worden, kam aber erst 1944 in nennenswerten Stückzahlen zur Truppe. Wesentliches Merkmal ist die als Blechprägekonstruktion ausgeführte und in sechs Einzellasten zerlegbare Dreibeinlafette mit Ansteckrädern.

Flak-Panzer IV mit 2-cm-Flak-Vierling 38 »Wirbelwind«. Ein Prototyp war im Mai 1944 vorgestellt worden. Zwischen Juli und November des Jahres folgten 86 Serienfahrzeuge unter Einbeziehung instandgesetzter Kampfwagen.

3-cm-Flugzeugabwehrkanone 103/38 »Jaboschreck«. Sie ist eine Kombination der 3-cm-Maschinenkanone 103 der Luftwaffe mit der Lafette der 2-cm-Flugzeugabwehrkanone 38. Das Geschossgewicht stieg von 0,12 auf 0,33 kg.

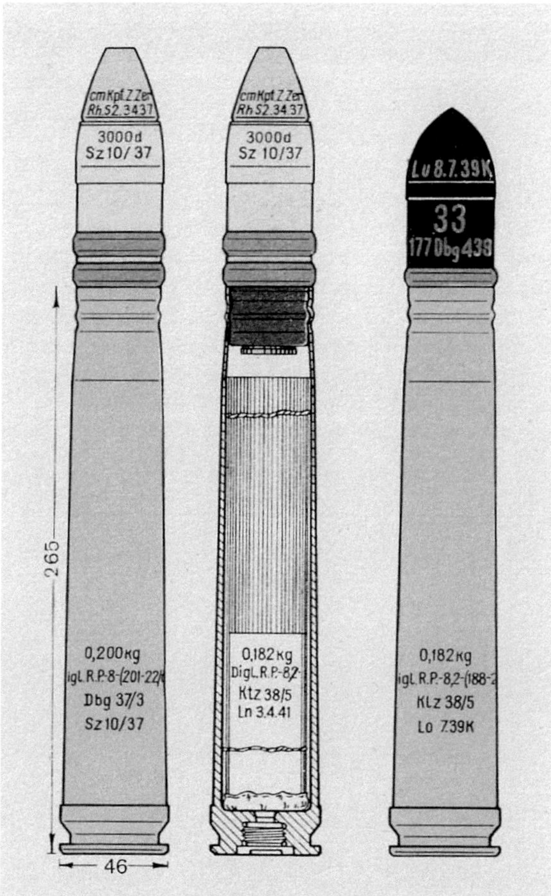

Aus den 3,7-cm-Flugzeugabwehrkanonen 18, 36 und 43 konnten Sprenggranatpatronen mit Kopfzünder und Lichtspur (links) sowie Panzergranatpatronen mit Bodenzünder und Lichtspur (rechts) verschossen werden.

Die 3,7-cm-Flugzeugabwehrkanone 43 wurde ab Juli 1943 ausgeliefert. Bei gleicher Waffenwirkung war sie erheblich leichter als das Vorgängermodell, die 3,7-cm-Flugzeugabwehrkanone 36.

3,7-cm-Flak-Zwilling 43 sind ab Februar 1944 an die Luftwaffe, ab April/Mai des Jahres auch an das Heer und die Kriegsmarine geliefert worden. Im März 1945 verfügte die Heeres-Flak noch über 132 Geschütze dieses Typs.

Aufgaben der leichten Flugabwehrgeschütze war die Bekämpfung gegnerischer Aufklärungs- und Kampfflugzeuge. Im Nachrichtenblatt des Generals der Heeres-Flaktruppen vom Oktober 1944 ist der Vernichtungsbereich für das Kaliber 2 cm mit 1.200, für das Kaliber 3,7 cm mit 2.000 m angegeben. Die Wirkung der 2-cm-Sprenggranaten gegen die gepanzerten sowjetischen Schlachtflugzeuge vom Typ Il-2 hielt sich in Grenzen, während 3,7-cm-Treffer selbst an weniger empfindlichen Stellen zum Absturz führten. Deshalb war man bemüht, die Zahl der 3,7-cm-Flugzeugabwehrkanonen 43 zu erhöhen. Außerdem erhielt die Truppe 3-cm-Maschinenkanonen 108 der Luftwaffe, die in 2-cm-Flak-Lafetten 38 eingelegt waren.

Munitionsmangel war in den letzten Kriegsjahren ein ständiger Begleiter der Heeres-Flakwaffe. Interessant ist in diesem Zusammenhang ein Erfahrungsbericht der 4. (Fla-)Schwadron der schweren Kavallerieabteilung (mot) 4 vom 21. Dezember 1944. Sie hatte im Berichtszeitraum (1. Mai bis 1. November 1944) von ihrem Munitionsbestand von 16.170 Spreng-/1.385 Panzergranaten 10.815/300 gegen Flugzeuge verschossen. Vernichtet wurden 21: ein Aufklärer, zwei Jäger und 18 Schlachtflugzeuge Il-2. Den Verbrauch von 530 Granatpatronen je Abschuss (= 337 kg Geschossmasse) bewertete der Berichterstatter als »unverhältnismäßig gering«.

Hauptfeuerkraft der Heeres-Flak-Artillerieverbände waren 8,8-cm-Geschütze 36 und 37 mit 56 Kaliber langen Rohren (L/56). Sie wurden auf zweiachsigen Sonderanhängern (Sd.Ah. 202) von mittleren Zugkraftwagen 8 t (Sd.Kfz. 7) gezogen, wogen in Fahrstellung 7.200 kg, in Feuerstellung 5.000 kg. Die Sprenggranaten L/4,5 (V_0 820 m/s) – gegen Luftziele mit dem Zeitzünder S/30 verschossen – erreichten eine Schussweite von 14.860 m und eine Schusshöhe von 10.600 m. An der Front flogen gegnerische Kampfflugzeuge ihre Tagangriffe üblicherweise in Höhen bis 3.000 m. Das erleichterte ihre Bekämpfung. Aber auch Tiefangriffe auf die eigene Feuerstellung waren Teil des Kriegsalltages. Um sie abzuwehren, gab es das Schießverfahren Nahfeuer, bei dem in Ausnahmefällen auch vom Sonderanhänger geschossen werden konnte.

Zu einer weiteren wichtigen Aufgabe gehörte der Einsatz gegen Erdziele. Geschütze aller Kaliber waren eingebunden. Dafür erhielten sie, beginnend 1940, Erdkampfschutzschilde. Die 2-cm-Flak füllte die Lücke in der Bewaffnung der Infanterie, die der Verzicht auf überschwere Maschinengewehre hinterlassen hatte. Auch panzerbrechende Munition stand zur Verfügung; zum Kampf gegen schwere Panzer kamen flügelstabilisierte Stielgranaten für 2- und 3,7-cm-Flugzeugabwehrgeschütze zur Einführung.

An die Bedeutung der 8,8-cm-Kanone für den Erdkampf reichten beide nicht heran – ein Fakt mit langer Vorgeschichte. Im Mai 1939 untersuchte man in Unterlüß den Einbau der »8,8« in Betonschartenstände. Auftraggeber war die Inspektion der Pioniere und Festungen (In 5) im Generalstab des Heeres, die Perspektive der Einbau im »Westwall«. Über die Umwidmung der Geschütze für die Bunker- und Panzerbekämpfung ist an anderer Stelle schon berichtet worden. Dabei bewährte es sich während des Frankreichfeldzuges, wurde dank der hohen Durchschlagleistung mit der Panzergranate 39 (auf 1.000 m Entfernung 106 mm Panzerstahl) auf allen Kriegsschauplätzen unverzichtbar. Auch beim Vorschuss von Sprenggranaten zeigten sich Vorteile, die so von den Haubitzen der Feldartillerie nicht erreicht wurden. Dazu zählten die hohe Treffergenauigkeit und die große Schussweite.

Dem Gedanken, das im Erdkampf zu nutzen, konnte man, vor allem in Krisenlagen, nicht widerstehen. Die 11. Armee setzte bei der Belagerung von Sewastopol im Juni 1942 zwei Flak-Regimenter der Luftwaffe als weitreichende Feldartillerie ein. Gegen diese Verwendung sprachen der hohe Fertigungsaufwand für die 8,8-cm-Flugzeugabwehrkanone und der hohe Rohrverschleiß (Lebensdauer zuerst nur 2000–2500 Schuss).

8,8-cm-Flugzeugabwehrkanonen als weitreichende Feldartillerie. Die Aufnahme ist im Juni 1942 während der Belagerung der Festung Sewastopol entstanden.

1944 verlor das Heer im Monatsdurchschnitt 23 8,8-cm-Flugzeugabwehrkanonen (die Luftwaffe 83, die Kriegsmarine 6). Der Grund dafür war in vielen Fällen der falsche Einsatz der Geschütze im Erdkampf, zu spätes Herauslösen aus Stellungen zur Flugzeugabwehr oder zur Erdzielbekämpfung.

»General des Heeres – Flak – beim Chef Generalstab des Heeres
I b / Nr. 2190/44 geh.
Bezug: Reichsminister für Rüstung und Kriegsproduktion Nr. MT 991812/44 gKdos
vom 30. November 1944

An
Kommandeur der Heeres-Flaktruppen beim Oberkommando Heeresgruppe Mitte

Nach Auskunft des Reichsministers für Rüstung und Kriegsproduktion liegt der Aufwand an Material und Arbeitszeit für die 8,8-cm-Pak 43 unter der Hälfte desjenigen für eine 8,8-cm-Flak 37 bei wesentlich höherem Panzerdurchschlag.
Es ist daher nicht tragbar, daß 8,8-cm-Flak-Geschütze 37 ohne zwingenden Grund zur Erdzielbekämpfung vorzeitig verbraucht werden. Der Erdeinsatz muss auf örtliche Krisenlagen beschränkt bleiben. …«

Zentrales Problem blieb die Tieffliegerabwehr. Die Luftstreitkräfte der Alliierten nagelten die deutschen Truppen regelrecht an den Boden. Dem wollte man mit der verstärkten Ausstattung mit 2- und 3,7-cm-Flugzeugabwehrgeschützen begegnen und führte neue Waffen ein. Dazu gehörte das 2-cm-Maschinengewehr 151/20 (Drilling). Ursprünglich war es eine der leistungsfähigsten Flugzeugbordwaffen der Luftwaffe. Inzwischen veraltet, wurde sie an das Heer abgegeben, um als Drillinge auf Sockellafette die Flugzeugabwehr bei den Panzergrenadieren (auf mittleren Schützenpanzerwagen (2-cm-Fla-MG-Drilling) (Sd.Kfz. 251/20), bei der Infanterie, dem Nachschub und der Deutschen Reichsbahn zu verstärken. Eine Kriegsstärkenachweisung vom 1. Januar 1945 sah für eine Heeresflugabwehrbatterie (2-cm-Drilling 151/20) 30 Drillings-Maschinengewehre vor. Ihre Feuerkraft (1.950 Schuss/min) machte Eindruck, die wirksame Schussweite hielt sich mit 800 m in Grenzen. Die Waffe blieb eine Behelfslösung.
Mit Nachdruck wurde nach neuen waffentechnischen Lösungen zur Tieffliegerabwehr gesucht. Für die in großer Zahl bei der Truppe befindliche 8,8-cm-Raketenpanzerbüchse 54 gab das Heer eine spezielle »Fliegerschreck«-Munition in Auftrag. Von den 500 gelieferten Geschossen erreichte keines mehr die Truppe. Völlig neuartig war die »Fliegerfaust«, ein neunrohriger Einmann-Raketenwerfer für 2-cm-Geschosse – eine richtungsweisende Entwicklung der Firma Hugo Schneider AG (HASAG) / Leipzig, die im April 1945 noch zum Truppenversuch gelangte[23].

[23] vgl. Fleischer, Wolfgang: Deutsche Nahkampfmittel, Stuttgart 2019, S. 225 ff.

Das 2-cm-Maschinengewehr 151/20 (Drilling) in ortsfester Aufstellung. Die staubempfindlichen Waffen erforderten besondere Pflege. Für die Munitionsversorgung war ab 1. November 1944 die Luftwaffe zuständig.

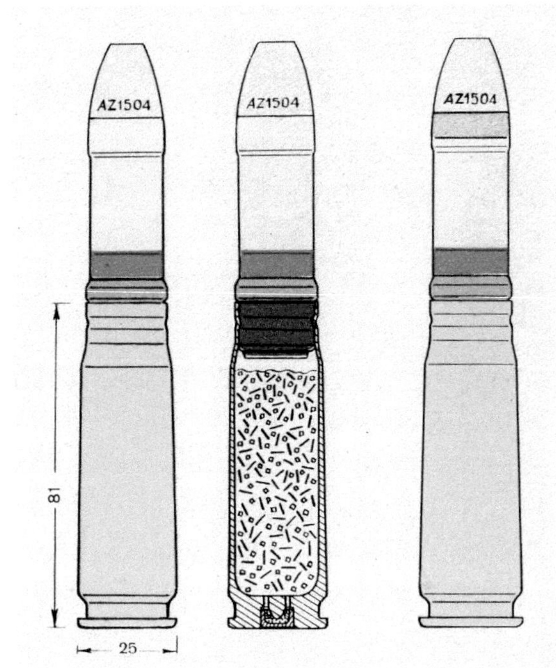

Die Munition des 2-cm-Maschinengewehrs 151/20.

Tiefliegerschutz für den Nachschub – 2-cm-Maschinengewehr 151/20 (Drilling) auf Lastkraftwagen 2 t (offen).

4.9 Geschütze der Sturmartillerie

»Die Batterie Pak (Sfl.)[24] (Sturmbatterien) haben 7,5-cm-Kanonen auf dem Fahrgestell des Panzerkampfwagen III. Dank seiner starken Panzerung und seiner Geländegängigkeit ist das Sturmgeschütz, im Gegensatz zu den Geschützen der Divisionsartillerie, in der Lage, der eigenen Infanterie oder den Panzertruppen überallhin zu folgen. Die Hauptaufgaben des Sturmgeschützes sind: das Niederkämpfen der feindlichen Infanterie- und Panzerabwehrwaffen, die durch die eigenen schweren Infanteriewaffen nicht vernichtet werden können ... Die Aufgabe der Sturmbatterie ist es, der Infanterie das Durchkämpfen durch die feindliche Tiefenzone zu erleichtern.« So charakterisierten Offiziere der VI. (Lehr-)Abteilung des Artillerielehrregimentes (mot) in Jüterbog im August 1940 das Wesen der zu dieser Zeit am Anfang einer rasanten Entwicklung stehenden Sturmgeschützwaffe.

Das entsprach den Vorschlägen, die Erich von Manstein, 1935 als Oberst Chef der 1. (Operations-)Abteilung im Generalstab des Heeres, gemacht hatte. Gefordert wurde eine Artilleriewaffe, die den Sturm der Infanterie unterstützen konnte – wie im Ersten Weltkrieg, nur gepanzert. Mit der 7,5-cm-Kurzrohrkanone bewaffnet, entsprach die Feuerkraft des Sturmgeschützes exakt der des Panzerkampfwagen IV (7,5) (Sd.Kfz. 161), allerdings in einem Fahrzeug geringerer Bauhöhe lafettiert (1,98 m gegenüber 2,68 m), mit einer stärkeren Panzerung (50 mm anstelle von 30 mm) und von Artilleristen bedient.

1937 lieferte das Altmärkische Kettenwerk GmbH / Berlin-Spandau fünf Prototypen. Einige der ab Januar 1940 montierten 30 Nullserien-Fahrzeuge kamen gerade noch rechtzeitig zu Beginn des Westfeldzuges zur Truppe. Jede Sturmbatterie erhielt sechs Panzer-Selbstfahrlafetten III (Sd.Kfz. 142) (Kriegsstärkenachweisung Nr. 446 vom 8. Juli 1940). Ärger gab es wegen der Zuständigkeit. Die Inspektion der Infanterie (In 2) fühlte sich überfordert, die Panzertruppe sah in dem »Infanteriebegleitpanzer« eine Abkehr von ihren taktisch-technischen Grundsätzen und fürchtete die Schmälerung ihres Anteils an den immer zu knappen Fertigungsressourcen. Auch die Artillerie zeigte wenig Begeisterung, zog die Rückkehr zu pferdebespannten »Infanteriebegleitgeschützen« ernsthaft in Erwägung. Sie änderte ihre Meinung zu der neuen Waffe, die ihr im Krieg große Erfolge und viel Anerkennung einbrachte.

Die Absicht, jeder aktiven Infanteriedivision eine Sturmgeschützabteilung zuzuteilen, ließ sich – bis auf wenige Ausnahmen – nicht umsetzen. Die ersten Sturmgeschützbatterien waren die Keimzellen der Sturmgeschützabteilungen, die ab August 1940 aufgestellt wurden. Ihre Zahl stieg bis zum Juni 1944 auf 48, zuzüglich drei Sturmartilleriebrigaden. Sie blieben Heerestruppen. Wegen des großen Bedarfes wurde die Fertigung der Sturmgeschütze außerordentlich gesteigert. Inzwischen wurden sie mit 7,5-cm-Langrohrkanonen oder 10,5-cm-Sturmhaubitzen bewaffnet und an der Front bis 80 mm stark gepanzert.

Ausbildung bei der IV. (Lehr-)Abteilung des Artillerielehrregiments (mot) in Jüterbog. Sie erhielt die ersten gepanzerten Selbstfahrlafetten für Sturmgeschütz 7,5-cm-Kanone (Sd.Kfz. 142) der 30 Fahrzeuge umfassenden Nullserie. Aufnahme vom Februar oder März 1940.

Sturmgeschützproduktion bis 1945 (Angaben in Stück)

	1937	1938	1939	1940	1941	1942	1943	1944	1945
Sturmgeschütz 7,5 cm L/24 (Sd.Kfz. 142)	5	-	-	192	540	93	-	-	-
Sturmgeschütz 7,5 cm L/43 (Sd.Kfz. 142/1)	-	-	-	-	-	695	3.011	3.849	1.038
Sturmhaubitze 10,5 cm L/28,3 (Sd.Kfz. 142/2)	-	-	-	-	-	12	204	903	88

[24] Die Bezeichnung Pak (Sfl.) ist aus Tarnungsgründen verwendet worden.

Sturmgeschütz III (7,5 cm StuK 37 L/24) (Sd.Kfz. 142), Ausführung B. Die Firma Altmärkisches Kettenwerk GmbH / Berlin Spandau lieferte zwischen Juni 1940 und Mai 1941 320 Stück.

Die 7,5-cm-Sturmkanone 37 L/24 (= Rohrlänge 1.766,5 mm) kam bis zur 6. Serie der Sturmgeschütze zum Einbau. Mit der 5,74 kg schweren Sprenggranate wurde eine Schussweite von maximal 6.000 m erreicht. Üblich war es, Ziele unterhalb 1.000 m zu bekämpfen.

Skizze aus einem Merkblatt für die Panzererkennung der britischen Streitkräfte.

Typisch für Sturmgeschütze war die Lafettierung der 7,5-cm-Sturmkanone auf dem Fahrzeugboden. Diese Art der Lagerung erleichterte später die Montage des Geschützes in den leichten und mittleren Schützenpanzerwagen (Sd.Kfz. 250/8) und (Sd.Kfz. 251/9).

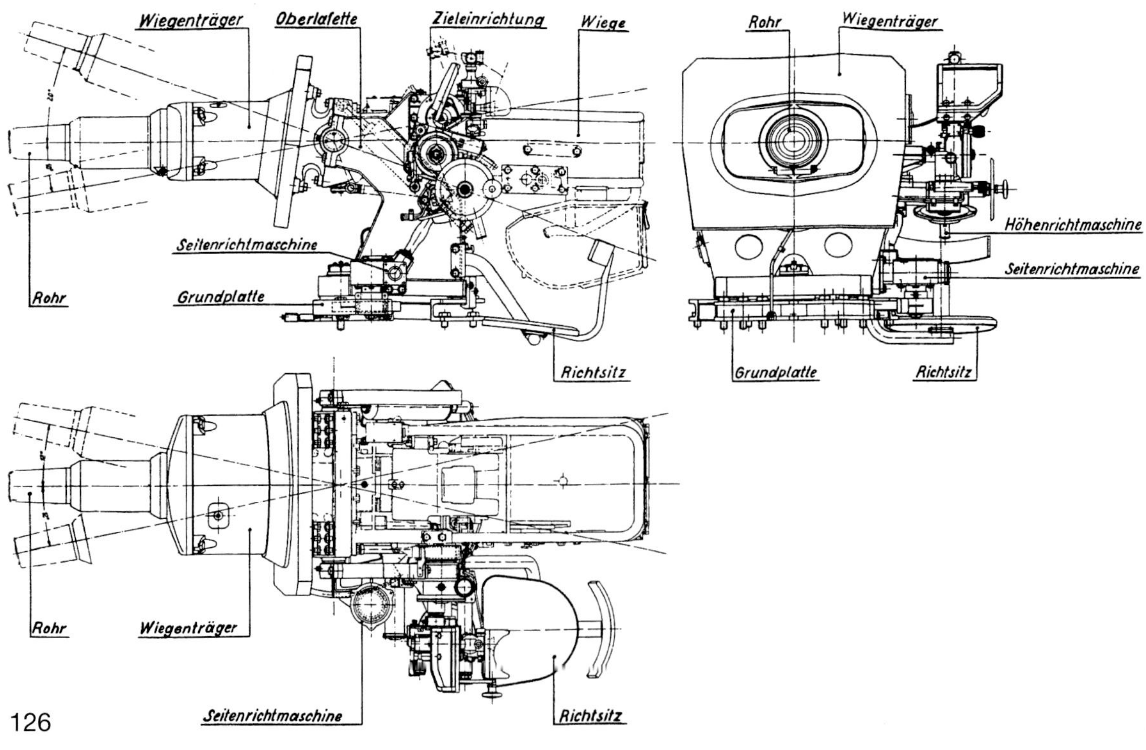

Sturmgeschütz III (7,5 cm StuK 37 L/24) (Sd.Kfz. 142), Ausführung C im Sommer 1941 an der Ostfront. Für den Feldzug gegen die Sowjetunion wurden elf Sturmgeschützabteilungen und fünf Sturmgeschützbatterien bereitgestellt.

Für den Munitionsnachschub auf dem Gefechtsfeld erhielten die Sturmgeschützbatterien leichte gepanzerte Munitionskraftwagen (Sd.Kfz. 251). Aufnahme vom Sommer 1941.

Bergetrupps der Sturmgeschützabteilungen verfügten zum Abschleppen und Abtransport beschädigter Sturmgeschütze über drei schwere Zugkraftwagen 18 t (Sd.Kfz. 9). Aufnahme von der Ostfront, Winter 1941/1942.

Ein Sturmgeschütz der Sturmgeschützabteilung 210. Sie war im März 1941 in Jüterbog aufgestellt worden und kämpfte im Sommer 1942 im Verband der 1. Panzerarmee im Kaukasus.

Hitler hatte im September 1942 300 Sturmgeschütze pro Monat gefordert. Das konnte nur zu Lasten der Panzer-III-Lieferung gehen, dessen Fertigung im August 1943 gänzlich eingestellt wurde. Zusätzlich wurde Kapazität des Panzerkampfwagen IV für die Sturmgeschützproduktion zur Verfügung gestellt.
Die gepanzerte Selbstfahrlafette hatte sich vollauf bewährt. Ihre technische Weiterentwicklung, Einsatzerfahrungen und veränderte Einsatzbedingungen brachten im Kriegsverlauf Veränderungen in der Organisation, der Gliederung und den Einsatzgrundsätzen. Sie waren Teil des Wandels von der Angriffswaffe zur Unterstützung der Infanterie zur einer wichtigen Panzerabwehrwaffe. Entscheidende Voraussetzung dafür war der Übergang zur 7,5-cm-Sturmkanone 40 L/43 bzw. L/48. Sie löste die 7,5-cm-Sturmkanone 37 L/24 ab und übertraf diese in der Durchschlagleistung um mehr als das Doppelte.

Die 7,5-cm-Sturmkanone 40 L/48 wurde ab März 1942 in Sturmgeschütze III, Ausführung F montiert. Das Bild zeigt ein Fahrzeug der Ausführung F/8 mit 30 mm Zusatzpanzerung an der Fahrerfront des Aufbaus. Es gehörte zur Sturmgeschützabteilung 190.

Durchschlagleistung gegen Panzerstahl bei einem Auftreffwinkel von 60^0

	Munitionsart und -gewicht (kg)	V_0 (m/s)	auf 500 m (mm)	auf 1.000 m (mm)
7,5-cm-Sturmkanone 37 L/24	PzGr. rot, 6,8	385	38	35
7,5-cm-Sturmkanone 40 L/43 bzw. L/48	PzGr. 39[1], 6,8	740	91	81
7,5-cm-Panzerjägerkanone 40 L/46				

[1] Die Panzergranatpatronen 39 der 7,5-cm-Sturmkanone 40 L/48 und der 7,5-cm-Panzerjägerkanone 40 L/46 zeigten die gleichen Leistungen, waren aber nicht austauschbar. Für die Sturmkanone wurde, wie für die 7,5-cm-Kampfwagenkanone 40 L/48, eine flaschenförmige Patronenhülse mit elektrischer Zündschraube, für die Panzerjägerkanone eine zylindrische Patronenhülse mit Schlagzündschraube benötigt.

Seit Dezember 1942 wurde die gepanzerte Selbstfahrlafette 7,5-cm-Sturmkanone 40 L/48 (Sd.Kfz. 142/1) mit 80 mm starken Panzerblechen im Frontbereich geliefert. Ergänzend dazu hielt man ein Sturmgeschütz mit größerer Spreng- und Splitterwirkung für notwendig. Ab Februar 1943 kam deshalb baugleich mit der Abschlussausführung mit der Sturmkanone die 10,5-cm-Sturmhaubitze (Sd.Kfz. 142/2) zur Auslieferung. Unabhängig von der größeren Wirkung der 15,55 kg schweren Feldhaubitzgranaten gegen ungepanzerte Ziele, gegen Feldstellungen, sahen sich die Besatzungen der Sturmhaubitzen im Kampf gegen Panzer mit Nachteilen konfrontiert. Die Feuergeschwindigkeit war geringer und die Schussweite im direkten Richten lag unter 500 m. Die Durchschlagleistung der 10,5-cm-Granate 39 rot Hl/C war mit 100 m ausreichend. Bereits Mitte Oktober 1943 hatte der Reichsminister für Rüstung und Kriegsproduktion, Albert Speer, auf der Grundlage vorliegender Berichte von der Front die Neuverteilung der Fertigung von Sturmgeschützen und Sturmhaubitzen angeregt.

Das Sturmgeschütz 40 der G-Ausführung wurde zwischen Dezember 1942 und März 1945 hergestellt. Es stellte die Grundausstattung der Sturmgeschützabteilungen und -brigaden, fand aber auch in den Jagdkompanien von Panzerjägerabteilungen und in Panzerabteilungen (als Übergangsausstattung) Verwendung. Die Aufnahme ist im Frühjahr 1944 bei der Sturmgeschützabteilung 276 entstanden.

Das Sturmgeschütz an der Spitze einer gepanzerten Kampfgruppe. Inszenierung aus dem Jahr 2015.

Am 1. Februar 1944 war eine neue Kriegsstärkenachweisung (Nr. 446 b) in Kraft getreten. Danach verfügte eine Sturmgeschützbatterie über vier Züge, drei mit je drei Sturmkanonen und einen mit drei Sturmhaubitzen. Zusammen mit den zwei Sturmgeschützen beim Batterieführer ergab sich ein Bestand von 14 Fahrzeugen in der Batterie, die Abteilung kam auf 45. Am 23. Februar 1944 wurde die Umgliederung in Sturmgeschützbrigaden in Angriff genommen, deren aus erfahrenen Infanteristen bestehende Begleitbatterie für die enge Zusammenarbeit mit den Sturmgeschützen bestimmt war.

Bis zum Kriegsende sollen durch Sturmgeschütze weit über 20.000 Panzer abgeschossen worden sein. Ende 1944 genügten sie waffen- und fahrzeugtechnisch nicht mehr allen Anforderungen, gerieten im Kampf mit den neuen Panzern IS-2 ins Hintertreffen, Die Durchschlagleistung reichte nicht mehr aus, um deren 135 mm starke Frontpanzerung zu perforieren. Ihre Panzerung bot dagegen keinen Schutz vor Treffern aus der 122-mm-Kampfwagenkanone des »Stalin«-Panzers. Dennoch stand die Sturmartillerie im letzten Kriegsjahr vor der Aufgabe, der zunehmenden Panzerflut der Alliierten Einhalt zu gebieten.

Ihre Erfüllung blieb trotz der verstärkten Übernahme von Jagdpanzern IV mit 7,5-cm-Panzerjägerkanonen 42 L/70 eine Illusion. Es bereitete zunehmend Probleme, die Kampfkraft zu erhalten. Stärkemeldungen wie die der Sturmgeschützlehrbrigade von Anfang April 1945 hatten Seltenheitswert. Von den 42 Sturmgeschützen und sechs Jagdpanzern IV/70 waren 37 einsatzbereit. Verstärkt erhielten Sturmgeschützeinheiten Jagdpanzer 38 »Hetzer« (Sd.Kfz. 138/2). Neben fehlenden Sturmgeschützen litt die Waffe im Frühjahr 1945 unter dem Mangel an Munition. Der Nachschub erreichte nur noch 62% der Lieferung vom Herbst 1944. Bei der Versorgung mit Betriebsstoffen sah es noch kritischer aus. Für die Heeresgruppe Weichsel standen für den April 1945 nur 5% des Versorgungssatzes an Vergaserkraft-

stoff zur Verfügung. Zusätzliche Fahrzeugverluste waren vorprogrammiert.
Die Probleme der Sturmartillerie glichen haargenau denen der anderen Waffengattungen des Heeres. Bei der Erfüllung ihrer wichtigsten Aufgabe als Stütze der Infanterie, als »Korsettstange«, waren Einbußen an Kampfkraft überall spürbar.

Die Sturmhaubitze 42 (Sd.Kfz. 142/2) glich im Grundaufbau der G-Ausführung des Sturmgeschützes III mit der 7,5-cm-Sturmkanone 40. Unterschiede betrafen die Munitionshalterungen und andere Details.

Sturmgeschütz IV (Sd.Kfz. 167) am Fluss Vire in der Normandie. Aufnahme vom Sommer 1944. Die Fertigung lief ausschließlich bei Krupp-Gruson in Magdeburg. Innerhalb von 16 Monaten wurden über 1.100 Fahrzeuge geliefert.

4.10 Bewaffnung der Nebeltruppe des Heeres

Bei Kriegsbeginn bestanden drei Nebelabteilungen und die Nebel-Lehr- und Versuchsabteilung. Sie hatten drei Aufgaben:

a. Geländevernebelung mit Hilfe von Nebelkerzen, Zerstäubegeräten und den Verschuss von Nebelmunition. Dafür standen 1939 ausschließlich 10-cm-Granatwerfer zur Verfügung.
b. Geländevergiftung mit Hilfe von Sprühbüchsen 37 (Kampfstoffminen)[25] und Verschuss von Kampfstoffmunition aus 10-cm-Granatwerfern,
c. Gasschutz und Geländeentgiftung.

Zuständig war die Inspektion der Nebeltruppe und für Gasabwehr (In 9) im Allgemeinen Heeresamt unter der Leitung von Oberst Hermann Ochsner.

Der Gaskrieg fand nicht statt, so dass der Nebeltruppe nur eine ihrer drei Aufgaben blieb: der Einsatz künstlichen Nebels zum Schutz der eigenen und zum Vernebeln der gegnerischen Truppen. Hinzu trat die früher eher als nebensächlich angesehene Aufgabe, Brisanzmunition zu verschießen. So konnte die Artillerie in ihrer Wirkung unterstützt werden. Das prägte Bewaffnung, Ausrüstung, Gliederung und Einsatzgrundsätze im Kriegsverlauf. An die Stelle der 10-cm-Nebelwerfer 35 und 40 trat der 15-cm-Nebelwerfer 41 (zunächst als Nebelwerfer d bezeichnet). Er verschoss aus sechs kreisförmig angeordneten Rohren drallstabilisierte Raketen mit Brisanz-, Nebel- oder Kampfstoffmunition. Als weitere Modelle folgten der 21-cm-Nebelwerfer 42 – ein fünfrohriger Raketenwerfer –, der 30-cm-Nebelwerfer 42 und der 30-cm-R.-Werfer 56. Für den Verschuss der 28-cm-Spreng- und 32-cm-Flammkörper war der 28/32-cm-Nebelwerfer 41 eingerichtet, der 1941/1942 zur Truppe kam. Letztere waren ursprünglich für die schweren Wurfgeräte 40 und 41 bestimmt.

Anfang 1944 erreichte die Nebeltruppe des Heeres die folgende Stärke:

- 6 Werferbrigaden (mot) mit 2 Werferregimentern zu zwei, in der Mehrzahl mit drei Abteilungen,
- 2 Werferregimenter (mot),
- 1 schweres Werferregiment (mot),
- 1 Stellungswerferregiment,
- 1 Gebirgs-Nebelwerferabteilung,
- 1 Nebelzerstäubekommando und
- 3 Sonderkommandos der Nebeltruppe.

Die sechs Werferbrigaden sind bis zum Frühjahr 1944 durch Volkswerferbrigaden verstärkt worden, die aber nicht mehr durchgängig motorisiert waren. Es standen fünf verschiedene Werfertypen zur Verfügung, die sämtlich drallstabilisierte Raketen mit hoher Spreng- und Druckwirkung verschossen. Granatwerfer waren ausgesondert worden.

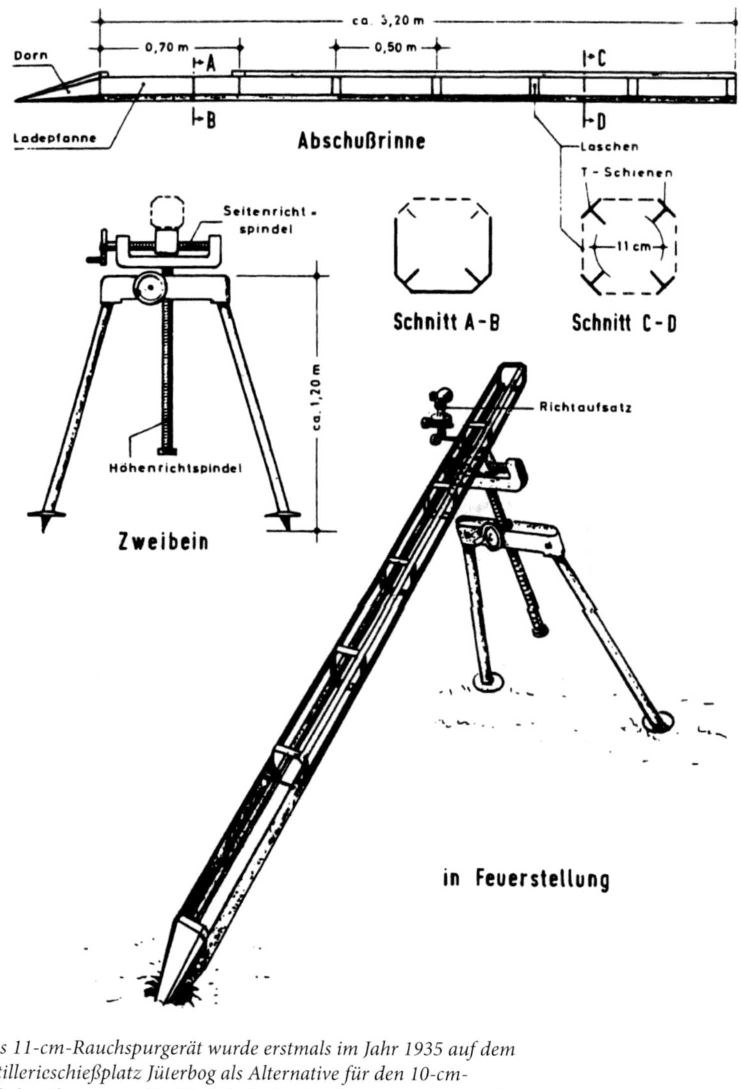

Das 11-cm-Rauchspurgerät wurde erstmals im Jahr 1935 auf dem Artillerieschießplatz Jüterbog als Alternative für den 10-cm-Nebelwerfer vorgestellt. Für jede Rakete benötigte man einen 4 kg schweren Schwarzpulverpressling. Die Streuung der drallstabilisierten Geschosse war zu hoch.

[25] vgl. Fleischer, Wolfgang: Deutsche Landminen und Zünder bis 1945, Stuttgart 2016, S. 95 ff.

Der 15-cm-Nebelwerfer 41 war auf der Spreizlafette der 3,7-cm-Panzerjägerkanone L/45 montiert. Er wog in Feuerstellung (ohne Wurfgranaten) 540 kg.

Brisanz- und Nebelmunition des 15-cm-Nebelwerfers 41. Der Treibsatz war im Vorderteil der drallstabilisierten Raketen untergebracht. Nach 0,05 s drehten sie sich 37–47 Mal pro Sekunde.

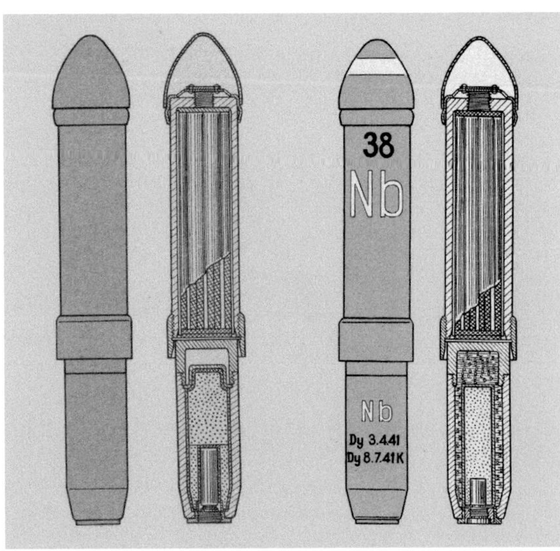

21-cm-Nebelwerfer 42 im Einsatz. Die Aufnahme ist am 15. Februar 1944 bei Witebsk entstanden.

Es war Schwerstarbeit, den 21-cm-Nebelwerfer 42 zu laden. Die Wurfgranaten wogen 110 kg, der Werfer selbst 550 kg. Eine Salve wurde innerhalb von 5 Sekunden verschossen.

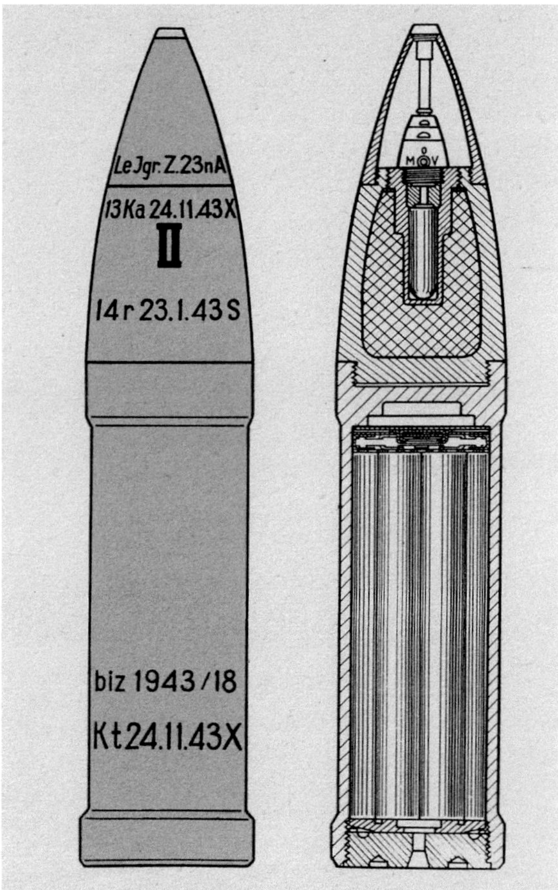

Für den 21-cm-Nebelwerfer gab es nur Sprengmunition. Der Treibsatz war hinten angeordnet.

Schwerer Nebelkraftwagen (Sd.Kfz. 11/5) mit 15-cm-Nebelwerfer 41. 1944 verfügte eine schwere Werferbatterie (mot) über sechs Zugfahrzeuge und sechs 21- oder 30-cm-Nebelwerfer.

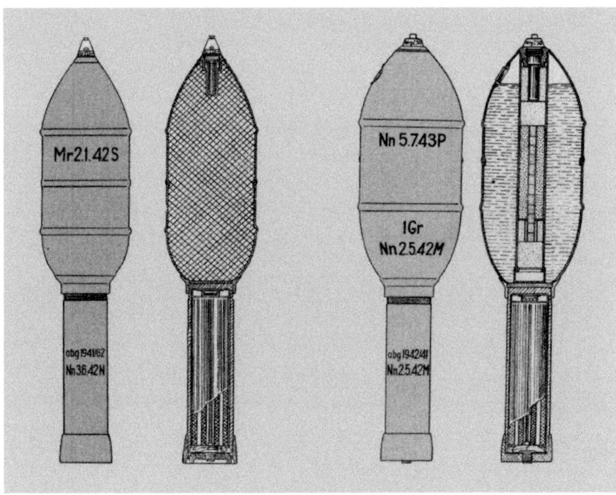

Die 28-cm-Wurfkörper Spreng (links) und 28-cm-Wurfkörper Flamm wurden von Wurfgestellen aus ihren Packkisten verschossen und sind als »Stuka zu Fuß« bekannt geworden.

32-cm-Wurfkörper Flamm in ihren Packkisten als »Stuka hot«.

18 Exemplare des 30-cm-Nebelwerfers 42 befanden sich im Februar 1943 im Truppenversuch. Offiziell eingeführt wurde er im Juli des Jahres.

Zwischen April 1943 und März 1944 wurden 300 15-cm-Panzerwerfer 42 (Sf.) (Sd.Kfz. 4/1) und fast ebenso viele Munitionskraftwagen ausgeliefert. Der Panzerwerfer trug ein Bündel aus zehn Rohren des 15-cm-Nebelwerfers 41. Der Schwenkbereich lag bei 270°. Ihr Einsatz erfolgte zu je acht Fahrzeugen in den Panzerwerferbatterien der Nebelwerferregimenter.

Der 30-cm-Fallschirm-Nebelwerfer 42 der Luftwaffe.

Munition für den 30-cm-Fallschirm-Nebelwerfer 42.

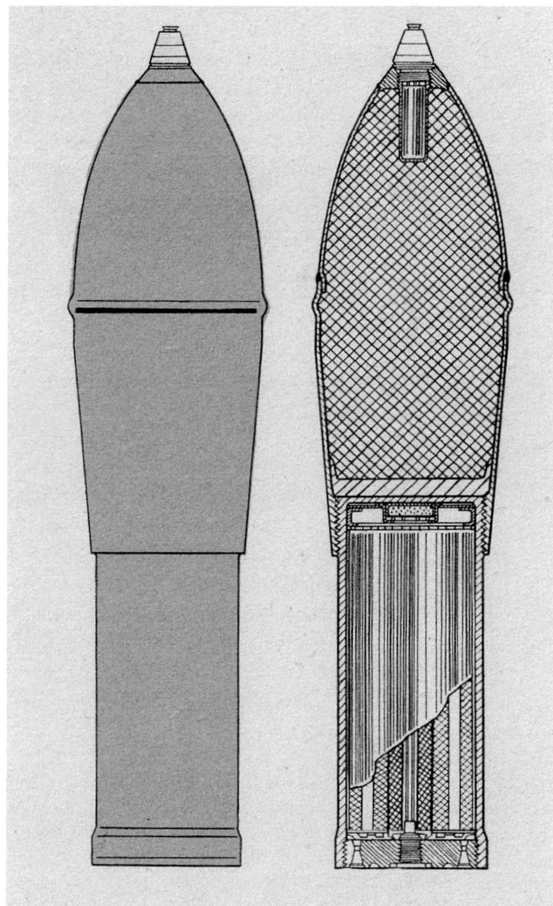

Leistungsvergleich deutscher Nebel-(Raketen-)Werfer

Typ	Kaliber (mm)	Salve je Werfer	Gewicht eines Geschosses (kg)	Schussweite (m)
15-cm-Nebelwerfer 41	158,5	6	35,7	300–6.900
15-cm-Panzerwerfer 42	158,5	10	35,7	300–6.900
21-cm-Nebelwerfer 42	214,5	5	110,5	500–7.850
30-cm-R-Werfer 56	303	6	127	300–4.550
28/32-cm-Nebelwerfer 41	280 / 320	6	82 / 79	1.925 / 2.000

Die SS drängte darauf, die Dominanz drallstabilisierter Raketenwerfer des Heeres mit einer eigenen Entwicklung, dem 8-cm-Vielfachwerfer M 8, zu brechen. Er war eine Kopie der sowjetischen Raketenwerfer BM-9 und BM-13 »Katjuscha«. Am 25. April 1944 wurde das schwere Werferregiment 3 beauftragt, in einem Truppenversuch die beiden Systeme zu vergleichen. Eine Klärung in der Frage hielt man »aus Gründen der Vereinfachung der Munitionserzeugung von ausschlaggebender Bedeutung«. Der 8-cm-Vielfachwerfer M 8 (Sf) auf gepanzertem Gleisketten-Lastkraftwagen »Maultier« – das Gegenstück zum Panzerwerfer 42 – wurde bei einigen Vielfachwerferbrigaden der Waffen-SS und bei der 1. Batterie/Fallschirm-Nebelwerferabteilung 1 eingeführt. Sechs Stück übernahm die Schnelle Brigade West des Heeres, allerdings auf dem mittleren Schützenpanzerwagen S 307 (f) – französisch –.

Ein schweres Werferregiment mit drei Abteilungen und einer Panzerwerferbatterie verfügte über 62 15- und 30-cm-Nebel- bzw. R-Werfer und konnte mit einer Salve 404 Geschosse (Gesamtgewicht 34.143 kg) abfeuern. Zwei Abteilungen mit 15-cm-schweren Feldhaubitzen konnten bei Entfaltung der höchsten Feuerkraft in 60 Sekunden 112 Granaten verschießen, was einer Geschossmasse von 4.872 kg entsprach. Hier zeigte sich die Überlegenheit der Nebelwerfer. Sie waren leichter, in der Herstellung erheblich billiger und bestens zur Bekämpfung von Flächenzielen geeignet. Ihre Nachteile waren die geringere Schussweite und die Tatsache, dass die Munitionsausstattung des Werferregimentes in kürzester Zeit aufgebraucht war. Werferverbände mussten deshalb überraschend an Schwerpunkten des Kampfes zum Einsatz gebracht werden.

Auszug aus einem Bericht über den Einsatz von zwei Werferbrigaden gegen einen Brückenkopf der Roten Armee:

»Es war für alle Beteiligten ein unvergeßliches Erlebnis, wie bei der Eröffnungssalve aus 1400 Rohren innerhalb von 5 Sekunden rund 70 000 kg Sprengstoff auf den nur wenige tausend Meter tiefen und breiten Brückenkopf niedergingen. ... Die Werfergeschosse detonierten ohne wesentliche Tiefenwirkung beim ersten in der Flugbahn auftretenden Widerstand, so daß neben der materiellen Wirkung, die weniger durch Splitter als durch die ungeheure Druckwelle der schweren Sprengladungen zustande kommt, die moralische Wirkung von entscheidender Bedeutung ist. Dazu kommt die Anhäufung der Einschläge, räumlich und zeitlich zusammengefaßt, ... wie sie durch Einsatz der Artillerie nur mit einem Vielfachen an Aufwand dargestellt werden könnte. ... Auch bei dem hier beschriebenen eigenen Angriff trat die Infanterie in unmittelbarem Anschluß an den Feuerschlag der Werfer-Doppel-Brigade an und erreichte mit mäßigen eigenen Verlusten das befohlene Angriffsziel.«

Zitiert aus: Böhm, Robert: Ostfront-Kriegserfahrungen mit Werfertruppen. In: Wehrtechnische Monatshefte, Heft Nr. 7/8, 1955, S. 219 ff.

Einsatzgrundsätze der Nebelwerfertruppe waren im »Merkblatt über den Einsatz einer Werfer-Brigade« aus dem Jahr 1944 formuliert worden:

»1. Allgemeines: Die Nebeltruppe wird den Heeresgruppen vom OKH zugeteilt, um bei den am Schwerpunkt kämpfenden Armeen die Waffenwirkung durch ihr schlagartiges Massenfeuer zu verstärken. Hierzu sind straffste Führung und ausschließlicher Einsatz im Schwerpunkt eigener Angriffsunternehmungen oder notfalls im Brennpunkt des Abwehrkampfes … unerlässlich. Im Einsatz kommt nur Massenfeuer auf Flächenziele infrage, Sperrfeuerschießen und Störungsfeuer sind ausgeschlossen.
2. Unterstellung: Im Einsatz sind Werfer-Brigaden den Korps unmittelbar zu unterstellen. …
3. Leistungsfähigkeit einer Werfer-Brigade: Die Brigaden sind voll geländegängig und ausreichend mit Funkmitteln ausgestattet. An Munition kann sie mit eigenem Kolonnenraum rund 18 Abteilungssalven 30-cm-Munition und rund 40 Abteilungssalven 15-cm-Sprengmunition mitführen.«

8-cm-R-Vielfachwerfer auf mittlerem Schützenpanzerwagen S. 307 (f). Mit einer Salve konnten 48 der 7,2 kg schweren flügelstabilisierten Raketen verschossen werden. Die Höchstschussweite lag bei 5.300 m.

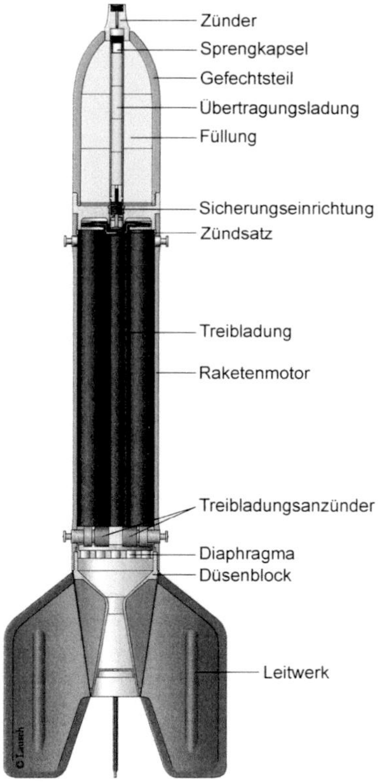

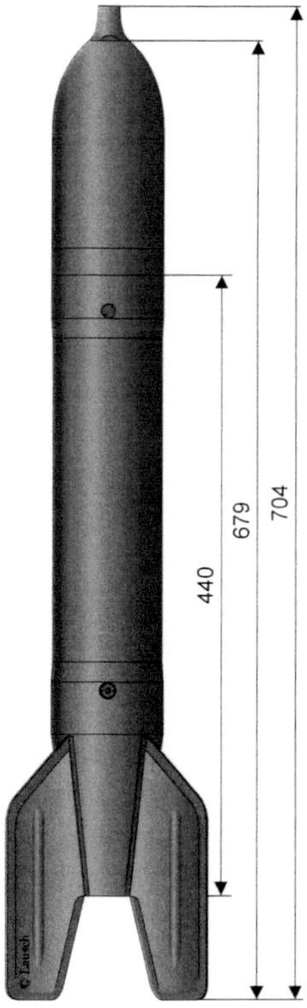

8-cm-Raketen-Sprenggranate. Die Sprengladung bestand aus 0,625 kg Füllpulver 02, die Treibladung aus etwa 1 kg Diglykol-Stangenpulver.

Fertigung von Nebel- und Raketenwerfern 1940–1945						
	1940	1941	1942	1943	1944	1945
15-cm-Nb.W. 41	282	652	969	1.188	2.336	342
15-cm-Pz.W. 42	-	-	-	188	52	-
21-cm-Nb.W. 42	-	-	407	100	835	145
28/32-cm-Nb.W. 41	-	34	311	-	-	-
30-cm-Nb.W. 42	-	-	-	380	-	-
30-cm-R.W. 56	-	-	-	-	544	150
s.W.G. 40	-	9.552	-	-	-	-
s.W.G. 41	-	-	2.510	1.493	-	-
s.Wu.R. 40	-	1.980	-	-	-	-

Die kriegsbedingten Einsparungen gingen auch an der Nebeltruppe nicht vorbei. So war das Ziel einer für die Nebelwerferabteilung 11 (drei Werferbatterien (mot) 15 cm, eine Werferbatterie (Sf) 15 cm) Mitte März 1945 befohlenen Umstellung die Einsparung von Personal. Der Bestand an Nebelwerfermunition war in der zweiten Jahreshälfte 1944 rückläufig. Die Fertigung litt schon länger unter dem Pulvermangel. Für jede Salve mit einem sechsrohrigen 15-cm-Nebelwerfer 41 wurden 38,4 kg Diglykol-Treibladungspulver benötigt.

Anfang 1945 lag die Forderung bei 200.000 Schuss des Kalibers 15 cm, »falls die Leistungsfähigkeit der deutschen chemischen Industrie es zuläßt«. Im Januar waren nur noch 120.000 15-cm-, 12.000 21-cm- und 6.000 30-cm-Geschosse ausgeliefert worden. Die Fertigung des 21-cm-Nebelwerfers 42 und des 30-cm-R-Werfers 56 sollte bis zum April 1945 auslaufen. Der Munitionsmangel zwang den Wehrmachtsstab Rüstung im April dazu, die Herstellung des letzten verbliebenen Nebelwerfers, des 15-cm-Nebelwerfers 41, anzuhalten. Kampfstoffmunition, die es ohnehin nur für den 15-cm-Nebelwerfer 41 gab, lagerte ausreichend (459.300 Schuss) in den Depots. Angesichts der sich abzeichnenden düsteren militärischen Perspektiven gab es in der Reichsführung durchaus Befürworter, diese und die anderen chemischen Kampfmittel auch tatsächlich einzusetzen.

Salve einer Nebelwerferbatterie.

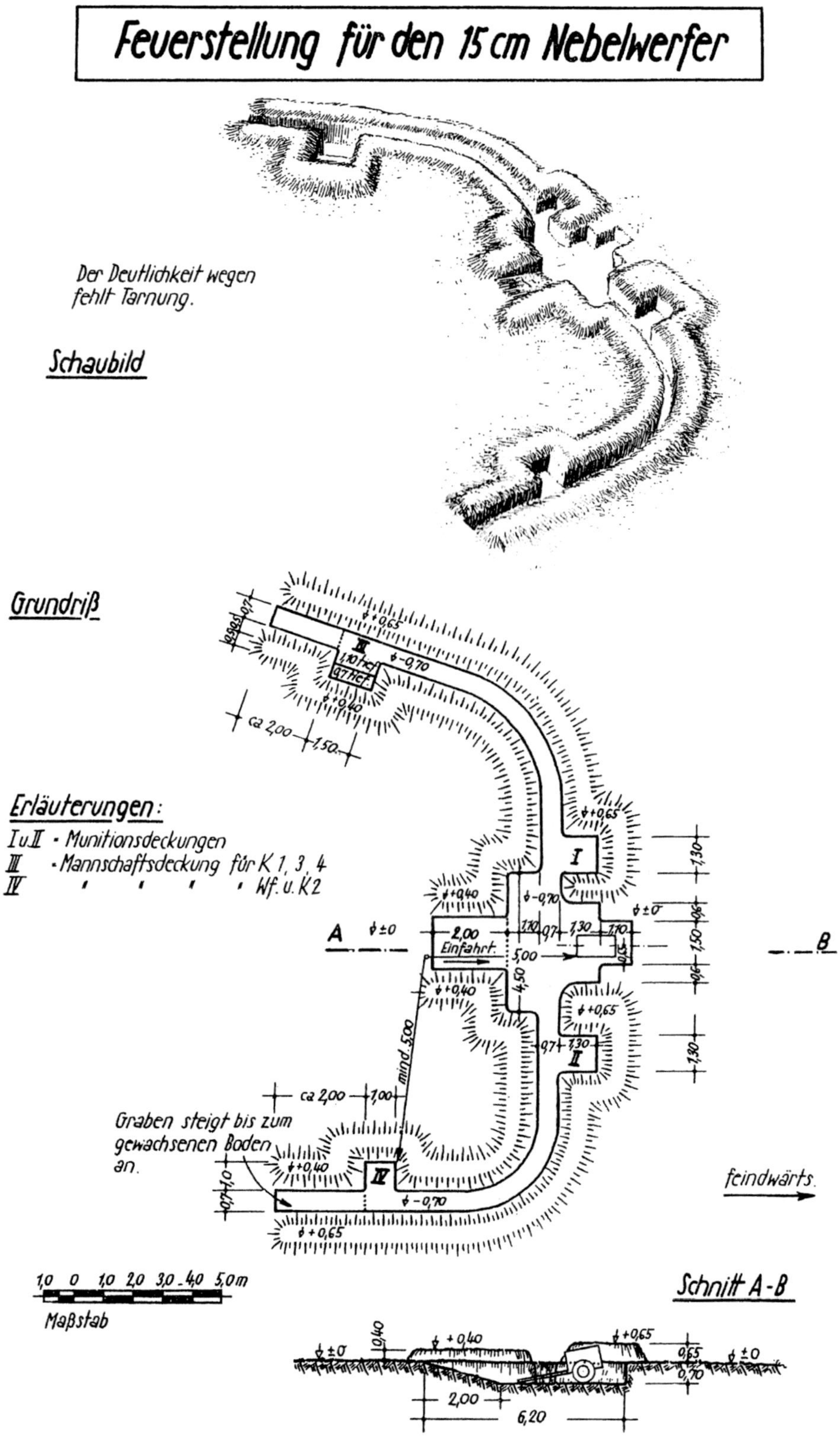
Feuerstellung für den 15 cm Nebelwerfer
Der Deutlichkeit wegen fehlt Tarnung.
Schaubild
Grundriß
Erläuterungen:
I u. II - Munitionsdeckungen
III - Mannschaftsdeckung für K 1, 3, 4
IV " " " " Wf. u. K 2
A
B
Einfahrt
mind. 5,00
Graben steigt bis zum gewachsenen Boden an.
feindwärts
Maßstab
Schnitt A-B

Kapitel 5

PANZER – DER MOTOR ALS WAFFE

»Tanks are mighty fine things«

Wesley W. Stout u.a., Detroit 1946 (Buchtitel)

»Panzer sind mächtig schöne Dinge.« Der Titel dieses 1946 veröffentlichten Buches über die Panzerproduktion im Detroit Tank Arsenal während des Zweiten Weltkrieges vermittelt Begeisterung für Kampfwagentechnik. Es gibt – abgesehen vielleicht vom Flugwesen – keinen Bereich des Militärwesens, der in der öffentlichen Auseinandersetzung bis in die Gegenwart in Zeitschriftenbeiträgen und Büchern mehr Beachtung gefunden hat. Bei aller Technikbegeisterung ist es angebracht, daran zu erinnern, dass es Kriegsmaschinen zur Vernichtung von Menschen sind – ein Grund mehr, sich mit diesem Thema aus historischer Perspektive zu beschäftigen[26].
Deutschland hatte den Umgang mit der Kampfwagentechnik und ihren Einsatz im Ersten Weltkrieg regelrecht verschlafen. Sein Heer war mit ihr in Berührung gekommen, hatte ihre Kampfkraft gespürt und ihren Wert für die Kriegführung kennengelernt. Als Verlierer des Krieges entwickelte es ein besonderes Interesse an der Verfügbarkeit über dieses Kampfmittel. Den Begehrlichkeiten standen die von den Siegermächten mit dem Versailler Vertrag auferlegten Verbote entgegen.

»... Desgleichen ist die Herstellung von Panzerwagen, Tanks oder irgendwelchen ähnlichen Vorrichtungen, die Kriegszwecken dienen können, in Deutschland verboten, ebenso deren Einfuhr nach Deutschland.«

Zitiert aus: Der Friedensvertrag zwischen Deutschland und der Entente, Charlottenburg 1919, S. 87, Artikel 171.

Die Lücke – unter Umgehung geltender Verbote – zu schließen, konnte nur im Geheimen bewerkstelligt werden und war eine anspruchsvolle Aufgabe. Zunächst wollte man die eigenen Kriegserfahrungen und die des Auslandes auswerten sowie die internationalen Entwicklungstrends analysieren.

[26] vgl. Fleischer, Wolfgang: Militärtechnik des Ersten Weltkrieges, Stuttgart 2014

5.1 Der Weg bis zum Beginn des Zweiten Weltkrieges

Die Alliierten waren nach dem gewonnenen Krieg damit beschäftigt, ihre Streitkräfte auf Friedensstärke zu bringen. Damit gestaltete sich der aufwendige Unterhalt der Kampfwagenflotte zu einem Problem, das Kriegs- und Finanzministerien beschäftigte. Frankreich verfügte 1919 über fast 5.000 Panzer, in der Masse leichte vom Typ Renault FT. Sie bildeten bis in die 1930er Jahre das Hauptgerät der Panzertruppen, wovon ein Teil als Reserve in Depots eingelagert war.
Großbritannien kam ebenfalls mit mehreren tausend Tanks aus dem Krieg. Es verfügte über »das beste und am besten ausgerüstete« Tankkorps der Welt, wie Major Sheppard Jahre später resümierte. In beiden Ländern hat man, ebenso wie in der USA und in Italien, bereits vergebene Serienaufträge drastisch reduziert, Überbestände verkauft und als Rüstungshilfe in Krisengebiete verschenkt. Neuentwicklungen blieben auf Versuchsmuster und kleine Serien beschränkt. Die große Frage war: wo »marschiert der Tank in Zukunft hin«? Wiederholte Bemühungen, die veralteten Kampffahrzeuge zu modernisieren, boten keine dauerhaften Lösungen. Die Fortschritte, die schon in den 1920er Jahren im Motoren- und Fahrzeugbau erreicht wurden, inspirierten die Militärs, daraus Vorteile für den Kampfwagenbau zu ziehen – mit sehr unterschiedlichen Ergebnissen. Zum Ende des Jahrzehnts kamen in Großbritannien Einmann- und »ganz leichte Zweimanntanks« auf. Sie sind, so schrieb einer der ersten Chronisten der Kampfwagenentwicklung, Fritz Heigl, im Mai 1930, »...wie der Carde-Lloyd, glänzend geeignet in Tausenden hergestellt zu werden und so das Schlachtfeld zu überfluten«. Das war die Meinung eines Technikers. Sie fand auch bei Militärtheoretikern auf ihrer Suche nach Auswegen aus der zwischen 1914 und 1918 erlebten Krise in der Kriegführung viel Zustimmung – aber auch Ablehnung. Zu den Kritikern gehörte der deutsche Generaloberst Franz von Seeckt, der zukünftige Heere aus »Motorenkriegern« für unrealistisch hielt.

Die Tankette Carden-Loyd Mk IV aus dem Jahr 1928 erfüllte mit dem .303 Vickers-Maschinengewehr (Kaliber 7,71 mm) die Aufgaben eines gepanzerten Maschinengewehrträgers. Sie besaß eine 6-9 mm starke Panzerung und wog 1,4 t. Das Fahrzeug beeinflusste den internationalen Panzerbau nachhaltig.

Versuchsmodell der Crossley-Martel-Ein-Mann-Tankette aus dem Jahr 1927. Das nur 1,8 t schwere, von einem 14-PS-Motor angetriebene Panzerfahrzeug verkörperte wohl am besten die Idee mechanisierter Ritter. Die Panzerung war 6 mm stark, die Bewaffnung bestand aus einem leichten Maschinengewehr.

Die Ausführung Carden-Loyd Mk IV b aus dem Jahr 1929 zeigte einen geschlossenen Panzeraufbau.

a.

b.

c.

Ableger der Carden-Loyd-Mk IV-Tankette:

a. der italienische leichte Panzer CV 35 mit zwei 8-mm-Maschinengewehren Breda

b. die polnische Tankette TKS mit einer 20-mm-Maschinenkanone

c. die ungarische Tankette Ansaldo 35.M mit zwei 8-mm-Maschinengewehren 34/37.M

Neben den »Einmann- und Zweimanntanks« erachtete man sogenannte »Einbruchstanks« für notwendig. Sie wurden zuerst in Frankreich ab 1919 in kleiner Stückzahl gebaut. Der Char FCM 2 C war mit zwei Drehtürmen, einer starken Bewaffnung und Panzerung (maximal 45 mm) über 70 t schwer und dementsprechend unbeweglich. In Fachkreisen für Aufsehen sorgten 1926 der Vickers »Independent« (A1E1) und der »16 ton Tank« (A6E1 bis A1E3) vom gleichen Unternehmen. Der A1E1 wog 31,5 t und war mit einer 47-mm-Kampfwagenkanone sowie fünf 7,71-mm-Maschinengewehren bewaffnet – besonderes Merkmal: ihre Unterbringung in fünf drehbaren Türmen. Beim A6E1 waren es drei Drehtürme. Ihre Aufgabe sah man vornehmlich darin, leichten Kampfwagen mit ihrer Feuerkraft Unterstützung zu gewähren. Als Vorbilder dienten die Schlachtkreuzer der Seestreitkräfte. Das britische Heer erprobte die Panzer, führte sie aber nicht ein. Sie waren Basiskonstruktionen für deutsche, japanische und sowjetische Kampfwagenmodelle (Neubaufahrzeuge der Typen 92 und 95 bzw. T-28 und T-35, gefolgt vom T-100 und dem SMK). Einzig die Rote Armee übernahm zwischen 1933 und 1940 eine größere Anzahl mehrtürmiger Kampfwagen, insgesamt 561 Stück der Typen T-28 und T-35. Sie fanden in Panzerbataillonen zur Verfügung des Oberkommandos der Roten Armee Verwendung.

Der T-28 wurde zwischen 1935 und 1939 für die Rote Armee gefertigt. Eine 76,2-mm-Kanone und fünf 7,62-mm-Maschinengewehre waren in drei Türmen untergebracht.

Der T-35 wurde zwischen 1933 und 1939 für die Rote Armee hergestellt. Die Bewaffnung aus drei Kanonen und sieben Maschinengewehren konnte aus fünf Drehtürmen nach allen Seiten wirken.

Der schwere Panzer A 1 E 1, der »Independent Tank«, hinterließ bei den Zeitgenossen einen starken Eindruck (1926).

Großbritannien nahm bis in die zweite Hälfte der 1930er Jahre beim Aufbau einer mechanisierten und gepanzerten Kampftruppe eine führende Rolle ein. Die Rüstungsindustrie stellte in kurzen Zeitabständen neue Modelle von Panzerkampf- und Panzerspähwagen, von gepanzerten Unterstützungsfahrzeugen für die Infanterie und Artillerie vor, vom Zweimannpanzer bis zum Landkreuzer. Sie wurden exportiert, im Ausland nachgebaut und weiterentwickelt. Als ein weiteres Beispiel soll der »Vickers 6 ton Tank« genannt werden, der in Großbritannien gar keine Akzeptanz gefunden, aber in Italien, Polen, der Tschechoslowakei und in der Sowjetunion das Bild der Panzertruppen mitgeprägt hat. In Italien waren es mittlere Kampfwagen der Baureihen »Carro armato« M 11/39, M 13/40, M 14/41 und weitere Modelle (über 2.000 Stück gebaut), in Polen der 7 TP (etwa 170 Stück), in der Sowjetunion der T-26, von dem bis 1940 über 9.300 Panzer ausgeliefert wurden. Selbst in den USA beschäftigte man sich mit dem 6-Tonner der Firma Vickers-Armstrongs Ltd. aus London.

Den Vickers 6-to-Panzer bot die Vickers-Armstrong Ltd. mit einem oder mit zwei Türmen sowie verschiedener Bewaffnung an. Angekauft wurde er u.a. von Bolivien, Bulgarien, China und Polen.

1399 1932 — Militär-Wochenblatt — Nr. 39 1400

KRIEGS-AUSRÜSTUNGEN ALLER ART

Der Vickers-Carden-Loyd leichte Kampfwagen mit Stokes-Brandt Mörser und 72 scharfen Patronen.

Der Vickers-Carden-Loyd Patrouille-Kampfwagen.

VICKERS-CARDEN-LOYD PATROUILLE-KAMPFWAGEN

Der weltberühmte Carden-Loyd Panzerkraftwagen mit verstärktem Motorbetrieb und Panzerturm mit Richtfeld von 360°.

VICKERS-ARMSTRONGS LIMITED

Hauptbüro: Vickers House, BROADWAY, LONDON, S.W.1, ENGLAND

Verantwortlich für den redaktionellen Teil: Generalleutnant a. D. von Altrock, Berlin W15, Fasanenstraße 60, Fernruf: Oliva 975.
Verantwortlich für den Anzeigenteil: Hugo Hertel, Berlin-Schöneberg, Thorwaldsenstraße 11.
Druck von Ernst Siegfried Mittler und Sohn, Buchdruckerei G.m.b.H., Berlin SW68, Kochstraße 68–71.

Reklame für die Vickers-Armstrongs Ltd. Aus dem deutschen Militärwochenblatt, Ausgabe 39/1932 – ein Zufall?

Die Sowjetunion leistete während des Bürgerkrieges in Spanien umfangreiche Rüstungshilfe. So erhielten die Streitkräfte der Spanischen Republik leichte Panzer T-26, Modell 33 – einen Nachbau des Vickers 6-to-Panzers.

Ausgebranntes M 13/40 in der nordafrikanischen Wüste. Sein Laufwerk zeigt die typischen Merkmale des Vickers 6-to-Panzers.

Um in zukünftigen militärischen Auseinandersetzungen auf dem Festland handlungsfähig zu bleiben, favorisierte man in Großbritannien eine kleine, hochbewegliche, schlag- und angriffsfähige Armee, in der Kampfwagen eine entscheidende Rolle spielten sollten. Die 1927 aufgestellte mechanisierte Versuchsbrigade setzte sich aus allen Waffen zusammen – Panzern, motorisierter, teils gepanzerter Infanterie, Maschinengewehreinheiten, Artillerie (dabei bereits eine Batterie auf Selbstfahrlafetten), einer gepanzerten Aufklärungsabteilung, Pionieren sowie Nachrichteneinheiten. Ein völlig neuartiger Verband, über dessen falsche Verwendung Fuller 1936 in seinen Erinnerungen lästerte: »… merkwürdigerweise wurde diese furchtgebietende und ungemein starke Truppe von der Infanterie der 1. Division mit Unterstützung eines Kavallerie-Regiments und ein paar Flugzeugen vernichtet[27]«. Das, was in der Theorie bereits klar und in der »Vorläufigen Gefechtsvorschrift für Kampf- und Panzerkraftwagen« aus dem Jahr 1927 verständlich formuliert worden war, fand nicht bei allen militärischen Führungskräften das ausreichende Verständnis. Für den Aufbau der deutschen Panzertruppe erwies sich aber gerade diese Vorschrift als richtungsweisend.
Hinsichtlich der Kampfwagentechnik setzten die Briten auf die mittleren Panzer Mk I (A 2) und Mk II, mit denen ab 1924 vier Panzerbataillone ausgerüstet wurden. Für die Aufklärung und den Einsatz in den Kolonien standen leichte Panzer und Panzerspähwagen zur Verfügung, auch Schwimmpanzer (Vickers-Carden-Lloyd M. 1931) hat man erprobt, jedoch nicht übernommen. Die Idee stieß dafür im Ausland auf großes Interesse, wurde aber nur in der Sowjetunion durch den Nachbau einiger tausend Schwimmpanzer T-37 und T-38 mit Konsequenz umgesetzt.
In Großbritannien zeichneten sich neue taktisch-technische Konzepte im Kampfwagenbau ab. Im April 1934 beriet der Forschungsausschuss beim Chef des Generalstabes über Vorschläge des Generalinspekteurs der Königlichen Panzertruppen zur Entwicklung und Beschaffung stark gepanzerter Kampfwagen für die unmittelbare Zusammenarbeit mit der Infanterie. Für schnelle und tiefgreifende Angriffsoperationen wurden schwächer gepanzerte »Cruiser« (Kreuzerkampfwagen) gefordert, die dank ihrer hohen Geschwindigkeit Aufgaben der früheren Kavallerie – nun im Rahmen von Panzerdivisionen – erfüllen konnten.

Vom leichten Panzer Mk II lieferten die Royal Ordnance Factory 29 Fahrzeuge (Mk II A) und die Vickers-Armstrong Ltd. 21 (Mk II B) an die britischen Streitkräfte. Die rund 4 t schweren Zweimannpanzer waren mit einem Maschinengewehr bewaffnet und besonders für den Einsatz in den überseeischen Gebieten des Weltreiches geeignet.

Ein Infanteriepanzer Mk I »Matilda« (A 11) der 1st Army Tank Brigade (vergleichbar einer Heerespanzerbrigade) Ende Mai 1940 in Nordwestfrankreich. Zwischen 1937 und 1940 waren 140 Kampfwagen dieses Typs ausgeliefert worden.

Als Nachfolger des Infanteriepanzers Mk I übernahmen die britischen Streitkräfte ab 1939 den Infanteriepanzer Mk II »Matilda« Mk II (A 12). Das Bild zeigt den »Goat« (Fahrgestell-Nr. T 6750) vom 4. Bataillon / 1st Army Tank Brigade am Ortsausgang Beauraine, unweit von Arras. Aufnahme Ende Mai 1940.

[27] im Herbstmanöver 1934.

Infanteriepanzer Mk II A »Matilda« Mk III mit Leyland-Dieselmotor (ab 1940 hergestellt). Bis zum August 1943 sind 2.987 »Matilda« Mk II ausgeliefert worden.

Der Kreuzerpanzer Mk IV (A 13 Mk II) wurde in verschiedenen Versionen – darunter auch einige mit 3,7-in-Haubitze (95 mm) – geliefert. Insgesamt waren es 655 Kampfwagen, die 1940 in Nordwestfrankreich und 1940/1941 in Nordafrika Verwendung gefunden haben.

Leichte Panzer Mk VI kamen in den Aufklärungseinheiten von Heerespanzerbrigaden und Panzerdivisionen zum Einsatz. Die Produktion lief zwischen 1936 und 1940. Der im Bild gezeigte Mk VI B war Ende Mai 1940 in Nordwestfrankreich aufgegeben worden.

Oberst G. Le Q. Martel, ein Pionier der Heeresmechanisierung, schrieb 1937:
»... Wenn wir Kampfwagen zur Unterstützung der Infanterie haben wollen, benötigen wir Fahrzeuge, die langsam mit den Schützen vorgehen können. ... Der wirkliche Kampf geht langsam vor sich und dazu ist eine starke Panzerung nötig. Die Tätigkeit der Infanteriebegleitkampfwagen und der Panzerbrigade ist ganz verschieden, etwa so wie Tätigkeit leichter Kavallerie und eines Belagerungsparkes verschieden sind. Der Einsatz von Infanteriebegleitkampfwagen in der geschilderten Weise ist natürlich nicht die einzige Lösung der Aufgabe, einen Weg durch eine Verteidigungsstellung zu öffnen ... Wir werden wohl schwere gepanzerte Fahrzeuge einführen müssen. ... Viele Offiziere prophezeien, dass es dann zu einem erneuten Wettlauf zwischen Panzer und Geschütz kommen und dabei das Geschütz gewinnen wird.«

Zitiert aus: Martel, Gifford Le Q.: Mechanisierung. In: Journal Royal United Service Institution Nr. 526 vom Mai 1937, Abingdon 1937

Die britischen Tanks können fortan in drei Gruppen unterteilt werden:

a. Infanteriepanzer, langsam, stark gepanzert, vergleichsweise schwach bewaffnet.
   Der »Infantry Tank« Mk I besaß nur ein Maschinengewehr, der Mk II ein 40-mm-Kampfwagengeschütz und ein Maschinengewehr.
b. Kreuzerpanzer, sehr schnell, aber schwach gepanzert und stärker bewaffnet.
   Die ersten »Cruiser« waren sogar dreitürmig, mit einer 40-mm-Kanone und drei 7,71-mm-Maschinengewehren bestückt, spätere Serien nur mit dem Geschütz und zwei Maschinengewehren. 1938 ergab sich mit der Übernahme des Laufwerkes des US-amerikanischen Christie-Panzers die Möglichkeit, die Panzer noch schneller zu machen; sie erreichten damit 38–50 km/h, vorher 29 km/h.
c. leichte Panzer für die Aufklärung mit leichter Panzerung und Maschinengewehrbewaffnung (Kaliber 7,71 mm, 12,7 mm, vereinzelt auch 15 mm).

Bemerkenswertes Detail: die britischen Kampfwagenkanonen (2 pdr = 40 mm) waren nur für den Verschuss panzerbrechender Munition eingerichtet. Um Brisanz-

und Nebelmunition verschießen zu können, erhielt ein bestimmter Anteil der Panzer 76,2- oder 94-mm-Haubitzen und wurde durch den Zusatz CS (= Close Suppert (Nahunterstützung)) gekennzeichnet. Bewährt hat sich dieses Konzept nicht.

In Frankreich war die Erneuerung der Panzertruppen viel stärker vom östlichen Nachbarn Deutschland bestimmt als in Großbritannien. Am 30. Januar 1933 hatten die Nationalsozialisten die Macht übernommen. Hitler forcierte die Aufrüstung und eine aggressive Außenpolitik. Frankreich musste reagieren. Das Militär verfolgte unterschiedliche Konzepte:

a. Es gab Verfechter, die im Panzer lediglich ein Kampfmittel zur unmittelbaren Unterstützung der Infanterie sahen. Das Ergebnis waren im Jahr 1940 31 selbständige Panzerbataillone mit gut gepanzerten, aber nur 19 km/h schnellen Zweimannkampfwagen Renault R-35 und FCM.
b. Andere sahen im Panzer eine zeitgemäße Modernisierung der Kavallerie. Deren Verwendung zur operativen Aufklärung war aber überholt. Das konnten Aufklärungsflugzeuge besser. Für klassische Aufgaben der Kavallerie fehlte den Verbänden wiederum die Kampfkraft. Bei Ausbruch des Zweiten Weltkrieges unterhielt das französische Heer drei leichte mechanisierte Divisionen (D.L.M.) mit Kampfwagen Hotchkiss H-35/39 und Somua S-35 sowie zahlreichen gepanzerten Rad- und Vollkettenfahrzeugen für die Aufklärung. Die 4. D.L.M. wurde bis zum Mai 1940 aufgestellt.
c. Sehr langsam gewannen die Befürworter von Panzerdivisionen an Einfluss. Dazu zählte der spätere französische Staatschef, Charles de Gaulle. Er hatte sich 1934, als Oberst, in seinem Buch »Vers l'armèe de metiér«[28] in diesem Sinne positioniert. 1937 begann der Ausbau von Panzerdivisionen (D.C.R.), deren Hauptstoßkraft der »Char B-1 bis« werden sollte. Er ging auf ein Konzept aus den 1920er Jahren zurück, war mit starker Panzerung und Bewaffnung ausgestattet, für die Verwendung in gepanzerten Großverbänden nur bedingt geeignet. 1939 standen drei Panzerdivisionen bereit. Mit der Führung der 4. »Division de Cuirassée de Reserve« war der inzwischen zum Generalmajor beförderte de Gaulle beauftragt. Sie machte, obwohl in aller Eile aufgestellt, den Deutschen den meisten Ärger.

Auf der Suche nach neuen leichten und beweglichen Panzerfahrzeugen schlug die Firma Saint Chamond 1921 eine 3 t schwere »Chenillette« mit Wechselfahrwerk vor. Der 15 PS starke Motor verlieh dem Zweimannpanzer eine Höchstgeschwindigkeit von 5 km/h auf Ketten, von 20 km/h auf Rädern.

Mit der Entwicklung des Somua S 35 war 1934 im Auftrag der Kavallerie begonnen worden. Der Kampfwagen erreichte über 40 km/h und besaß ein maximal 40 mm stark gepanzertes Gehäuse mit Drehturm – beide aus Gusspanzerstahl. Nachteilig war die aus nur drei Mann bestehende Besatzung.

Der leichte Panzer Renault R 35 war mit 40 mm Gussstahlpanzerung gut geschützt. Die Zweimann-Besatzung musste den Panzer fahren und die Waffen – eine 37-mm-Kanone und ein 7,5-mm-Maschinengewehr – bedienen. 1.540 wurden geliefert, davon 240 nach Polen, Rumänien, in die Türkei und nach Jugoslawien exportiert.

[28] wörtlich übersetzt: »In Richtung Berufsarmee«. Die deutsche Ausgabe erschien 1935 in Potsdam unter dem Titel »Frankreichs Stoßarmee. Das Berufsheer, die Lösung für morgen«.

Mit der 60 mm starken Panzerung und der hohen Feuerkraft (eine 75- und eine 47-mm-Kampfwagenkanone sowie ein 7,5-mm-Maschinengewehr) hinterließ der mittlere Panzer Char B1 bis bei der deutschen Panzerabwehr einen nachhaltigen Eindruck. Der gezeigte Kampfwagen mit der Nr. 355 wurde auf den Namen »Bourgueil« getauft und gehörte im Juni 1940 zum 28. Panzerbataillon.

Das Bild ist im Juli 1941 an der Ostfront entstanden. Zu sehen sind Kampfwagen, die in der Roten Armee zur unmittelbaren Unterstützung der Infanterie eingesetzt wurden: links leichte Panzer T-26, Modell 1933, rechts Flammenwerferpanzer OT-130.

Der 52 bzw. 72 km/h schnelle Rad-Kettenpanzer BT war für tiefgreifende Angriffsoperationen vorgesehen. Die Abbildung zeigt das Modell BT-7 aus der Fertigung des Jahres 1936.

Zu den Panzertruppen in der Sowjetunion: Heinz Guderian erwähnt in seinen »Erinnerungen eines Soldaten«, dass er 1937 den Widerspruch seines Generalstabschefs, Generaloberst Ludwig Beck, erregt hatte, als er die Zahl der russischen Panzer mit 10.000 bezifferte. Wir wissen heute: diese Zahl lag erheblich unter dem tatsächlichen Bestand. Nach Zahlen, die nach dem Ende der Sowjetunion aus russischen Quellen bekanntgeworden sind, erhielt die Rote Armee bis 1939 25.272 Kampfwagen unterschiedlicher Bestimmung. Das waren wesentlich mehr als alle Kampfwagen in den Streitkräften der Welt zusammengenommen. Wozu diese gigantische Kampfwagenflotte? Zum Schutz der von Feinden des Sozialismus umgebenen Grenzen des Landes oder um sie auf ihren eigenen Territorien vernichtend zu schlagen und dem sozialistischen Gesellschaftssystem Bahn zu brechen? Auf jeden Fall zeigten die mechanisierten und Panzertruppen eine Stärke und ein Maß an Organisation, die sie befähigten, ihren Anteil bei der Erfüllung dieser Aufgaben zu leisten. Unterschieden wurde in:

a. Verbände zur unmittelbaren Unterstützung der Infanterie. Sie erhielten Tanketten T-27, leichte Panzer T-26 sowie Flammenwerferpanzer[29].
b. Verbände zur weitwirkenden Unterstützung der Infanterie, die mit mittleren Panzern T-28 und schweren Panzern T-35 ausgestattet waren.
c. Verbände zur weitwirkenden Unterstützung im Sinne einer gepanzerten Kavallerie. Wichtigste Kampfwagenmodelle waren hier die schnellen Rad-Kettenpanzer BT-2, BT-5 und BT-7, Weiterentwicklungen des US-amerikanischen Christie-Tanks. Schwimmpanzer sowie Panzerspähwagen spielten für Voraustruppen und die Aufklärung eine wichtige Rolle.

Welchen Einfluss hatten die Erfahrungen aus dem Bürgerkrieg in Spanien auf die Ansichten der sowjetischen Militärs über den Panzerkrieg? In technischer Hinsicht zog man die richtigen Schlussfolgerungen. Die granatsicheren gepanzerten mittleren und schweren Universalpanzer T-34 und KW waren eine angemessene Antwort auf die Fortschritte bei der Panzerabwehrartillerie, die sich mittlerweile zum ärgsten Feind kugel- und splittersicher geschützter Kampfwagen entwickelt hatte. In organisatorischer Hinsicht beging die Führung der Roten Armee den schweren Fehler, die bereits 1933 gebildeten mechanisierten Korps aufzulösen. Erst die »Blitzkriegsfeldzüge« der Deutschen Wehrmacht bewirkten im Sommer 1940 eine Korrektur.

[29] vgl. Kapitel 7

Den Übergang des sowjetischen Panzerbaus zu Kampfwagen mit granatsicherer Panzerung markieren zwei Typen:

a. der mittlere Panzer T-34. Seine Bekämpfung war für die deutsche Panzerabwehr schwierig und zunächst nur bei Flankenbeschuss erfolgversprechend;

Auch bei schwimmfähigen Aufklärungspanzern folgte die Rote Armee Vorbildern aus Großbritannien. Die Aufnahme aus dem Jahr 1941 zeigt einen T-37 A, der an Land 40 km/h, im Wasser 6 km/h erreichen konnte.

b. der schwere Panzer KW, den es mit einer 76,2-mm-Kampfwagenkanone (KW-1) oder einer 152,4-mm-Kampfwagenhaubitze (KW-2) als Hauptbewaffnung gab. Beide waren 75 mm stark gepanzert.

Die Entwicklung der Panzertruppen in Italien, Japan und Polen zeigt eine Reihe interessanter Details. So genoss der Dieselmotor als leistungsfähige Antriebsanlage mit sparsamem Kraftstoffverbrauch einiges an Ansehen. Fortschrittliche Kampfwagenkonstruktionen entstanden in Schweden, von denen der Landsverk L-60 (Strv m 33) als Basis für eine ungarische Lizenzproduktion, den leichten Panzer 38.M »Toldi« diente. Gleiches gilt für die Tschechoslowakei, deren Rüstungsindustrie Kampfwagen für den Export und die eigenen Streitkräfte lieferte. Den mittleren Panzer Skoda T-21 produzierten die ungarische Firmen MAVAG, Ganz und Manfred Weiß in Lizenz als 40./43 M »Turan«.

Bedeutung erlangten die tschechischen LT-35 (Skoda) und TNHP (Praga) 1939 für die deutschen Panzertruppen. Sie fanden bei der Aufstellung mehrerer Panzerabteilungen Verwendung.

In den USA wurden im Auftrag der Infanterie- und der Kavallerieinspektionen der Streitkräfte zwei Dutzend Versuchsmodelle leichter und mittlerer Panzer entwickelt. Bei Ausbruch des Zweiten Weltkrieges gab es nur einen geringen Bestand. Um ihn zu vergrößern, beauftragte das Kriegsministerium im Herbst 1939 die Industrie mit der Serienfertigung leichter und mittlerer Kampfwagen. So standen im folgenden Jahr etwa 300 M 2 A 4 und 20 M 2 zur Verfügung, deren Wert vor allem in ihrer Nutzung beim Aufbau von Panzerverbänden und in der Ausbildung gesehen werden muss. Als Antriebsanlagen dienten luftgekühlte Flugzeugmotoren. Zu den typischen Merkmalen zählten Laufwerke mit konischen Federn und Gleisketten aus Stahl mit Gummi-Metall-Gelenken sowie Gummipolstern. Ein Kampfwagen, der schon vorher allein wegen seiner großen Geschwindigkeit (bis 112 km/h) die Aufmerksamkeit der Experten erregt hatte, war der »Christie-Eiltank« aus dem Jahr 1931. Er wurde in den USA erprobt, aber nicht eingeführt. Sein Einfluss auf den internationalen Panzerbau ist an anderer Stelle bereits erwähnt worden.

Der ungarische leichte Kampfwagen 38.M war 8,5 t schwer, aber nur leicht gepanzert und bewaffnet.

1931 erprobte die US-Armee den Rad-Kettenpanzer M.1931 des Konstrukteurs Walter J. Christie. Angetrieben von einem 338 PS starken 12-Zylinder-V-Motor erreichte er auf Ketten 64 km/h, nach der Umstellung auf Räderantrieb 112 km/h. Es gab unter den Bezeichnungen T 3, T 3 E 1 bis E 3 und T 4 verschiedene Adaptionen. Das Konzept der Rad-Kettenpanzer wurde 1936 aufgegeben.

Um dem dringenden Bedarf der US-Streitkräfte nach mittleren Kampfwagen zu entsprechen, entstand als Weiterentwicklung des M 2 der M 3 »Lee«. Bis Ende 1942 wurden mehrere 1.000 in sechs verschiedenen Baureihen geliefert. Charakteristisches Merkmal war die in drei Etagen angeordnete Bewaffnung: ein 75-mm-Geschütz in der Wanne, ein 37-mm-Geschütz im Drehturm und ein 7,62-mm-Maschinengewehr Browning M 1919 in einem weiteren, darüber befindlichen Kommandantenturm. Der Preis dafür war eine Gesamthöhe von 3,13 m.

Zum Werdegang der Kampfwagentruppe in Deutschland: Sie wuchs zwischen 1925 und 1939 auf 3.195 Fahrzeuge – eine gewaltige Entwicklung. Trotzdem nimmt sich diese Zahl im Vergleich mit dem Panzerbestand der sowjetischen Streitkräfte (etwa 25.000) bescheiden aus. Bescheiden waren auch die Anfänge der deutschen Panzerwaffe, die wegen des Versailler Vertrages ins Ausland verlegt werden mussten, in Deutschland selbst unter größter Geheimhaltung konkrete Formen annahmen. »Die Beschaffung von Kampfwagen ist ein wichtiges Rüstungsziel«, positionierte sich das Truppenamt im Jahr 1928. Entsprechende Aufträge für einen mittleren Kampfwagen waren 1925 vom Heereswaffenamt / WaPrw 6 an die Firmen Daimler, Krupp und Rheinmetall vergeben worden. Sein Tarnname war »Großtraktor«. Jedes Unternehmen lieferte für die Erprobung zwei Fahrzeuge. Die Beschaffung von 17 Kampfwagen zur Ausstattung einer Panzerkompanie stellte die Reichswehr für 1931 in Aussicht.

Panzerattrappen – aus Holzbrettern und Blech zusammengeschraubte Hauben, auf Handkarren, Fahrrädern oder Personenkraftwagen gesetzt, sollten in der Ausbildung helfen und den Gedanken an das verbotene Kampfmittel wachhalten.

1928 folgte ein zweiter Entwicklungsauftrag für einen leichten Panzer, der in den Unterlagen konsequenterweise als »Leichttraktor« geführt wurde. Er war von vornherein als Mehrzweckfahrzeug – Kampfwagen, Panzerjäger-Selbstfahrlafette und Nachschubschlepper – konzipiert. An der Realisierung beteiligten sich nur die Fr. Krupp AG / Essen und Rheinmetall-Borsig / Düsseldorf. Das beiden Panzern zugrunde gelegte Konzept erinnert an die britischen Mk-V- und Mk-A-Tanks aus der Zeit des Weltkrieges. In technischer Hinsicht widerspiegelten sie den mittlerweile erreichten Fortschritt der Industrie. Die 8,7 bis 17,6 t schweren Kampfwagen waren schneller und geländegängiger, ihre Panzerhüllen boten Schutz vor Stahlkerngeschossen (SmK), Granatsplittern und Kampfstoffen. Probleme bereitete es, die geforderte Schwimmfähigkeit zu gewährleisten.

Sechs »Groß«- und vier »Leichttraktoren« wurden hergestellt. Die Erprobung fand aus Gründen der Geheimhaltung nicht in Deutschland, sondern über 2.800 km entfernt unweit von Kasan in der Autonomen Sozialistischen Sowjetrepublik der Tataren statt. Sie kamen erst 1933 nach Deutschland zurück. Inzwischen hatte es bei den in der Heeresmotorisierung engagierten Offizieren ein Umdenken gegeben. Dazu äußerte sich Guderian nach dem Zweiten Weltkrieg: »Wenn also die Konstruktionen der zwanziger Jahre technisch eine Reihe von Fortschritten aufwiesen, so entsprachen sie doch taktisch nicht mehr den Forderungen …«. Anregungen dafür kamen aus Großbritannien, dem man auf diesem Gebiet eine Führungsrolle zugestand. Folgerichtig waren 1932 ein leichter Kampfwagen (Tarnbezeichnung »Kleintraktor«) und ein dreitürmiger mittlerer Panzer (Tarnbezeichnungen u.a. »Großtraktor Neubau«, »Haupttraktor«, zuletzt »Neubaufahrzeug«) in Auftrag gegeben worden.

Der Krupp-Großtraktor nach der Rückkehr aus Kasan. Das Fahrzeug war mit einem Funkgerät und einer Rahmenantenne nachgerüstet worden. Sie wurde auf 0,4–0,6 m hohen Stabilisatoren seitlich und hinten am Drehturm herumgeführt.

Für den Rheinmetall-Leichttraktor ergaben sich verschiedene Umbauten. Sie betrafen das Laufwerk, die Form der vorderen Ausstiegsluken und die Ausrüstung mit einem Funkgerät und einer Rahmenantenne (2.000–8.000 m Reichweite). Ursprünglich verwendete Rheinmetall ein 12-Rollen-Laufwerk mit Schraubenfedern. Es wurde durch ein 4-Rollen-Laufwerk mit größeren Schraubenfedern ersetzt.

Krupp und Rheinmetall lieferten bis 1935 fünf Fahrzeuge, die sich in Details unterschieden. Bei einem Gewicht von 19,5 t waren sie nur schwach gepanzert (13–20 mm), mit 2,90 m sehr hoch, aber mit einer starken Bewaffnung versehen: einer 7,5-cm- und einer 3,7-cm-Kampfwagenkanone, ergänzt durch drei 7,92-mm-Maschinengewehre. Das 7,5-cm-Geschütz verschoss Brisanzmunition zur Bekämpfung ungepanzerter Ziele, das Kaliber 3,7 cm blieb gepanzerten Gegnern vorbehalten. 7,5-cm-Nebelmunition zum Blenden des Gegners befand sich noch in der Entwicklung.

Man kann es so zusammenfassen: mit dem »Neubaufahrzeug« verfolgte man die Absicht, Kampfaufträge zu erfüllen, für die später zwei Modelle als notwendig erachtet wurden – die Panzerkampfwagen III (3,7 cm) und IV (7,5 cm). Mitte der 1930er Jahre gab man die Idee mehrtürmiger Unterstützungspanzer auf. Im Einsatz standen sie ein einziges Mal: im Frühjahr 1940 während der Operation »Weserübung« gegen Norwegen. Dafür waren sie Blickfang auf der Berliner Automobilausstellung, schmückten die Titel- sowie die Werbeseiten einiger Zeitschriften. Ein propagandistisches Täuschungsmanöver?

Das Krupp-Neubaufahrzeug im Frühjahr 1940 in Norwegen. Die drei Kampfwagen waren für den Einsatz generalüberholt worden.

Wesentlich größere Bedeutung für den Aufbau der deutschen Panzertruppe erlangte der »Kleintraktor«. Seine Entwicklung war 1930 anlässlich einer Besichtigung des Amtsgruppenchefs im Heeresamt, Generalleutnant Alfred von Vollard-Bockelberg, bei der Kraftfahrversuchsstelle auf dem Schießplatz in Kummersdorf in Gang gekommen. Krupp stellte im Herbst des Jahres ein auf 3,5 t Gewicht begrenztes Fahrzeug mit vorn eingebautem 4-Zylinder-Boxermotor, der 55 PS leistete, vor. Es blieb bis zum Sommer 1932 in der Erprobung, erhielt dann das Holzmodell eines Aufbaues, für den ein 2-cm-Geschütz als wünschenswerte Bewaffnung favorisiert wurde. Generalmajor Oswald Lutz drängte in seiner Funktion als Inspekteur der Kraftfahrtruppe (In 6) am 2. Juli 1932 auf rasche Fortschritte in der Kampfwagenentwicklung. Er wollte nicht mehr mit Panzerattrappen üben, er wollte echte Panzer. Alternativ brachte Lutz für die Aufstellung der ersten Panzerkompanie die Beschaffung von Carden-Lloyd-Zweimannkampfwagen ins Gespräch. Zwei standen schon zur Verfügung, besser nur zwei Fahrgestelle, die man durch Vermittlung der Sowjetunion in Großbritannien angekauft hatte. Deren Auswertung und Erprobung lief parallel zum »Kleintraktor« von Krupp in Kummersdorf. Im Mai 1933 traf dort auch ein Vickers-Armstrong-Panzerwagen ein.

Die Zeit drängte. Um schnell über truppenbrauchbare Panzer verfügen zu können, stellte man die Forderung nach einer leistungsstärkeren Antriebsanlage zurück und übernahm Komponenten der Carden-Lloyd-Konstruktion.

Bevorzugt wurde der Motoreneinbau im Fahrzeugheck. Verzichtet hat man auf das 2-cm-Geschütz und die in Aussicht gestellte Verwendung des 7,92-mm-Einheits-Maschinengewehrs (MG-34) zugunsten von zwei Maschinengewehren 13 (Dreyse). Auch andere Wünsche der Militärs blieben auf der Strecke: die Bewaffnung mit der 3,7-cm-Tankabwehrkanone L/45 oder dem 7,5-cm-leichten Minenwerfer neuer Art, ebenso die Schwimmfähigkeit des Panzers. Das Ziel, die schnelle Überleitung in die Serienproduktion, verlor man nicht aus den Augen. Für die Konstruktion des Panzeraufbaus machte das Heereswaffenamt die Daimler-Benz AG in Berlin-Marienfelde verantwortlich.

Bei einer Vergleichserprobung mit dem Carden-Lloyd auf dem Truppenübungsplatz Ohrdruff (Thüringen) schnitt die deutsche Konstruktion gar nicht so schlecht ab. Dem Prototypen folgten bis April 1934 15 Vorserienfahrzeuge und ab Juni des Jahres die Serienfertigung.

Bis zum Juni 1936 wurden 818 Panzerkampfwagen I (MG) (Sd.Kfz. 101) der Ausführung A ausgeliefert, die zunächst als »Landwirtschaftliche Schlepper« (Vs.Kfz. 617) nach wie vor geheimnisumwittert waren. Ihrer Premiere auf dem Schauplatz des spanischen Bürgerkrieges blieb der Erfolg versagt. Die Bewaffnung nur mit Maschinengewehren entsprach bereits nicht mehr den Anforderungen. Neben der Panzerabwehr zeigte sich der Panzer, zumindest wenn er – wie der russische T-26 – selbst über eine panzerbrechende Hauptbewaffnung verfügen konnte, als Hauptfeind.

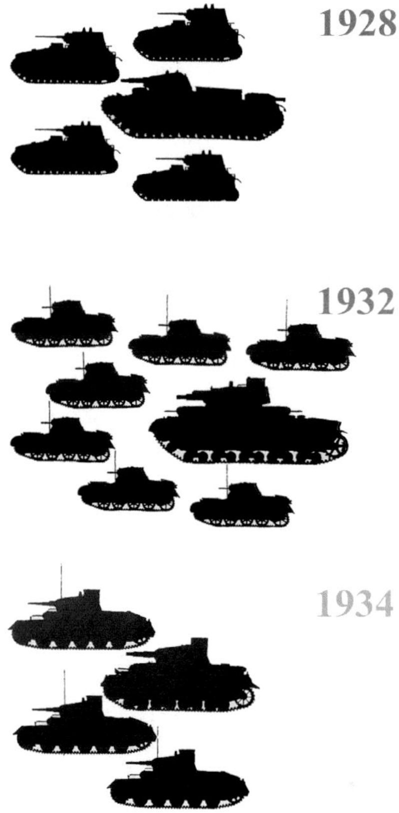

Als Ausdruck wiedergewonnener Wehrhoheit in den Medien gefeiert – der Panzerkampfwagen I (MG) (Sd.Kfz. 101), Ausführung A.

Die Sowjetunion lieferte zwischen 1936 und 1939 397 Panzer der Typen T-26, Modell 1933 und BT-5 an die Spanische Republik. 281 erreichten die iberische Halbinsel. Ihre Hautbewaffnung, die 45-mm-Kampfwagenkanone M.1934 L/45 konnte auf 500 m Entfernung mit der Panzergranate 35 mm Panzerstahl durchschlagen.

Deutschland stellte für die Gegner der Spanischen Republik unter Generalissimo Francisco Franco 91 Panzerkampfwagen I (MG) (Sd.Kfz. 101) und vier Panzerbefehlswagen I (Sd.Kfz. 265) bereit, die mit ihren 7,92-mm-Maschinengewehren auf 100 m 8 und auf 500 m 3 mm Panzerstahl zu durchschlagen vermochten. Die Panzerung des T-26 wie des Panzerkampfwagen I bot mit 16 bzw. 13 mm Dicke nur geringen Schutz gegen 20-, 37- und 45-mm-Geschütze.

Indessen waren die Forderungen nach einer leistungsfähigeren Antriebsanlage und höheren Feuerkraft für den Panzerkraftwagen I aufrechterhalten worden. Die wenig später unter realen Kriegsbedingungen gesammelten Erfahrungen erhärteten nur ihre Richtigkeit. Für den Einbau des 100 PS starken 6-Zylinder-Reihenmotors Maybach NL-38 war es notwendig, das Fahrgestell zu verlängern. Von der B-Ausführung des Panzerkampfwagen I (MG) (Sd.Kfz. 101) sind bis zum Juni 1937 675 Stück zur Auslieferung gekommen. Um die Feuerkraft zu erhöhen, bedurfte es einer völligen Neukonstruktion. Diese Arbeit übernahm die Firma MAN / Augsburg-Nürnberg.
Der »2-cm-Maschinengewehr-Panzerwagen« (Vs.Kfz. 622) wurde bis zum Mai 1936 fertig und schließlich als Panzerkampfwagen II (2 cm) (Sd.Kfz. 121) bis Ende 1942 in über 1.700 Exemplaren ausgeliefert. Auf seinem Fahrgestell entstanden im Krieg Spezialpanzer und Selbstfahrlafetten in beachtlicher Vielfalt. Der Kampfwagen genügte schon bei der Einführung nicht mehr den Anforderungen. Dazu war die Durchschlagleistung der automatischen arbeitenden 2-cm-Kampfwagenkanone 30 L/55 zu gering – mit der 2-cm-Panzergranate L'Spur lag sie auf 100 m Distanz bei bescheidenen 20 mm, auf 500 m waren es nur noch 14 mm. Zu den Vorzügen aller deutschen Panzer zählte zweifellos ihre durchgängige Ausstattung mit Funkgeräten – ein Verdienst Guderians. Die Kraftfahr-Kampftruppen waren eine Zwischenstufe,

Ein Veteran an der Ostfront. Die Aufnahme vom November 1941 zeigt einen Panzerkampfwagen II (2 cm) (Sd.Kfz. 121), Ausführung B. 25 davon waren zwischen Februar und März 1937 ausgeliefert worden.

Im Dezember 1941 wurde die Produktion des Panzerkampfwagen II (2 cm) (Sd.Kfz. 121) mit der Ausführung F beendet. Der Hersteller, die FAMO-Werke / Breslau, stellte die Fertigung auf den Geschützwagen II »Wespe« (Sd.Kfz. 124) um.

Die B-Ausführung des Panzerkampfwagens wurde ohne Panzeraufbau als Instandsetzungskraftwagen I (in den Panzerabteilungen) und als Fahrschulpanzer (in den Panzerersatzabteilungen und NSKK-Motorsportschulen) genutzt.

Eine völlige Neukonstruktion war der ab September 1943 gelieferte Panzerkampfwagen II (2 cm) (Sd.Kfz. 123), Ausführung L. Je 33 Spähpanzer gehörten zur Sollausstattung der Panzerspähkompanien b. Sie sollten im Rahmen der Panzeraufklärungsabteilungen der Panzerdivisionen die taktische Erdaufklärung verbessern.

deren Aufbau die Inspektion der Kraftfahrtruppe (In 6) im Reichswehrministerium mit Nachdruck betrieben hat. Das blieb nicht nur ein Namenswechsel. Ihre Führung unternahm – oft im Widerspruch zur offiziell gültigen Meinung – alles, um sie schnell handlungsfähig zu machen. Alle Überlegungen für zukünftige Kampfwagen, die im Rahmen von Panzerdivisionen wirksam zur Geltung gebracht werden konnten, liefen auf zwei Modelle hinaus: einen leichten Typ mit panzerbrechender Kanone und zwei Maschinengewehren und einen mittleren Typ zur Nahunterstützung, bewaffnet mit einem größeren Kaliber, ergänzt durch zwei Maschinengewehre. Letztere sollten geeignet sein, die Panzerabwehr mit Brisanzmunition auszuschalten oder mit Nebelmunition zu blenden. Dementsprechend sah man die Gliederung der Panzerabteilung mit Stab, Stabskompanie, drei leichten und einer mittleren Kompanie vor.

Hohen Stellenwert maßen Lutz, Guderian, Nehring und andere der Beweglichkeit der Panzer bei. Ihre Fahrgestelle sollten sich als Schießplattformen für den Feuerkampf aus dem kurzen Halt und aus der Bewegung eignen. Auf der Suche nach ausgewogen gefederten Laufwerken gab es Experimente und Versuchsserien. Weitere Forderungen betrafen eine sinnvolle Aufgabenverteilung innerhalb der Kampfwagenbesatzung (deshalb fünf Mann), gute Beobachtungsmöglichkeiten und die großzügige Ausstattung mit Nachrichtenmitteln.

Für die Panzerung sah man lediglich den Schutz vor Infanteriewaffenbeschuss und Granatsplittern vor – was zu wenig war, wie sich bald herausstellen sollte. Streit gab es bezüglich des Kalibers der Hauptbewaffnung für den leichten Kampfwagentyp. Auch hier war die Entscheidung zugunsten des Kalibers 3,7 cm ein Fehler. 1935 erhielt Daimler-Benz den Entwicklungsauftrag für den 15-t-, Krupp für den 20-t-Kampfwagen. Beide Unternehmen hatten mit dem sogenannten »Bataillonsführerwagen« von 1930 einige Erfahrungen sammeln können.

Offiziell eingeführt wurden die neuen Panzer erst 1939 als Panzerkampfwagen III (3,7 cm) (Sd.Kfz. 141) und IV (7,5 cm) (Sd.Kfz. 161). Bis dahin liefen kleinere, für Truppenversuche bestimmte Serien mit erheblichen baulichen Unterschieden noch als Versuchskraftfahrzeuge (Vs.Kfz. 619 bzw. 618). In der Panzerbrigade 1 (Erfurt) trafen die ersten 3,7-cm-Kampfwagen (»Zugführerkraftwagen«) Ende 1936 ein; 7,5-cm-Kampfwagen (»Bataillonsführerwagen«) erhielt das Panzerregiment 5 (Wünsdorf) im Frühjahr 1938. Beim Panzerkampfwagen III war es zu mehrfachen Änderungen am Fahrgestell gekommen, bis die Entscheidung 1939 zugunsten eines Sechsrollen-Laufwerkes mit Drehstabfederung fiel.

Am Panzerkampfwagen IV von Krupp, einem Unternehmen mit Erfahrungen auch auf dem Gebiet von Eisenbahnfahrzeugen, behielt man die Blattfederung bei. Bei Ausbruch des Zweiten Weltkrieges ergänzte die vergleichsweise geringe Zahl von 260 Panzerkampfwagen III und IV den großen Bestand leichter Panzer in den Panzerabteilungen. Damit war man noch ein gutes Stück von den ursprünglich gesetzten Zielen entfernt.

Trotzdem – Mitte der 1930er Jahre waren wichtige mate-

Ein fabrikneuer Panzerkampfwagen III (3,7 cm) (Sd.Kfz. 141), Ausführung D. Die Serie war 1938 geliefert worden. An der Hauptbewaffnung mit einem 3,7-cm-Geschütz hielt man bis Sommer 1940 fest.

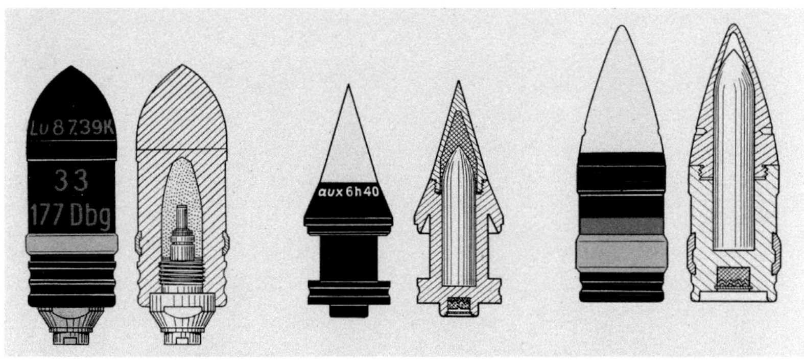

Panzerbrechende Geschosse für die 3,7-cm-Kampfwagenkanone L/45.

Panzerbefehlswagen (Sd.Kfz. 266, 267, 268), Ausführung D 1. Zwischen Juni 1938 und März 1939 wurde eine erste Serie großer Panzerbefehlswagen auf der Basis des Panzerkampfwagen III hergestellt. Sie besaßen eine Kanonenattrappe und unterschieden sich in der Funkausstattung. Als Führungs- und Funkstellen spielten sie in den Stabskompanien der Panzerabteilungen und -regimenter eine wichtige Rolle.

Panzerkampfwagen III (5 cm) (Sd.Kfz. 141), Ausführung J mit 50 mm starker Frontpanzerung, neuer Fahrersehklappe und Kugelblende. Die auf fünf Besatzungsmitglieder verteilten Aufgaben sicherten – in Verbindung mit deren Kriegserfahrungen – eine taktisch wendige Führung im Gefecht.

Die Aufnahme ist Anfang Juli 1941 im Raum Minsk entstanden. Sie zeigt einen Panzerkampfwagen III (5 cm) (Sd.Kfz. 141) der II. Abteilung / Panzerregiment 7 (10. Panzerdivision) mit 30 mm Zusatzpanzerung an der Fahrerfront.

Im Frühjahr 1943 wurde damit begonnen, Panzerkampfwagen III mit zusätzlichen Panzerschürzen an Wanne und Turm nachzurüsten. Ab August des Vorjahres erhielten Kampfwagen der J-Serie die leistungsstärkere 5-cm-Kampfwagenkanone 39 L/60. Mit dem Übergang zum Panzerkampfwagen III (5 cm KwK 39 L/60) im Juni 1942 verstärkte man die Frontpanzerung durch Zusatzplatten auf 70 mm.

Der 12-Zylinder-Maybach-Motor im Panzerkampfwagen III.

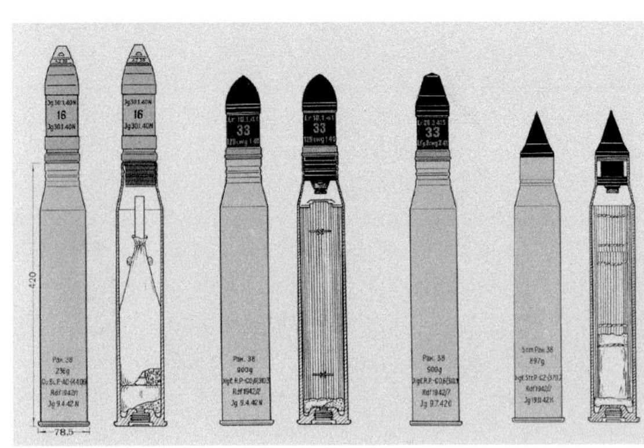

Die Munition für die 5-cm-Kampfwagenkanone 39 L/60.

Panzerkampfwagen IV (5 cm) (Sd.Kfz. 141), Ausführung B nach einem Treffer auf der rechten Wannenseite. Aufnahme aus Frankreich vom Mai/Juni 1940. Zwischen April und September 1938 hatte die Firma Krupp-Gruson / Magdeburg 38 Fahrzeuge dieser Ausführung geliefert.

Vergleich der Durchschlagleistung von Kampfwagenkanonen gegen Panzerstahl[1], Stand 1939 (Auswahl)

Land	Modell-Bezeichnung	Kaliber (mm)	Art der Granate	Durchschlagleistung		
				100 m	500 m	1.000 m
Deutschland	3,7-cm-KwK L/45	37	Panzerspreng-	35	29	20
	7,5-cm-KwK L/24	75	Panzerspreng- [2]	41	38	35
Frankreich	25-mm-KwK mle.35 SA L/73	25	Panzer- [3]	35	29	20
	37-mm-KwK mle.38 SA	37	Panzerspreng-	36	25	21
	47-mm-KwK mle.38 SA	47	Panzerspreng-	39	35	26
Großbritannien	2 pdr KwK QF Mk IX und Mk X L/52	40	Panzer- [3]	39	30	20
Sowjetunion	45-mm-KwK M.1934 L/45	45	Panzerspreng-	42	35	23
	76,2-mm-KwK F-32 L/30,5	76,2	Panzerspreng-	72	66	58
Tschechoslowakei	37-mm-KwK M.38 (Skoda A 7) L/47,5	37	Panzerspreng-	41	33	27

[1] bei einem Auftreffwinkel von 600 und einer Plattenfestigkeit von 80–100 kg/m^2
[2] im Januar 1936 als 7,5-cm-Kanonengranate P offiziell eingeführt, Fertigung ausgesetzt
[3] nur Vollgeschosse, ohne Sprengladung und Zünder

rielle Voraussetzungen für die Panzertruppe geschaffen. Am 1. November 1933 bezog die erste Kompanie des Kraftfahr-Lehrkommandos – als »Lehrtrupp« getarnt – ihr Quartier in Zossen. Innerhalb von Jahresfrist erreichte das Kommando die Stärke von acht Kompanien, der Nukleus für den Aufbau von Panzerdivisionen. Kampfwagen boten mit der ihr eigenen Kombination von Feuerkraft, Beweglichkeit und Panzerschutz beste Voraussetzungen für eine durch Überraschung und Schnelligkeit charakterisierte offensive Kriegführung.

Panzerdivisionen, späterhin auch in Korps zusammengefasst, sollten im Verbund mit den anderen Waffen operieren, natürlich motorisiert, noch besser selbst mit gepanzerten und geländegängigen Fahrzeugen ausgestattet. Die Panzerdivisionen als Rahmen für den Kampf der verbundenen Waffen, mit eigener Infanterie, Artillerie, Pionieren, Nachrichten- und Nachschubtruppen. Die damit verbundene, mit Risiken belastete Option zukünftiger Kriegführung fand, wie die kostenintensive Aufrüstung, nicht nur Zustimmung. Einer der einflussreichsten Gegner saß als Chef des Generalstabes des Heeres in Berlin, Generaloberst Ludwig Beck. Dazu zählten die Vertreter anderer Waffengattungen, allen voran der Kavallerie. Sie wollten Einfluss, ihren Anteil an den Veränderungen, bekamen ihn auch. Die Kavallerie stellte drei leichte, die Infanterie vier motorisierte Divisionen auf, mit eigenen Vorstellungen von Panzern.

So zeichnete sich ein Kampf um die knappen Ressourcen ab, dessen Ausgang sich erst nach dem erfolgreichen Polenfeldzug 1939 zugunsten der Panzertruppe neigte. Ihre ersten drei Panzerdivisionen waren 1935 unter Einbeziehung von Personalstämmen der unverhältnismäßig starken Kavallerie zur Aufstellung gekommen. Weiter kamen die Protagonisten der Panzerwaffe zunächst nicht. Sie hatten jedoch im Reichskanzler Adolf Hitler einen eifrigen Befürworter. Er bekundete mehrfach sein Interesse an der Panzerwaffe, ließ sich später als ihr »Schöpfer« feiern. Ende November 1938 wurden die 4. und 5. Panzerdivision aufgestellt. Damit ging die neue Waffengattung in den Krieg.

5.2 Panzer – Hauptstoßkraft im Angriff und Stütze in der Abwehr

»Die Panzertruppe stellt die unter Verwendung des Motors entstandene neue Form schneller Truppen und deren Kern dar. Der Streit der Meinungen um diese Waffe ging und geht auch noch heute im Ausland darum, ob die Panzer nur eine Hilfswaffe der Infanterie sein sollen oder eine Hauptwaffe, die zusammen mit gleichfalls motorisierten Ergänzungswaffen in selbstständige Panzereinheiten gegliedert werden sollen. Die grundsätzliche Unterstellung der Panzereinheiten unter die Infanterie beraubt sie – zeitweise oder gar für immer – ihrer Geschwindigkeit und kettet sie an den langsamen Verlauf des Infanteriekampfes. Der Angreifer würde seinen stärksten Trumpf, das volle Nutzbarmachen der Schnelligkeit in Vorbereitung, Durchführung der Ausnutzung der Schlacht und der daraus folgenden Überraschung, aus der Hand geben. …
Für die Panzertruppe ist aber das volle Ausnutzen ihrer Schnelligkeit nicht nur aus politischen, operativen und waffentaktischen Gründen eine zwingende Notwendigkeit, sondern auch aus Selbsterhaltungstrieb (Hervorhebung durch den Autor), denn die Fortschritte der Waffentechnik und -taktik haben sich nicht nur auf die Panzer beschränkt, sondern sind in gleicher Weise der Panzerabwehr … zugute gekommen. In Deutschland ist man … diesen Weg gegangen.«

Zitiert aus: Manteuffel, Hasso von: Die schnellen Truppen. In: Das Buch vom Heer, Berlin 1940, S. 79 ff.

Es wäre vermessen, mit dem Anspruch aufzutreten, die Vielfalt der Taktik und Technik gepanzerter Truppen, ihre rasante Entwicklung während des Zweiten Weltkrieges hier im notwendigen Umfang skizzieren zu können. Die Dinge waren in der Zeit zwischen den Weltkriegen auf den Weg gebracht. Für ihre Brauchbarkeit gab es unter Kriegsbedingungen zwei wichtige Kriterien – den

Erfolg und die dafür benötigte Zeit. Dementsprechend wurden die Einsatzgrundsätze verändert, die Organisationsgliederung aller Ebenen, die Kriegsstärke- und Kriegsausrüstungsnachweisungen sowie die Ausbildung der Mannschaften, der Unteroffiziers- und Offiziersdienstgrade angepasst.
Ihre Qualität, ihre Kriegserfahrung vermochte sogar für einen begrenzten Zeitraum die quantitative und qualitative Überlegenheit gegnerischer Kampfwagentechnik zu kompensieren. Die Bedeutung des Panzers für die Kriegführung unterstrich der Chef der deutschen Heeresrüstung, General der Infanterie Walter Buhle, in einer Besprechung am 24. Februar 1945, in deren Verlauf er gesagt hat: »Alle Kämpfe der letzten Zeit ergeben das klare Bild, dass nur der Panzer die wirkliche Entscheidung gebracht hat«.
Wenn das so zutrifft, was Buhle gesagt hat, ist ein Vergleich der bei Kriegsausbruch vorhandenen und der in seinem weiteren Verlauf hergestellten Kampfwagen eine Bestätigung.

Vergleich der Panzerproduktion 1939–1945 im internationalen Maßstab[1] (Angaben in Stück)

Land	Bestand 1939/1940	Produktion 1939–1945
Deutschland	3.195	27.400 [2]
Frankreich	3.029 [3]	3.580 [4]
Großbritannien	über 1.700	24.801
Italien	etwa 1.200	2.517 [5]
Japan	etwa 3.000	3.924
Sowjetunion	25.252	112.500 [6]
USA	320	88.000 [7]

[1] Die Zahlen dienen lediglich als Anhalt. Quellenmäßig gesicherte Angaben stehen aus verschiedenen Gründen nicht in jedem Fall zur Verfügung:
a. keine exakte Trennung für Abgaben zum Umbau als Spezialpanzer, Sturmgeschütze und andere Zwecke,
b. keine genauen Angaben über die statistische Erfassung und Einbeziehung von instandgesetzten Kampffahrzeugen,
c. Differenzen zwischen den Angaben der Hersteller und denen der Abnahmestellen,
d. keine klare begriffliche Trennung im internationalen Vergleich bei der Klassifikation der Panzerfahrzeuge, Beispiel: Panzerkampfwagen – Spähpanzer.
[2] davon 6.273 Panzerkampfwagen V »Panther« (Sd.Kfz. 171)
[3] einschließlich 534 leichte Panzer Renault F.T.17/18 aus der Zeit des Ersten Weltkrieges
[4] in Auftrag gegeben, Unklarheiten bestehen bei der Zahl der bis zum Juni 1940 tatsächlich ausgelieferten Panzer
[5] Fertigung bis zum September 1943
[6] davon 59.000 mittlere Panzer vom Typ T-34
[7] davon 49.234 mittlere Panzer der Baureihen M-4 bis M-4 A 6 »Sherman«

Neun Panzerdivisionen waren bis zum 10. Mai 1940 für den Westfeldzug bereitgestellt worden. Sie verfügten über 2.439 Panzerkampf- und 135 Panzerbefehlswagen, 106 Panzerkampfwagen 35 (t) und 38 (t) aus tschechoslowakischen Werken. Für das Unternehmen »Zitadelle« (5.–16. Juli 1943) konzentrierten die Deutschen an den Flanken des Frontbogens bei Kursk 3.400 Panzerkampfwagen, Sturmpanzer und -geschütze sowie Selbstfahrlafetten, wovon 2.650 einsatzbereit waren. Ihnen standen rund 5.000 sowjetische Panzer und Selbstfahrlafetten gegenüber.
Parallel zu der hochlaufenden Panzer- und Sturmgeschützfertigung, den trotz erheblicher Verluste wachsenden Beständen bei der Truppe wurde alles unternommen, um ihre Kampfkraft zu stärken. Dafür gab es zwei Wege: a. die Modernisierung vorhandener Modelle und b. die Neukonstruktion. Im Focus standen Feuerkraft und Panzerschutz. Dabei gab es beeindruckende Fortschritte, auch wenn diese letztlich zu Lasten der Beweglichkeit gingen[30].
Dass es bei Feuerkraft und Panzerschutz Nachholbedarf gab, hatten die deutschen Panzersoldaten bereits im Verlaufe des Feldzuges im Westen verlustreich zur Kenntnis nehmen müssen. In der Geschichte der 5. Panzerdivision wird darüber berichtet. Sie war am 12. Mai 1940 mit

[30] vgl. Kapitel 3

französischen Panzerverbänden zusammengestoßen. Wörtlich heißt es: »... die französischen schweren Panzer erweisen sich den eigenen Panzerkampfwagen in der Bewaffnung und Panzerung überlegen, unterlagen in der Beweglichkeit, Schnelligkeit und in der Funkausrüstung«. Ähnliches erlebten die Angehörigen des Panzerregimentes 3 (5. Panzerdivision) am 18. Mai in den Kämpfen mit dem »Char de bataille B 1 bis«. Die 60-mm-Frontpanzerung der 32-Tonner konnte mit den gebräuchlichen Panzersprenggranaten der 3,7-cm-Kampfwagenkanone L/45 – zu dieser Zeit immer noch die Hauptbewaffnung der Panzer III – auch auf eine Nahdistanz von 100 m nicht durchschlagen werden.

Deshalb wurden im folgenden Monat die ersten Panzergranatpatronen 40 zugeführt. Ihre Hartkerngeschosse durchschlugen auf 100 m Entfernung 64 und auf 400 m 37 mm starke Panzerungen – für dick gepanzerte Franzosen immer noch zu wenig. Nicht besser stand es um den Panzerkampfwagen IV, mit dessen Hauptbewaffnung, der 7,5-cm-Kampfwagenkanone 37 L/24 mit der inzwischen verfügbaren Panzergranate, rot auf 500 m noch 38 mm dicke Panzerungen geschafft wurden.

Das Schießen auf diese Entfernung erwies sich wegen der geringen Anfangsgeschwindigkeit der Geschosse (V_0 385 m/s) als problematisch[31]. Als Ersatz kam am 21. Juni 1940 unter der Bezeichnung »panzerbrechendes Geschoss mit großer Splitterwirkung« eine Hohlladungsgranate zur Einführung. Sie durchschlug mit 40 mm nicht wesentlich mehr (V_0 über 400 m/s). Bei dieser Munitionsart ergab sich im Kriegsverlauf eine wesentliche Leistungssteigerung (90 mm Durchschlagleistung, unabhängig von der Entfernung, V_0 452 m/s). Die Leistungsfähigkeit von Waffen zuerst über die Munition zu steigern ist, wie die Geschichte der Militärtechnik zeigt, kein neuer Gedanke. Aufwendiger war es, neue Waffen – in dem Fall neue Kampfwagenkanonen – einzuführen. Für den Panzer III hat man sich für das früher schon diskutierte Kaliber 5 cm entschieden. Zum Zeitpunkt der Unterzeichnung des deutsch-französischen Waffenstillstandes am 22. Juni 1940 standen von der 5-cm-Kampfwagenkanone L/42 lediglich zehn Versuchsmuster zur Verfügung. Die Serienfertigung lief einen Monat später an, zu spät für die ab April gefertigte G-Ausführung des Panzerkampfwagen III. Erst ein knappes Jahr später, im Mai 1941, stand auch für dieses Geschütz Hartkernmunition zur Verfügung. Der Leistungszuwachs hielt sich in Grenzen – auf 500 m Distanz 55 mm Panzerstahl.

Für die Panzergranatpatrone 39 mit Bodenzünder und Lichtspur wird ein Wert von 47 mm angegeben. Das war zu wenig, um sich im Duell mit neuen Gegnern, den sowjetischen Panzern T-34 und KW, durchsetzen zu können. Insbesondere der mittlere Panzer T-34 stellte als harmonische Kombination von Feuerkraft, Beweglichkeit und Panzerschutz im internationalen Vergleich eine neue Qualität dar. Seine geschossabweisend angeordnete 45 mm starke Panzerung war die Antwort auf die Weiterentwicklung der Kampfwagen- und Kampfwagenabwehrwaffen. Das hatte fatale Folgen für die deutschen Panzerbesatzungen. Sie mussten, um sich im Gefecht behaupten zu können, Entfernungen unterhalb 200 m suchen – eine selbstmörderische Nahkampfdistanz.

Auch die zwischen September 1940 und April 1941 gefertigte Ausführung E des Panzers IV war mit 30-mm-Panzerplatten unzureichend geschützt. Die Aufnahme von der Ostfront zeigt ein Fahrzeug mit 30 mm starker Zusatzpanzerung an der Fahrerfront.

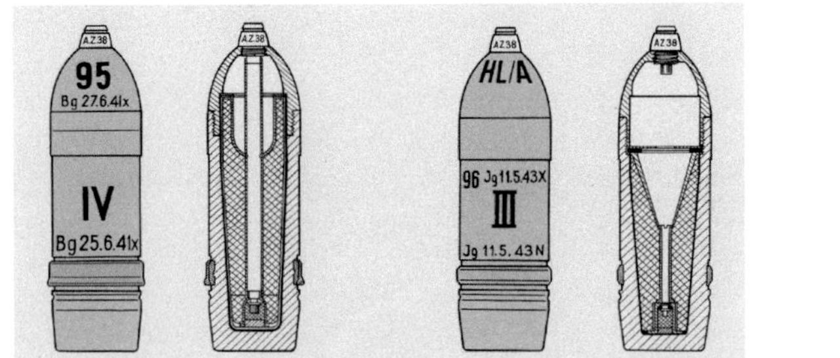

Panzerbrechende Hohlladungsgeschosse für die 7,5-cm-Kampfwagenkanone 37 L/24 (Granate 38 Hl KwK und Granate 38 Hl/A).

[31] Faustregel: V_0 + 100 m entspricht der Schussweite im direkten Richten

Über den Kampf mit deutschen Panzern berichtet 18 Jahre später der Generalleutnant Nikolai Kirillowitsch Popjel in seinen Memoiren. Er war Ende Juni 1941 Politkommissar im 8. mechanisierten Korps der Roten Armee gewesen, das zu dieser Zeit über 900 Kampfwagen verfügte (99 KW, 313 T-34, 68 T-28, 338 BT, 106 T-26, 28 Schwimmpanzer und 38 Tanketten T-27). Sein Einsatz im Dreieck Stry-Przemysl-Lwow stand letztlich unter keinem guten Stern. Das Korps wurde bis zum 1. Juli bei Dubno eingekesselt. Popjel fährt einen Angriff im Panzer mit und schildert anschaulich seinen Verlauf:
»Von einer kleinen Anhöhe aus … ist fast das gesamte Regiment zu sehen. Die erste Staffel wird vom 1. Bataillon gebildet – eine Kompanie KW und zwei Kompanien T-34. Die zweite Staffel … besteht aus einem Bataillon mit Panzern vom Typ BT-7«. Sie stoßen auf die deutsche Panzerabwehr. Deren Feuer bleibt wirkungslos. »Die Stimmung ist gut, aber sie ist zu früh da«, schreibt Popjel. »Alles liegt noch vor uns. … Ich beobachte die Nachbarn. Mehrere stecken schon im Sumpf fest. … Die Pioniere hatten in der Nacht das Ufer nicht aufgeklärt.« Kurze Zeit später rollen aus dem Wald bei Leschnew deutsche Panzer. »Vor uns befinden sich ungefähr fünfzig deutsche Panzer. … Es sind mittlere vom Typ P III und P IV. … Man möchte am liebsten alles zusammenfassen, was man über sie gehört und gelesen hat. … Trotz der großen Entfernung beschießen sie das Ufer (des Flusses Slonowka – der Autor) aus dem kurzen Halt. … Ohne unsere Antwort abzuwarten, setzen die Deutschen ihren Marsch fort. Wieder verhalten sie, und wieder schießen sie. Wir können schon erkennen, wie sich der Turm dreht, sehen die auf uns gerichteten Rohre. Man muß dem Gegner zugestehen, dass seine Truppen gut eingespielt sind. Die Befehle werden schnell und einheitlich ausgeführt.
Der Abstand zwischen unseren Panzern und denen des Gegners beträgt achthundert Meter. Die deutsche Kampfwagenkolonne entfaltet sich und strebt auf unseren linken Flügel zu. Es hat den Anschein, als ob eine Lawine auf unseren T-34 zukommt. … Die deutschen Panzer verhalten. Wir schießen wieder und wieder. Aber ich kann ganz genau erkennen, wie unser Geschoß einem Streichholz gleich, das über eine feuchte Reibefläche geführt wird, über die Panzerung hinwegstreicht. … das bedeutet, dass auch unsere Kanonen (auf diese Entfernung – der Autor) gegen die Bugpanzerung der gegnerischen Kampfwagen machtlos sind[1]. … Überall ist Feuer, Lärm, Rauch und Staub. Ich versuche zu erkennen, wo die Verluste größer sind. Es gelingt mir jedoch nicht, die abgeschossenen Panzer zu zählen. … Das ist der Augenblick des Gleichgewichts der Kräfte. Der Sprung der KW neigt die Waage zu unseren Gunsten. Die Deutschen wanken … ziehen sich unter dem Schutz von einem Zug P IV zurück.«

Zitiert aus: Popjel, Nikolai Kirillowitsch: In schwerer Zeit, Berlin 1981, S. 69 ff.

[1] Durchschlagleistung sowjetischer Kampfwagenbewaffnung auf 500 m gegen Panzerstahl
76,2-mm-Kampfwagenkanone L-11 L/30,5:
50–66 mm
76,2-mm-Kampfwagenkanone F-32 L/31:
50–66 mm
76,2-mm-Kampfwagenkanone F-34 L/41,5:
50–66 mm

Auf deutscher Seite mussten wichtige Fragen beantwortet werden:

a. Wie kann die Überlegenheit der modernen sowjetischen Panzertypen kompensiert werden? Ähnliche Signale kamen aus Nordafrika, wo der britische Infanteriepanzer MK-II »Matilda« Mk II seine Widerstandsfähigkeit gegen Beschuss wiederholt unter Beweis gestellt hat. Welche Aufgaben waren im Zuge der Modernisierung des vorhandenen Kampfwagenmaterials zu lösen, um deren Feuerkraft und Panzerschutz – unter Inkaufnahme von Einbußen in der Beweglichkeit – zu verbessern? Dass die Ergebnisse dieser Bemühungen nur kurze Zeit Bestand haben würden, war klar.
b. Wie sollen die Nachfolger der Panzer III und IV aussehen?

Zum Punkt a. **Modernisierung**:
Eine Umänderung des Panzer III mit dem Panzer-IV-Turm kam wegen der vielen konstruktiv ungelösten Probleme nicht in Frage, so dass er – wie Hitler während der Rüstungskonferenz Anfang März 1942 festgelegt hatte – in der alten Ausführung weitergebaut werden musste. Das war der Panzerkampfwagen III (5 cm KwK 39 L/60)

(Sd.Kfz. 141/1), Ausführung J, der ab Dezember 1941 aus den mittlerweile sieben Herstellerwerken zur Truppe kam. Es folgten die Ausführungen L und M, teilweise mit 20 mm Zusatzpanzerung im Frontbereich (insgesamt knapp 2.000 Fahrzeuge). Ihre Tage waren gezählt. Und der Panzerkampfwagen III (7,5 cm) (Sd.Kfz. 141/2), Ausführung N (bis August 1943 663 Stück gebaut) verkörperte mit seinem kurzrohrigen 7,5-cm-Geschütz eine Zwischenlösung, mit der Feuerkraft des Panzerkampfwagen IV (7,5 cm) (Sd.Kfz. 161) der Ausführungen A bis F. Das provoziert zu der Frage, warum die Panzerabteilungen in den 1930er Jahren überhaupt mit zwei so unterschiedlichen Kampfwagenmodellen ausgestattet wurden. Fazit: der »Panther« soll den Kampfwagen III in der Fertigung ablösen und das in möglichst kurzer Zeit.
Grundsätzlich standen die Dinge um den Panzerkampfwagen IV nicht besser. Er bot aber bezüglich der Erhöhung der Feuerkraft und des Panzerschutzes ein etwas höheres Entwicklungspotential und wurde mit der 7,5-cm-KwK 40 L/43, später L/48 bewaffnet. Die ersten sind zwischen März und Juli 1942 unter Eingriff in die laufende Serie hergestellt worden. Außerdem war es üblich, Fahrzeuge aus der Instandsetzung umzubewaffnen. Das neue Geschütz konnte mit der Panzergranate 39 auf 500 m 91mm, mit der Panzergranate 40 108 mm Panzerstahl durchschlagen. Das reichte aus, die sowjetischen, britischen und auch US-amerikanischen Kampfwagen auf Distanz zu halten. Sie traten ab 1942 nicht nur in Nordafrika, sondern auch an der Ostfront in Erscheinung[32].
Am 1. Juli 1942 schätzte die Ausbildungsabteilung beim Generalstab des Heeres ein: »... mit der neuen KwK 5-cm und 7,5-cm-lang sind der Truppe Waffen in die Hand gegeben, die sich bei allen Kämpfen hervorragend bewährt haben. Englische Panzer konnten mit diesen Waffen mit Sicherheit, russische Panzer, außer dem verstärkten KW-1, wirkungsvoll bekämpft werden«. Hitler befahl am 24. Mai 1942, dass alle Panzer IV mit Langrohrkanone eine Zusatzpanzerung erhalten sollen. Erst mit der 80-mm-Frontpanzerung und mit einer neuen Bewaffnung waren sie dem T-34 gewachsen, wenngleich sie sich mit dessen Beweglichkeit niemals messen konnten. Zum Schutz der empfindlichen Flanken erhielten die Panzerkampfwagen III und IV ab März 1943 seitliche, 5 mm starke Panzerschürzen.
Im April 1943 erreichte die Monatsproduktion des Panzers IV mit 272 Fahrzeugen einen neuen Höchststand (im April 1941 waren 85 Stück abgenommen worden). Dem standen Verluste von 136 Kampfwagen entgegen, davon noch 19 mit der kurzrohrigen Kanone. Es gab wiederholt Vorstöße, die Fertigung des Modells gänzlich einzustellen, sich dafür auf den neuen »Panther« zu konzentrieren und die Produktionskapazität für Sturmgeschütze nutzbar zu machen. Sie wurden dringend für die Panzerabwehr gebraucht. Beim Panzerkampfwagen III war diese Umstellung bereits gelungen.
Generaloberst Heinz Guderian wies in seiner neuen Funktion als Generalinspekteur der Panzertruppen am

Der Panzerkampfwagen IV (7,5 cm KwK 40) (Sd.Kfz. 161/1 und /2), Ausführung C wurde zwischen Mai 1942 und Juni 1943 von drei Firmen geliefert. Wichtigste Kampfkraftsteigerung war das Langerohrgeschütz.

Die Sollausstattung einer Panzerkompanie sah 22 Panzerkampfwagen IV (7,5 cm KwK 40) (Sd.Kfz. 161/2) vor.

[32] Am 8. Juli 1942 lag dem Oberkommando des Heeres die erste einwandfreie Bestätigung vor, dass nun auch mittlere Panzer M-3 »Lee« an der Ostfront eingesetzt wurden. Im Rahmen des Pacht- und Leihabkommens erhielt die Sowjetunion aus den USA u.a. 1.332 M-3 A 1 »Stuart«, 976 M-3 »Lee« und 3.664 M-4 A 2 »Sherman«, weiterhin tausende Panzer aus britischer und kanadischer Fertigung (darunter »Matilda« Mk II, »Valentine« sowie »Churchill«).

9. März 1943 in einem Vortrag vor Adolf Hitler, dem Oberbefehlshaber der Wehrmacht, ausdrücklich auf die Bedeutung des Panzerkampfwagen IV für die Einsatzfähigkeit der Panzertruppe hin. Die begrenzte Zahl der 1943 lieferbaren Panzerkampfwagen V »Panther« und VI »Tiger« reichte dafür nicht aus. Die Umstellung gelang bis zum Ende des Krieges nicht.
Bis zum März 1945 verließen über 6.000 Panzerkampfwagen IV mit der 7,5-cm-Kampfwagenkanone 40 die Hallen der drei großen Herstellerwerke. Mit der monatlichen Lieferung von 168 Fahrzeugen im Februar und 68 im März 1945 lag man erheblich unter den Zahlen, die im »Sturmprogramm des Heeres« vom 9. Januar 1945 gefordert waren. 200 Kampfwagen – das überstieg die Möglichkeiten der vor dem Abgrund stehenden deutschen Rüstungsindustrie.
Trotz der wechselhaften Geschichte, trotz mancher Schwächen erwiesen sich die Panzerkampfwagen III und IV mit ihren Antriebsanlagen – deren Herzstück der 300 PS starke 12-Zylinder-V-Motor Maybach HL-120 war – als solide ausgereifte Konstruktionen, die beachtliche Zunahmen beim Fahrzeuggewicht verkraftet haben. Ein Beispiel: Zur Unterstützung der Panzer hielt man 1943 ein großes Kaliber für notwendig: Sturmpanzer, die ihnen den Weg durch die gegnerische Verteidigung »freischießen«. In größerer Stückzahl gebaut worden ist lediglich der »Brummbär« mit einer 15-cm-Sturmhaubitze 43 L/12. Das Fahrgestell kam vom Panzer IV, musste nun 28,2 t tragen. Die erste Ausführung des Panzerkampfwagen IV hatte 10 t weniger gewogen.

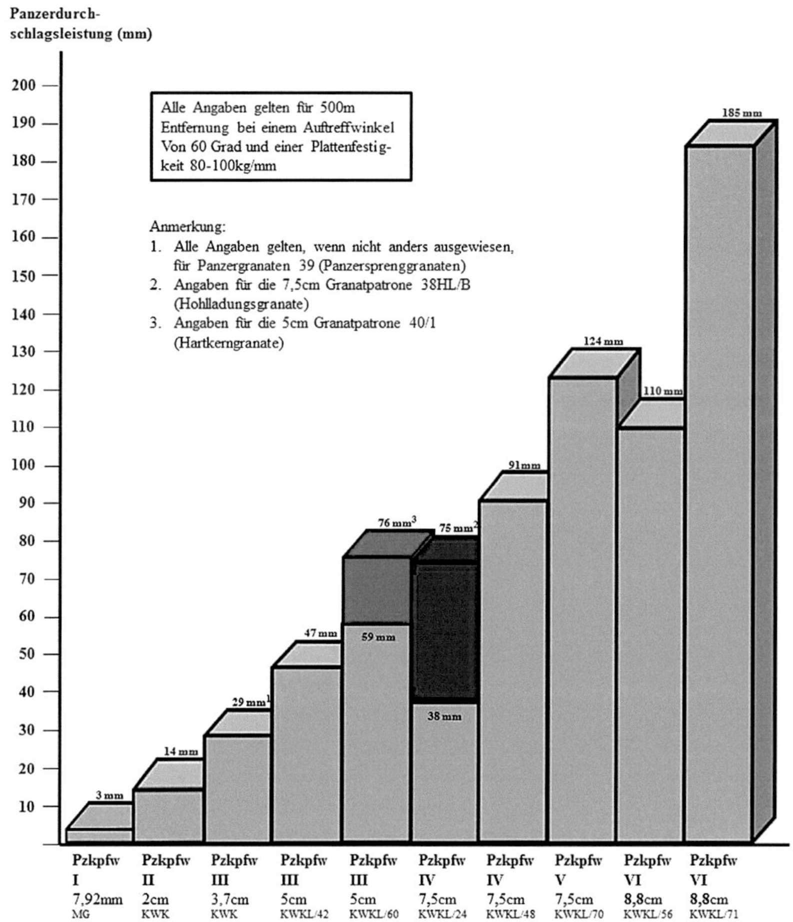

Die Durchschlagleistungen der Hauptbewaffnung deutscher Panzerkampfwagen 1934 bis 1945.

Kasemattaufbauten boten eine Möglichkeit, die Feuerkraft der 1944 als veraltet geltenden Panzerkampfwagen IV zu erhöhen. Die Firma VOMAG / Plauen lieferte ab August 1944 den Jagdpanzer IV/70 (V) (Sd.Kfz. 162/1) für die Panzerjägerabteilungen in den Panzerdivisionen. Mit seinem Geschütz, der 7,5-cm-Panzerjägerkanone 42, konnten bei Verwendung der Panzergranatpatrone 39/42 auf 1.000 m Entfernung 111 mm starke Panzerplatten durchschlagen werden.

Zum Punkt b. **Neue Panzerkampfwagen**:

Der Auftritt qualitativ überlegener sowjetischer Panzer an der Ostfront im Sommer 1941 stellte für die Deutschen eine unangenehme Überraschung dar. Die Antwort konnte sich nicht nur auf die Modernisierung bereits verfügbarer Panzermodelle beschränken. Auch die sogenannten »Durchbruchswagen«, von denen verschiedene Firmen 1941 Versuchskonstruktionen erstellt hatten, versprachen zu wenig Entwicklungspotential. Ihre 50 mm starke Frontpanzerung bot bestenfalls Schutz vor dem Beschuss aus 47-mm-Geschützen. Ebenfalls angehalten wurde die Entwicklung des VK 6501 mit 100 mm Frontpanzerung, der nur mit der bereits bekannten kurzrohrigen 7,5-cm-Kampfwagenkanone bestückt werden sollte.

Mitte 1941 hatte Rheinmetall-Borsig den Auftrag für eine Kampfwagenkanone erhalten, die noch auf 1.500 m 100 mm starke Panzerplatten durchschlagen konnte. Daraus entstand die Hauptbewaffnung des »Panther«. Ein Projekt mit konischem Rohr wurde aus Mangel an Wolfram für die Geschossfertigung nicht zur Serienreife gebracht. Im Juli 1941 kam schließlich das Kaliber 8,8 cm ins Gespräch, offenbar unter dem Eindruck des Erfolges, den man beim Einsatz der 8,8-cm-Flugzeugabwehrkanone bei der Bekämpfung stark gepanzerter Kampfwagen erzielt hatte. Ihrer durchschlagenden Wirkung konnten weder der mittlere Panzer T-34 noch der schwere Panzer KW widerstehen. Den Auftrag, das Geschütz für die Verwendung in Kampfwagen umzukonstruieren, erhielt die Fr. Krupp AG in Essen. Ergebnis war die 8,8-cm-Kampfwagenkanone 36 L/56 im Panzerkampfwagen VI »Tiger« (Sd.Kfz. 181). Noch stärkere Kaliber standen in Aussicht, sind jedoch zugunsten der Leistungssteigerung des Kalibers 8,8 cm mit rasanterer Flugbahn und höherer Durchschlagleistung erst einmal aufgegeben worden, zumindest für die Bestückung von Kampfwagen.

Die Entwicklung der neuen Kampfwagen war Porsche und Henschel übertragen worden. Sie verfolgten unterschiedliche Konzepte: Porsche eines mit benzinelektrischem Antrieb, Henschel ein konventionelleres mit einem 12-Zylinder-Maybachmotor, einem 8-Gang-Getriebe und einer Zweiradienlenkung, um den Koloss leichter fahren und lenken zu können. Das Gewicht des VK 3601 (H)[33] mit 100 mm Frontpanzerung sollte die Obergrenze von 40 t nicht überschreiten. Zu den neuen charakteristischen Merkmalen gehörte das Laufwerk mit großen Scheibenrädern in Schachtelanordnung. Die Entscheidung, auf das Geschütz mit konischem Rohr zu verzichten (Waffe 0725) und die 8,8-cm-Kanone als Hauptwaffe einzubauen, machte die Vergrößerung des Turmkreisdurchmessers auf 1.850 mm notwendig. Dementsprechend wurden die Panzeraufbauten breiter gehalten. Bei 100 mm Frontpanzerung blieb das nun auf 45 t begrenzte Gewicht blanke Theorie.

Die neuen Panzer VK 4501 (P) und VK 4501 (H) wogen schließlich 57 t. Aufträge für die Serienproduktion vergab das Heereswaffenamt im Juli 1942, aber nur die Henschel-Konstruktion ist bis August 1944 in 1.354 Exemplaren als schwerer Panzer ausgeliefert worden. Vom Porsche-Typ blieb es bei fünf. Die anderen 90 Fahrgestelle wurden zu Sturmgeschützen (P) umgebaut und vom Nibelungenwerk / St. Valentin für zwei Panzerjägerabteilungen ausgeliefert. Unter den vielen Namen für das 68 t schwere Fahrzeug ist der des Jagdpanzers »Ferdinand« wohl der bekannteste.

1943 kam ein weiterer neuer Panzertyp zur Truppe – der Panzerkampfwagen V »Panther« (Sd.Kfz. 171). Er geht auf Forderungen der Inspektion 6 im Oberkommando des Heeres zurück, die das Heereswaffenamt / WaPrw 6 am 25. November 1941 als Entwicklungsaufträge an die Daimler-Benz AG / Berlin-Marienfelde und die MAN / Augsburg-Nürnberg weitergereicht hat. Gefordert war ein 35-t-Panzer mit einer um 35^{0} geneigten Frontpanzerung, einer Höchstgeschwindigkeit von 55 km/h und der neuen 7,5-cm-Kampfwagenkanone von Rheinmetall. Beide Unternehmen wollten das Antriebsproblem mit Dieselmotoren lösen. Letztlich kam der 12-Zylinder-Vergasermotor HL 210 bzw. HL 230 zum Einbau, dessen Entwicklung vom Heereswaffenamt im Juni 1941 in Auftrag gegeben worden war.

Der Panzer VK 3002 (DB) blieb ein interessanter Entwurf, der stark an sein Vorbild, den sowjetischen T-34 erinnerte. In Serie ging die MAN-Entwicklung, nun wegen der nochmals verstärkten Panzerung 45 t schwer. Vier, später drei Hersteller lieferten bis 1945 6.273[34] Kampfwagen des Typs. Noch im Januar 1945 lag die monatliche Forderung bei 600 Stück, tatsächlich geliefert wurden im Februar 135 und im März des Jahres 102 Stück. Damit lag das Ziel, den veralteten Panzer IV in den Panzerregimentern der Panzerdivisionen gänzlich abzulösen, in weiter Ferne. In der Regel verfügten diese über eine Panzerabteilung mit vier Kompanien, die nach der Kriegsstärkenachweisung Nr. 1177 vom 1. November 1943 mit je 22 »Panther«-Kampfwagen ausgestattet waren. Die zweite Abteilung behielt Panzerkampfwagen IV (7,5 cm KwK 40 L/48) (Sd.Kfz. 161). Für »Panzerdi-

[33] (H) für Henschel

[34] nach anderen Angaben 5.976

visionen 45« sah man ohnehin nur noch eine Panzerabteilung mit zwei Kompanien Panzer IV und zwei Kompanien Panzer V vor. »Panther« bestimmten auch das Erscheinungsbild der im ausgehenden Sommer 1944 aufgestellten selbständigen Panzerbrigaden, einer aus der Not geborenen Kriegsgliederung, die nur wenige Wochen Bestand hatte.

Die Premiere des Panzerkampfwagen V »Panther« – u.a. in den im Juli 1943 während der Operation »Zitadelle« als Heerestruppe aufgestellten Panzerabteilungen 51 und 52 – war alles andere als der erhoffte Paukenschlag. Es trat das ein, was Guderian in seinem Führervortrag am 9. März 1943 prophezeit hatte: sie waren noch nicht frontverwendungsfähig. So blieben viele als qualmende Schrotthaufen auf dem Schlachtfeld im Kursker Bogen. Ihre Besatzungen hatten sie sprengen müssen. Die technischen Schwächen konnten weitgehend beseitigt werden. Letztlich gehörte der »Panther« zu den besten mittleren Panzern seiner Zeit, wurde 1944 als Träger richtungsweisender Entwicklungen wie der Ausstattung mit Entfernungsmess- und Nachtsichtgeräten ausgewählt.

Hinsichtlich der Durchschlagleistung seiner 7,5-cm-Kampfwagenkanone übertraf er den zehn Tonnen schwereren »Tiger«. Sie durchschlug mit der Panzergranate 39/42 auf 500 m Entfernung 124 mm Panzerstahl, die des »Tigers« nur 110 mm. Ein Wert, der aber ausreichend war, den legendär gewordenen Ruf des Panzers in der Schlacht im Kursker Bogen zu begründen. Nur 128 »Tiger« standen in diesem Abschnitt der Ostfront zur Verfügung. Sie konnten den T-34 auf eine Distanz unterhalb 1.500 m abschießen, die bis auf 200 m heranfahren mussten.

Vom Panzerkampfwagen V »Panther« (Sd.Kfz. 171) wurden von Januar 1943 bis zum Ende des Zweiten Weltkrieges etwa 6.000 Stück in drei Ausführungen ausgeliefert. Er war mit der 7,5-cm-Kampfwagenkanone 42 L/70 der leistungsfähigste deutsche Panzer.

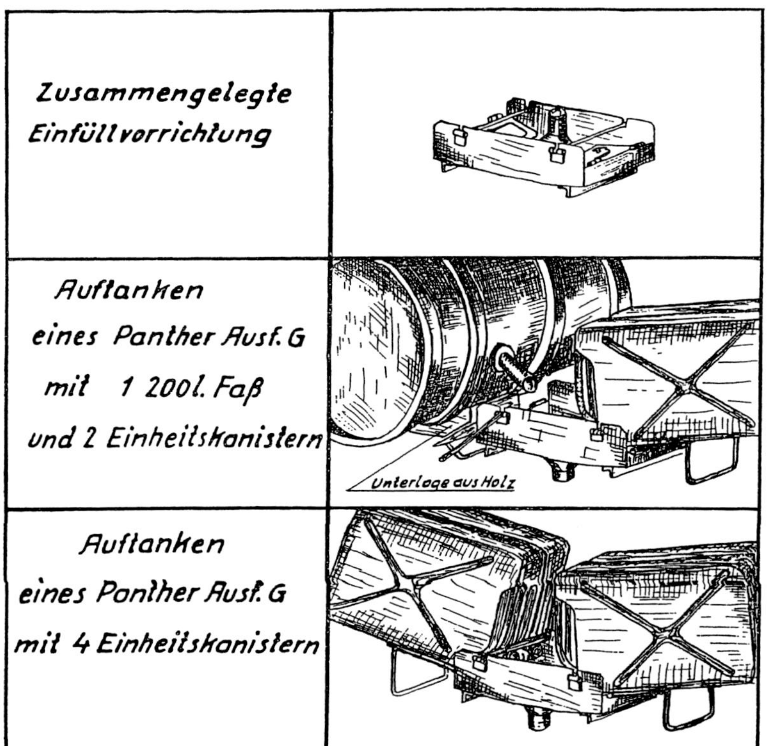

Ostfront, Winter 1943/1944. Um die Betankung aus 200-Liter-Rollreifenfässern und 20-Liter-Einheitskanistern zu erleichtern, wurde für den »Panther« eine spezielle Einfüllvorrichtung eingeführt.

Panzerkampfwagen VI »Tiger« (Sd.Kfz. 181) während der Operation »Zitadelle« im Kursker Bogen. Aufnahme vom Juli 1943.

Wie sich das Bild gewandelt hatte. Sowjetische Tankisten, Teilnehmer der Panzerschlacht bei Prochorowka im südlichen Teil des Kursker Bogens, berichteten von den Kämpfen. Ihr Befehl lautete, die Entfernung zum Gegner schnell zu überwinden. »Wir wurden wie die Hasen abgeschossen.« Das bestätigen die Totalverluste der beteiligten sowjetischen Armeen an Panzern während der Schlacht, die am Ende kein deutscher Erfolg wurde. Den 1.614 sowjetischen standen 252 deutsche Kampfwagen gegenüber, unter ihnen zehn »Tiger«. In der sowjetischen Wahrnehmung war das ein Makel, wurde in der Historienliteratur dementsprechend verzerrt dargestellt und dabei dem »Tiger« immer wieder große Aufmerksamkeit gewidmet. Zählt man die zusammen, die der Oberst der Reserve Ilja Iwanowitsch Markin in seiner Schilderung der Kämpfe allein zwischen dem 5. und 12. Juli 1943 in Flammen aufgehen lässt, sind das 65 – die Hälfte der im Kursker Bogen insgesamt verfügbaren und ein Fünftel aller bis Juni 1943 ausgelieferten »Tiger«.

Die Henschel & Sohn GmbH / Kassel war alleiniger Hersteller der »Tiger«-Panzer. Vom Panzerkampfwagen VI »Tiger« II (Sd. Kfz. 182) lieferte sie zwischen Januar 1944 und März 1945 489 Fahrzeuge.

Beutepanzer aus allen Ländern spielten in Einheiten der Panzertruppen und der SS-Ordnungspolizei bis 1945 eine nicht unwesentliche Rolle. Im Bild zu sehen ist ein Panzerbefehlswagen 35-S 739 (f) aus französischen Beständen.

Über die Schlacht im Kursker Bogen berichtet Will Fey, im Juli 1943 Kommandant eines der elf »Tiger« des Panzerregimentes der SS-Panzergrenadierdivision »Leibstandarte Adolf Hitler«:
»Auf einer beherrschenden Höhe im Norden stehen ein paar T-34 in Lauerstellung. Die ersten Granaten schlagen in unserer Nähe ein, dann klatschen Treffer gegen unsere Stirnplatte. Laden, entsichern, Schuß! Treffer! Wir setzen nach. Der erste T-34 brennt. Unser Nachbar hat einen zweiten in Brand geschossen. Die übrigen rollen hinter die Höhe. Nach weiteren 500 m Vormarsch kamen 20, 30, 40 Feindpanzer über den Horizont; sie marschieren an den beiden brennenden Wracks vorbei, stehen, schießen, rollen wieder und schießen in schneller Folge weiter. Treffer klatschen gegen die Stirn und Wanne; aber sie tun uns nicht viel. Wir rücken noch ein wenig vor und eröffnen dann das Feuer. Eine Panzerschlacht hat begonnen. In etwa 1000 m Entfernung liegen (stehen – der Autor) sich auf zwei getrennten Hängen die Kräfte gegenüber. ... Alle „Tiger" schießen. Der Kampf steigert sich zur Ekstase der brüllenden Maschinen. ... Wir zählen die Fackeln der feindlichen Panzer. ... Nach einer Stunde brennen 12 T-34. Die restlichen 30 kurven wild hin und her und feuern, was die Rohre hergeben. Sie schießen gut; aber unsere Panzerung ist sehr stark. Jetzt zucken wir nicht mehr zusammen, wenn ein stählerner Knöchel an unser enges Gehäuse klopft. Wir wischen die abbröckelnden Lacksplitter aus dem Gesicht und laden wieder, richten, schießen ...; die letzten Feindpanzer sind verschwunden! 23 stählerne Kolosse brennen vor uns im Gelände«.

Zitiert aus: Fey, Will: Panzer im Brennpunkt der Fronten, München 1960, S. 26 f.

Die Erfolge des »Tigers« verleiten heute einige Experten, ihn als einen technologischen Sprung in der Entwicklung des Panzerbaus zu bezeichnen. Das ist er nicht, konnte es schon auf Grund der kurzen Entstehungszeit – ein knappes Jahr – nicht sein. Er war das, was möglich war, um die Überlegenheit der sowjetischen Panzer schnellstmöglich zu brechen. In Bezug auf Feuerkraft und Panzerschutz ist das gelungen, in Bezug auf die Beweglichkeit nicht. Dazu kann man im Merkblatt 47a »Ausbildung und Einsatz der schweren Panzerkompanie Tiger« vom 20. Mai 1943 nachlesen: »Große Feuerkraft, starke Panzerung, gute Geländegängigkeit und die starke Stoßkraft sind die Charakteristiken der schweren Panzerkampfwagen. ... Sie befähigen die Kompanie in der ersten Welle gegen starke Verteidigungen anzugreifen, schwere Feindpanzer ... bereits auf große Entfernungen zu vernichten. ... Das hohe Gewicht ... schränkt die Nutzung vieler Brücken ein, erfordert Verstärkung vorhandener Brücken auf speziellen Vormarschwegen ...«.
Vermutlich übertrafen die Verluste durch nicht ausreichend verstärkte Wege und Brücken, durch den Mangel an Treibstoff, wegen technischer Schäden und fehlender Abschleppmittel die durch gegnerischen Beschuss. Wenn alles passte, waren die »Tiger« ein Bollwerk. Doch wann passt alles im Krieg?
»Tiger«-Panzer fanden üblicherweise in schweren Panzerabteilungen des Heeres, außerdem bei Einheiten der Luftwaffe und der Waffen-SS Verwendung. Die Abteilung verfügte über 45 Kampfwagen, die auf den Stab und die drei Kompanien aufgeteilt wurden. Als Anhalt dient die Ausstattung der schweren Panzerkompanie nach Kriegsstärkenachweisung Nr. 1176e vom 1. November 1943. Vereinzelt erhielten Panzerregimenter von Panzer- bzw. Panzergrenadierdivisionen eine »Tiger«-Kompanie. Schweren Panzerkompanien mit Sprengstoffträgern B-IV (Sd.Kfz. 301) standen 14 Panzerkampfwagen VI »Tiger« (Sd.Kfz. 181) zu.
An seine Stelle trat der Panzerkampfwagen VI »Tiger« II (Sd.Kfz. 182) (bekannter als »Königstiger«) mit der 8,8-cm-Kampfwagenkanone 43 L/71. Das Geschütz war schon im Sommer 1941 in Auftrag gegeben worden und ist mit der 8,8-cm-Panzerjägerkanone 43 L/71 verwandt. Beide zeichnete eine beachtliche Durchschlagleistung aus – auf 500 m Distanz 185 mm- und auf 1.000 m 165 mm-Panzerstahl. Pläne für den neuen »Tiger« hatte es schon 1942 gegeben. Die Schwachstellen der ersten Ausführung waren bekannt. Er sollte, so notierte Albert Speer auf der Rüstungskonferenz vom 3. bis 5. Januar 1943, die Überlegenheit im Jahr 1944 sichern. Weiterhin registrierte die deutsche Führung eine Verdopplung des Jahresausstoßes an Panzern (1942: 5.052 Panzer, 1943: 9.358 Panzer und Sturmgeschütze), wobei sich der Anteil an »Tiger«-Panzern in Grenzen hielt, auch der des »Tiger« II. Zwischen Januar 1944 und März 1945 verließen 489 Stück die Henschel & Sohn GmbH in Kassel. Die 77 »Jagdtiger« mit der 12,8-cm-Pak 44 L/55 lieferte das Nibelungenwerk in St. Valentin.

Vergleich von Rohrlängen und Lebensdauer deutscher Kampfwagenkanonen		
Geschütztyp	Rohrlänge = Kaliberlänge	Lebensdauer
3,7-cm-Kampfwagenkanone	1.717 mm = L/45	4.000 Schuss
5,0-cm-Kampfwagenkanone	2.100 mm = L/42	6.000–8.000 Schuss
5,0-cm-Kampfwagenkanone 39	3.000 mm = L/60	8.000 Schuss
7,5-cm-Kampfwagenkanone 37	1.766,3 mm = L/24	12.000–14.000 Schuss
7,5-cm-Kampfwagenkanone 40	3.555 mm = L/48	5.000–7.000 Schuss
7,5-cm-Kampfwagenkanone 42	5.250 mm = L/70	2.000–2.400 Schuss
8,8-cm-Kampfwagenkanone 36	4.928 mm = L/56	6.000 Schuss
8,8-cm-Kampfwagenkanone 43	6.280 mm = L/71	1.200 Schuss

Die alliierten Gegner Deutschlands reagierten auf die qualitativen Zuwächse bei Feuerkraft und Panzerschutz deutscher Kampfwagen. Quantitativ besaßen sie die Überlegenheit ohnehin. In der Sowjetunion löste die Konfrontation mit dem »Tiger« hektische Versuche aus, die Feuerkraft des T-34 zu erhöhen. Mit dem T-34/85 fand man schließlich einen gelungenen Kompromiss. Er konnte mit der leistungsstärkeren 85-mm-Kanone ohne Fertigungseinbußen ausgebracht werden. Für schwere Panzer entschied sich die Rote Armee für das Kaliber 122 mm. Außerdem erhielten sie Selbstfahrlafetten mit 85-, 100-, 122- und 152-mm-Geschütze[35].

[35] Die sowjetischen Selbstfahrlafetten sind mit den deutschen Sturmgeschützen vergleichbar.

Der sowjetische Panzer T-34/85 – leistungsfähig und in großer Zahl verfügbar – zählte zu den häufigsten Gegnern der deutschen Kampfwagen.

Die Antwort der sowjetischen Panzerbauer auf den deutschen »Tiger«: der schwere Panzer IS-3, die »gepanzerte Schildkröte«. Bei nur 46 t Gewicht war er vorn 110 mm stark gepanzert, mit einer 122-mm-Kampfwagenkanone D-25 L/48 und zwei Maschinengewehren bewaffnet. Das Geschütz konnte mit der Panzergranate auf 1.000 m Entfernung (Auftreffwinkel 60⁰) 125 mm Panzerstahl durchschlagen.

Der Ruf, die leistungsfähigste Kampfwagenkanone im britischen Panzerbau zu sein, gebührt der 17-pdr-Kanone (Kaliber 76,2 mm), vergleichbar mit der 7,5-cm-Kampfwagenkanone 42 L/70. In den US-Streitkräften übernahmen 76,2- und 90-mm-Kanonen die Aufgaben der nicht mehr den Anforderungen entsprechenden 75-mm-Waffen.
Was blieb in Deutschland als Ergebnis des Wettkampfes zwischen Feuerkraft und Panzerschutz? Zu schwere Kampfwagen, gut gepanzert und bewaffnet, mit begrenzter taktischer Beweglichkeit. Im Ringen um qualitative Überlegenheit auf dem Schlachtfeld war es den Technikern leichtgefallen, Antworten zu finden. Sie erlagen den Verführungen des wissenschaftlich-technischen Fortschrittes. Die daraus erwachsenden Probleme mussten die Ausbilder, die Taktiker und die Logistiker – kurzum die Organisatoren des militärischen Kampfes – lösen. In Deutschland war der Höhepunkt dieser Entwicklung die »Maus«, ein an die Grenzen taktisch-technischer Brauchbarkeit stoßender Koloss mit 240 mm Frontpanzerung, einer 12,8-cm-Kampfwagenkanone 44 L/55 als Hauptbewaffnung, einem 7,5-cm-Geschütz und einem 7,92-mm-Maschinengewehr als Nebenwaffen.

Die deutschen Kriegserfahrungen im Kampfwagenbau fasste Eike Middeldorf in seiner 1956 veröffentlichten Arbeit »Taktik im Russlandfeldzug« wie folgt zusammen:

Vergleich taktisch-technischer Parameter deutscher und internationaler Panzermodelle					
Land	Panzermodell	Gewicht (t)	Panzerung, max. (mm)	Feuerkraft (Kaliber (mm) und Kaliberlänge)	Masse-Leistungs-Verhältnis (PS/t)
Deutschland	III (Sd.Kfz. 141/1)	22,7	50–70	50 L/60	13,2
	IV (Sd.Kfz. 161/2)	25	50–80	75 L/48	10,6
	V (Sd.Kfz. 171/1)	45,5	80–100	75 L/70	15
	VI (Sd.Kfz. 181)	56,9	100	88 L/56	12,3
	VI (Sd.Kfz. 182)	69,7	100–180	88 L/71	10,3
Großbritannien	Mk VIII »Cromwell«	28,7	40–101	75 L/39,5	21,4
	A-34 »Comet« Mk I	34,7	76–101	76,2 L/50	17,9
Sowjetunion	T-34/76	30,9	60–75	76,2 L/41,5	16,7
	T-45/85	32	60–75	85 L/51,5	15,6
	IS-2	45	120–160	122 L/43	13,3
	IS-3	45,8	120–230	122 L/43	13,5
USA	M-4 A 3 (75 mm)	31	60–70	75 L/50,8	14,5
	M-4 A 3 (76 mm)	35	60–75	76,2 L/52,8	14,2
	M-26	41,9	91–120	90 L/50	12,2

»Als Standard-Panzerkampfwagen ... dürfte ein mittlerer Panzer von 40 t Gewicht mit einem luftgekühlten Dieselmotor in einer Stärke von etwa 20 PS pro Tonne in Frage kommen. Nach deutschen Erfahrungen sind die überlegene Wendigkeit und Beweglichkeit, sowie die Durchschlagleistung der Kanone über den Wert der Panzerung zu stellen«.

Schnell, aber mit seiner 75-mm-Kampfwagenkanone zu schwach bewaffnet war der britische Kreuzerpanzer Mk VIII »Cromwell« (A 27 M). Sein Nachfolger wurde im September 1944 der »Comet« (A 34) mit einer 17-pdr-Kampfwagenkanone (77 mm). Damit konnte die Durchschlagleistung auf 457 m Entfernung von 68 auf 196 mm Panzerstahl verbessert werden.

Hauptwaffe des US-amerikanischen M 4 A 3 »Sherman« war eine 75-mm-Kampfwagenkanone mäßiger Feuerkraft. Er war im Kampf den deutschen Panzern unterlegen. Eine Besonderheit ist die Montage des 4,2-in-Raketenwerfers T-34 zur Bekämpfung von Flächenzielen.

Modernster Panzer der US-Armee war der M 26 »Pershing« (T 26 E 3), der ab Anfang 1945 auf dem europäischen Kriegsschauplatz zum Einsatz kam. Er wog knapp 42 t, war an der Front 102 mm stark gepanzert und mit einer 90-mm-Kampfwagenkanone M 3 sowie drei Maschinengewehren bewaffnet. Mit Hartkerngranaten konnte das Geschütz auf 914 m Distanz 120 mm Panzerstahl durchschlagen.

Kapitel 6

GRANATWERFER, NEBELWERFER UND LADUNGSWERFER

»Granatwerfer sind die Artillerie des kleinen Mannes. Ihre Konstruktion ist einfach, sie haben ein geringes Gewicht und besitzen eine hohe Feuerkraft.«

Granatwerfer sind Steilfeuerwaffen mit einem Höhenrichtbereich von +40 bis $+90^0$ und Schussweiten zwischen 60 und 800 m, mittlere und schwere Granatwerfer erreichen 3.000 bis 6.300 m. Durch ihr geringes Gewicht, die einfache Zerlegbarkeit und die große Beweglichkeit können sie die Infanterie in der Abwehr und im Angriff aus verdeckter Feuerstellung wirksam unterstützen. Die stark gekrümmte Flugbahn ihrer flügelstabilisierten Wurfgranaten ermöglicht es, die eigenen Truppen jederzeit zu überschießen sowie Ziele in und hinter Deckungen zu bekämpfen, die vom Flachfeuer nicht gefasst werden können.

Die Wurfgranaten wirken durch zahlreiche flach nach allen Seiten auseinanderfliegende Splitter. Zur Munitionsausstattung gehören weiterhin Nebel- und Leuchtgranaten, auch Kampfstoffmunition hielt man für den Einsatz bereit. Erkannte Ziele wurden mit höchster Feuergeschwindigkeit überfallartig bekämpft, um eine hohe moralische und vernichtende materielle Wirkung zu erreichen. Bei größeren Schussweiten nahm die Treffgenauigkeit der Granatwerfer ab, weshalb sie immer weit vorn eingesetzt werden sollten. Lagebedingte häufige Stellungswechsel gehörten zu den Eigenarten der Granatwerferwaffe.

US-Infanterist mit 60-mm-Granatwerfer M 2 während einer Feuerpause. Aufnahme vom Sommer 1944.

6.1 Die internationale Entwicklung – ein Überblick

Bestimmend für die Granatwerferentwicklung bis in den Zweiten Weltkrieg hinein war die Erfindung des Engländers Wilfried Stokes, der im Juni 1916 einen dreizölligen Flügelminenwerfer (Granatwerfer im Kaliber 76,2 mm) einfachster Art vorgestellt hatte. Zu den allgemeinen Merkmalen gehörten ein glattes Rohr aus hochlegiertem Stahl, eine gepresste oder geschweißte Stahlkonstruktion als Bodenplatte und das höhenverstellbare Zweibein mit Verkantungsausgleich, Rohrschelle und Stoßdämpfer.
Leichte Granatwerfer erhielten Richtskalen, einfache Richthilfen. Mittlere und schwere Granatwerfer waren mit Richtaufsätzen ausgestattet. Die Fortbringung der Granatwerfer auf dem Gefechtsfeld gehörte zu den Aufgaben der Bedienungsmannschaft, denen dafür spezielle Rückentragen zur Verfügung gestellt wurden. Auf dem Marsch wurden sie auf einachsige Karren, motorisierte oder gepanzerte Fahrzeuge verlastet. Es gab auch Granatwerfer-Selbstfahrlafetten. Für leichte Granatwerfer nutzte man in verschiedenen Ländern auch den Transport auf Fahrrädern.
Die Erfindung von Wilfried Stokes wurde zum System Stokes-Brandt weiterentwickelt, das – abgesehen von Details – in der Konstruktion fast aller bis in den Zweiten Weltkrieg hinein entstandenen Granatwerfer zu finden ist. Die Übereinstimmung hinsichtlich des Aufbaus, der Funktion sowie der Munition geht sehr weit. Nur ein Beispiel: aus dem deutschen 8-cm-Granatwerfer 34 konnten italienische, aus dem italienischen »Mortaio da 81 modello 35« deutsche Wurfgranaten verschossen werden.

Der US-amerikanische 81-mm-Granatwerfer M 1 in Feuerstellung bei Falaise-Argentan in Frankreich im Sommer 1944.

Das Vorbild für fast alle Granatwerfermodelle: der Stokes-Flügelminenwerfer. Konstruktion und Bedienung waren einfach, die Feuerkraft beeindruckend. In der Minute konnten 30 Flügelminen (= Wurfgranaten) verschossen werden, wovon die Hälfte schon in der Luft war, bevor die erste das Ziel erreicht hatte.

Granatwerfer nach dem System Stokes-Brandt und vergleichbarer Bauart einschließlich chemischer Werfer (Anhalt)

Land	Modellbezeichnung	Kaliber (mm)	Gewicht in Feuerstellung (kg)	Schussweite (m)
Deutschland	36	50	14	520
	34	81,4	56,7–62	2.400
	42	81,4	26,5	1.100
	35 [1]	105	102,6	3.000
	42	120	285	6.350
Frankreich	mle. 37	50	3,65	460
	mle. 35	60	17,8	950–1.700
	mle. 27/31	81,4	58,8	2.850
	mle. 34	120	k.A.	7.200
Großbritannien	M.L. 2in	51,2	11–13,3	465
	M.L. 3in	76,2	54–57,2	1.470–2.516
	S.B. 4,2in [2]	106,7	599	3751
Italien	Mod. 35	81,4	61	1.500–4.052
Japan	Typ 98	50	22,5	416
	Typ 97	81	65,9	3.100
	Typ 97	90	105,8	3.797
	Typ 97	150	349,6	2.000
Österreich	M. 33	81,4	62	1.900
Niederlande	M. 8	81,4	55,4	2.200
Polen	wz. 36	46	12,6	800
	wz. 31	81,4	60	3.030
Sowjetunion	M. 37	50	14	700
	M. 38	50	12,1	800
	M. 39	50	17	800
	M. 40	50	9,3	800
	M. 41	50	10,05	800
	M. 36	82	62	300
	M. 37	82	56 - 57,3	3.100
	M. 41	82	47,5	3.100
	M. 38	107	170,7	6.314
	M. 38	120	256–280	6.000
Schweiz	M. 33	81	61,2	3.000
Ungarn	39 M	50	20	860
	36/39 M	81,4	85	4.300 (6.200)
	43 M	120	275	5.900
Tschechoslowakei	vz. 36	81,4	62	1.200–3.400
USA	M 2	60,5	19,07	1.816
	M 1	81	61,7	3.010
	CM 4,2in [2]	107	149,8	4.026
	T 13 in Lafette T 12	105	86,4	3.660
	T 25 in Lafette T 16 E 2	155	259,2	2.292

[1] Nebelwerfer 35 [2] Chemischer Mörser

Die Tabelle ist nicht vollständig. Sie zeigt ohnehin nur Granatwerfer, die mit der Konstruktion Stokes-Brandt verwandt sind. Sie vermittelt die vor Ausbruch des Zweiten Weltkrieges noch übliche Klassifizierung in:

leichte Granatwerfer mit einem Kaliber bis 60 mm, einer Schussweite zwischen 50 und 1.600 m für den Einsatz auf Zug-, in der Regel aber auf Kompanieebene und

schwere Granatwerfer mit einem Kaliber von 76,2 bis 120 mm, mit einer Schussweite bis über 6.000 m, die in Zug-, vereinzelt auch in Kompaniestärke in die Infanteriebataillone eingegliedert wurden.

Für die leichten Granatwerfer, deren Bedienungen im Feuerkampf auf den letzten 500 m in besonderer Weise den gegnerischen Angriffen ausgesetzt waren, ergaben sich Forderungen nach geringerem Gewicht und niedriger Feuerhöhe. Eine bemerkenswert leichte und einfache Konstruktion mit geringer Feuerhöhe war der 46-mm-»Granatnik« wz. 36. Er wurde 1936 in den Infanteriekompanien des polnischen Heeres eingeführt. Das belgische Gegenstück ist unter der Bezeichnung »Lande Grenades de 50 mm DBT« bekannt geworden. Der Vorderlader mit Gasdruckregler verschoss 0,6 kg schwere Wurfgranaten (größte Reichweite 585 m) mit Hilfe besonderer Treibladungspatronen mit Spannabzug wie bei einem Gewehr. Für ein System, das mit Treibladungspatronen arbeitete, entschieden sich auch die Italiener. Der Sturmmörser kam unter der Bezeichnung »Mortsio Brixia da 45« zur Einführung und war als Hinterlader ausgebildet. Seinem Vorteil, der Feuerhöhe von nur 500 m, standen die umständliche Handhabung und geringe Feuergeschwindigkeit (8–10 Schuss/min) gegenüber.

Geringes Gewicht und niedrige Feuerhöhe gehörten zu den Gründen der französischen Infanterie, den 50-mm-Granatwerfer mle. 37 anzunehmen. Das Gewicht in Feuerstellung ist mit 3,65 kg, die maximale Schussweite mit 460 m und die Feuergeschwindigkeit mit 15–20 Schuss/min angegeben. Zwei Jahre zuvor hatte sich die französische Kavallerie für einen 60-mm-Granatwerfer entschieden. Er war fünfmal so schwer, konnte dafür aber bis 1.700 m weit schießen.

Mit den schweren Granatwerfern verfolgte man die Absicht, in der Entfernung – überlappend mit den leichten Modellen – Feuerschwerpunkte im Bataillonsabschnitt zu schaffen. Hinsichtlich der Eingliederung dieser Waffen gab es verschiedene Lösungen. Bei den Franzosen waren es Bataillons-Begleitwaffenkompanien mit einem Zug 37-mm-Infanteriekanonen mle. 16 und einem Zug 81,4-mm-Granatwerfern mle. 27/31. In anderen Armeen unterhielt man Granatwerferkompanien mit neun Werfern. Die britischen Streitkräfte besaßen Infanteriebrigaden, in denen die Stabskompanien der Bataillone über je einen Zug mit 3-in-Granatwerfern verfügten.

Für die Granatwerfer war in der Regel die Waffengattung Infanterie zuständig, in Ausnahmefällen die Marineinfanterie, die Kavallerie oder die chemischen Truppen. In den sowjetischen Streitkräften gehörten sie zur Hauptverwaltung der Artillerie beim Volkskommissar für Verteidigung (1940–1941 Marschall der Sowjetunion Semjon Konstantinowitsch Timoschenko). Im System der Granatwerferbewaffnung sah man folgende Aufgabenverteilung vor:

1. Kompaniegranatwerfer, Kaliber 37–50 mm, Vorderlader,
2. Bataillonsgranatwerfer, Kaliber 82 mm, Vorderlader,
3. Regimentsgranatwerfer, Kaliber 120 mm, Vorderlader und
4. Granatwerfer für die Artilleriereserve des Oberkommandos, Kaliber 160–240 mm, Hinterlader.

Außerdem wurde die Beschaffung eines speziellen 107-mm-Gebirgsgranatwerfers für notwendig gehalten. Der 37-mm-»Spatengranatwerfer« erwies sich als Fehlentwicklung, blieb eine militärtechnische Kuriosität. Ansonsten trieb man die Granatwerferentwicklung mit Nachdruck voran, so dass 1941 ein Bestand von 56.000 Stück aller Kaliber vorhanden war. 160-mm-Granatwerfer befanden sich 1943 in der Erprobung, der 240-mm-Granatwerfer kam erst nach Kriegsende in die Bewaffnung. Das Kaliber 50 mm verlor im Kriegsverlauf an Bedeutung. Nach einer Information der Abteilung Fremde Heere Ost (IIc) im Oberkommando / Generalstab des deutschen Heeres verfügte eine sowjetische Schützendivision im Dezember 1942 noch über 56 Werfer dieses Kalibers. Dafür nahm die Zahl der 82-mm-Bataillonsgranatwerfer von drei (1942) auf sechs (1943) und neun (1944) zu. Damit kam jeder Verband auf 85 82-mm-Granatwerfer, wozu noch einmal 24 des Kalibers 120 mm gezählt werden müssen[36]. Letztere gehörten auch zur Bewaffnung selbstständiger Granatwerferabteilungen, -regimenter und -brigaden. Ein bespanntes Granatwerferregiment konnte 20 120-mm-Granatwerfer 38 einsetzen; war es motorisiert, erhöhte sich ihre Zahl auf 36.

[36] Zum Vergleich: eine deutsche Infanteriedivision verfügte bis 1942 noch über eine Sollausstattung mit 246 5-cm-Granatwerfern 36 und 54 8-cm-Granatwerfern 34, die Panzerdivisionen in ihren beiden Schützenregimentern (mot) über lediglich 24 8-cm-Granatwerfer.

Graben und Schießen – wer alles machen will, schafft das mit einer Konstruktion, aber alles nicht richtig. Ein Beispiel dafür ist der sowjetische 37-mm-Spatengranatwerfer. Er wog 2,4 kg und erreichte Ziele in Entfernungen zwischen 60 und 250 m.

In Fahrstellung wog der 120-mm-Regimentsgranatwerfer 38 426 kg, in Feuerstellung 256 kg.

Der 82-mm-Bataillonsgranatwerfer 37 wurde von der Bedienung, auf Tragtieren oder auf einem Werferkarren transportiert. Er konnte in drei Traglasten zerlegt werden: das Rohr (19,6 kg), das Zweibein (20,1 kg) und die Bodenplatte (21,3 kg).

Der polnische 46-mm-Granatwerfer wz. 36 verschoss 0,76 kg schwere Wurfgranaten auf Entfernungen zwischen 100 und 800 m. Er wurde von der Bedienung als Traglast oder fahrradbeweglich transportiert.

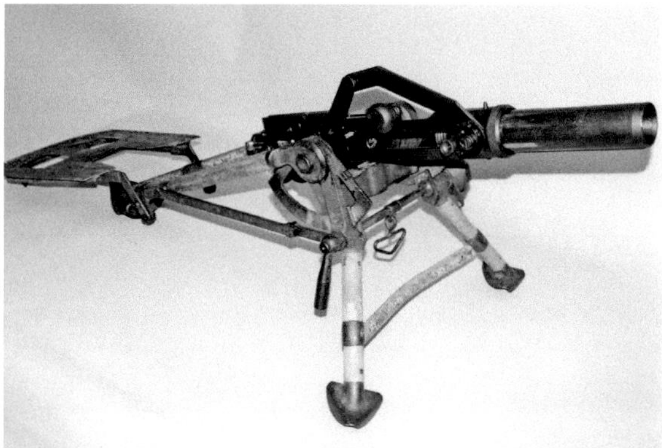

Unter der Bezeichnung Sturmmörser setzte die italienische Infanterie den 45-mm-Granatwerfer Mod. 35 ein. Er wog 15,5 kg und verschoss 0,43 kg schwere Wurfgranaten bis 500 m weit.

6.2 Die Granatwerferentwicklung in Deutschland 1918–1945

6.2.1. Steilfeuerwaffe der Infanterie

Minenwerfer waren im deutschen Heer die Vorläufer der Granatwerfer. Ursprünglich eine Waffe der Pioniere, hatte sich der Schwerpunkt ihrer Verwendung zunehmend in Richtung Infanterie verlagert. In den ersten Nachkriegsjahren, die durch politische Instabilität gekennzeichnet waren, kamen sie unter völlig neuen Kampfbedingungen zum Einsatz, so im März 1919 im Zentrum von Berlin. Auch hier zeigte sich die zerstörerische Wirkung der Wurfminen.

Der Versailler Vertrag ließ jedem Regiment der sieben Infanteriedivisionen eine 13. (Minenwerfer-) Kompanie mit acht leichten 7,6-cm- und zwei mittleren 17-cm-Minenwerfern. Die Weiterverwendung schwerer 25-cm-Minenwerfer war verboten. Der Mangel an Artillerie, vor allem an schweren Kalibern, förderte Bestrebungen, die mittleren Minenwerfer – mit einem Gewicht der Wurfminen von 52 kg der »dickste Brummer« – den Artillerieregimentern der Divisionen zuzuordnen. Nicht zuletzt wegen der aus artilleristischer Sicht völlig unzureichenden Schussweite (150–1160 m) kam man davon wieder ab.

Sie blieben bei der Infanterie. Offiziell standen ihr 169 leichte und 60 mittlere Minenwerfer zu. Daneben existierte ein Schwarzbestand von 400 Stück. Einer Mitteilung des Chefs der Heeresleitung vom 26. Februar 1927 kann man entnehmen, dass der dafür benötigte Munitionsvorrat fehlte. Eine Zukunft gab es weder für den leichten noch für den mittleren Minenwerfer. Sie blieben eine Reserve für den Kriegsfall. Die der Reichswehr auferlegten Beschränkungen verlängerten lediglich ihre Nutzungsdauer. Neues Gerät befand sich in der Planung, teils bereits in der Entwicklung.

Zur Bedienung eines mittleren Minenwerfers der Reichswehr gehörten insgesamt 14 Mann. Der Vorderlader mit Rücklauf- und Vorholvorrichtung wog in Fahrstellung 880, in Feuerstellung immerhin noch 585 kg. Mit der 53 kg schweren 17-cm-Wurfmine wurde eine Höchstschussweite von 1.160 m erreicht.

Eine wichtige Rolle kam dabei der Auswertung von Kriegserfahrungen sowie technischer, taktischer und organisatorischer Fortschritte in den Streitkräften des Auslandes zu. Sie wurden in der Fachpresse heftig diskutiert. So heißt es in einem Beitrag im »Militär-Wochenblatt« aus dem Jahr 1924, dass zur Gliederung und Ausstattung von Infanterieregimentern neuzeitlicher Heere Minenwerfer und Infanteriegeschütze gehören müssen.

Die Entwicklung neuer Minenwerfer litt unter dem chronischen Geldmangel der Reichswehr. In einer Mitteilung des Heereswaffenamtes aus dem Jahr 1929 tauchte für kurze Zeit ein »Granatschnellwerfer« auf. Eine leistungsgesteigerte Variante des mittleren Minenwerfers unter der Modellbezeichnung 16/18 wurde am 5. Juli 1930 zurückgestellt und kurze Zeit später vom Truppenamt völlig aufgegeben. Die eingesparten Finanzmittel nutzte man zur Beschaffung von 7,5-cm-Minenwerfern neuer Art, die bereits im Truppenversuch standen. Sie erhielten die offizielle Bezeichnung leichtes Infanteriegeschütz 18 (7,5 cm).

Zu den Merkmalen der gezogenen Hinterlader gehörte der Kipprohrverschluss. Sie konnten, in der oberen Winkelgruppe (bis $+85^{0}$) schießend, Aufgaben übernehmen, die üblicherweise von Minenwerfern (Granatwerfern) erfüllt wurden. Leichte Infanteriegeschütze fanden zusammen mit den 15-cm-schweren Infanteriegeschützen in den 13. (Infanteriegeschütz-) Kompanien der Infanterieregimenter Verwendung. So mangelte es den Infanteriebataillonen und Schützenkompanien an Feuerkraft, an einfachen und leichten Waffen zur Bekämpfung von Zielen hinter Deckungen auf Entfernungen zwischen 50 und 2.000 m.

In diesem Zusammenhang erinnerte man sich an die Vorzüge der glattrohrigen Stokes-Flügelminenwerfer. Zahlreiche Länder hatten sie in die Bewaffnung ihrer Streitkräfte aufgenommen. 1932 erhielt die Firma Rheinmetall-Borsig AG, Werk Düsseldorf, den Auftrag, einen Minenwerfer nach dem System Stokes-Brandt zu entwickeln. Am 23. März 1936 legte das Unternehmen dem Auftraggeber (Heereswaffenamt / WaPrw 2) die Beschreibung, Bedienungsanleitung und das Lastenheft für einen »81-mm-Flügelminenwerfer« vor. Sechs dieser Werfer zeigten im Truppenversuch die Einfachheit in Aufbau und Bedienung, ebenso ihre Zuverlässigkeit. Allerdings waren sie der Infanterie mit 85 kg noch zu schwer. Konstruktive Veränderungen halfen, das Gewicht auf 57 kg zu verringern. Sie betrafen:

- die Gestaltung der Bodenplatte,
- das Zweibein und die Rohrschelle,
- den Rohraufbau und
- die Abfeuerung, bestehend aus einem festgestellten Schlagbolzen und einer Abzugsvorrichtung, die in Wegfall kam.

Auch bei den Flügelminen (Wurfgranaten) nahm man Änderungen vor. Ihr Gewicht ist mit 3,5 kg (mit 0,553 kg Sprengstoff), vorher mit 4,125 kg (mit 0,57 kg Sprengstoff) angegeben. Eine erste Dienstvorschrift für die nun als schwerer Granatwerfer 34 (8 cm) bezeichnete Steilfeuerwaffe erschien am 29. April 1937 (D 146/1). Offiziell eingeführt wurde er zusammen mit dem Gefechtskarren für schweren Granatwerfer (If. 9) und dem leichten Granatwerfer 36 (5 cm) am 15. September 1938 mit einer Allgemeinen Heeresmitteilung.

Die Bedienung eines 8-cm-Granatwerfers bestand aus sieben Mann, wovon sechs für den Transport des in drei Teile zerlegten Werfers und der Munition zuständig waren. Auf Märschen verlastete man ihn auf dem Granatwerferkarren oder auf Tragtieren, in motorisierten Einheiten auf Kraftfahrzeugen. Die leichten Schützenkompanien der Aufklärungsabteilungen (mot) (Panzeraufklärungsabteilungen) erhielten ab 1942 leichte Schützenpanzerwagen (8cmGrW) (Sd.Kfz. 250/7), die Schützenkompanien (mot) (Panzergrenadierkompanien (gp)) mittlere Schützenpanzerwagen (8cmGrW) (Sd.Kfz. 251/2). Die Granatwerfer konnten von den Fahrzeugen oder abgesetzt von diesen feuern.

Der Flügelminenwerfer von Rheinmetall-Borsig. Ansicht in Feuerstellung von rechts mit einer Erhöhung unter 45^{0}.

Für das Niederkämpfen des Feindwiderstandes auf den letzten 500 m forderte die Inspektion der Infanterie einen leichten Granatwerfer, der nicht schwerer als 12 kg sein sollte. Die Entwicklung übernahm wiederum Rheinmetall. Er wurde unter der Bezeichnung leichter Granatwerfer 36 (5 cm) im September 1938 offiziell eingeführt und zur Bildung der Granatwerfertrupps in den drei Zügen der Schützenkompanie (Kriegsstärkenachweisung Nr. 131e vom 1. Februar 1941) verwendet. In den dreiköpfigen Granatwerfertrupps waren zwei Mann für den Transport des zerlegten Werfers auf Rückentragen zuständig. In fahrradbeweglichen Einheiten führte man den 5-cm-Granatwerfer auf Halterungen am Fahrrad mit.

Werfer und Munition zeigten viele Schwächen, was wiederum zahlreiche Formänderungen zur Folge hatte. Die Trefferleistung erwies sich bei einer Schussweite von 575 m als ungenügend. Gleiches galt für die Geschosswirkung. Sowjetische Granatwerfer zeigten in allen Parametern bessere Leistungen. Deshalb nahm man den 5-cm-Granatwerfer 36 im Herbst 1943 endgültig aus der Bewaffnung, ausgenommen bei Einheiten im Küstenschutz. Für sie gab es mit einer Allgemeinen Hee-

resmitteilung vom 21. Juni 1943 eine Anleitung für die Fertigung der Drehbettung zum leichten Granatwerfer 36 (5 cm).
Bis zur Einstellung der Produktion des 5-cm-Granatwerfers im Jahr 1943 hatten fast 26.000 die Herstellerwerke verlassen, von denen man später eine größere Zahl an Kroatien abgab. Vorhandene Fertigungskapazität für die Geschosskörper der 5-cm-Wurfgranaten wurde für die Fabrikation von Splitterbomben SD-1 der Luftwaffe genutzt.
Der kurze 8-cm-Granatwerfer 42 war der Versuch, eine höhere Feuerkraft mit der dem leichten Granatwerfer eigenen Beweglichkeit zu verbinden, was vor allem für den Einsatz bei der Fallschirmtruppe Vorteile bot. Dem Gewicht von immerhin noch 26 kg stand die Schussweite von 1.100 m gegenüber. Das sah man als nicht ausreichend an und stellte die Produktion wieder ein.
Der 8-cm-Granatwerfer 34 gehörte bei Ausbruch des Zweiten Weltkrieges, zusammen mit den schweren Maschinengewehren 34, zu den schweren Infanteriewaffen, über die Bataillons- bzw. Abteilungsführer verfügten. Die übliche Gliederung sah in den 4. (Maschinengewehr-) Kompanien Granatwerferzüge mit je sechs Werfern vor. Es gab viele Abweichungen, zum Beispiel in den Gebirgsdivisionen, in denen jede Gebirgsjägerkompanie neben drei leichten über zwei schwere Granatwerfer verfügte. Die Kriegserfahrungen erzwangen taktisch-technische und organisatorische Veränderungen.

Mit einem Gewicht von 57 bis 64 kg war der 8-cm-Granatwerfer 34 rund 500 kg leichter als der 17-cm-Minenwerfer, brachte aber in der Minute eine vergleichbare Geschossmasse ins Ziel. Auch hinsichtlich der Schussweite übertraf er den Veteranen aus dem Ersten Weltkrieg.

Ausbildung am 8-cm-Granatwerfer 34. Die Übungs-Wurfgranate ist am rotbraunen Anstrich und der Schablonierung »Üb« zu erkennen.

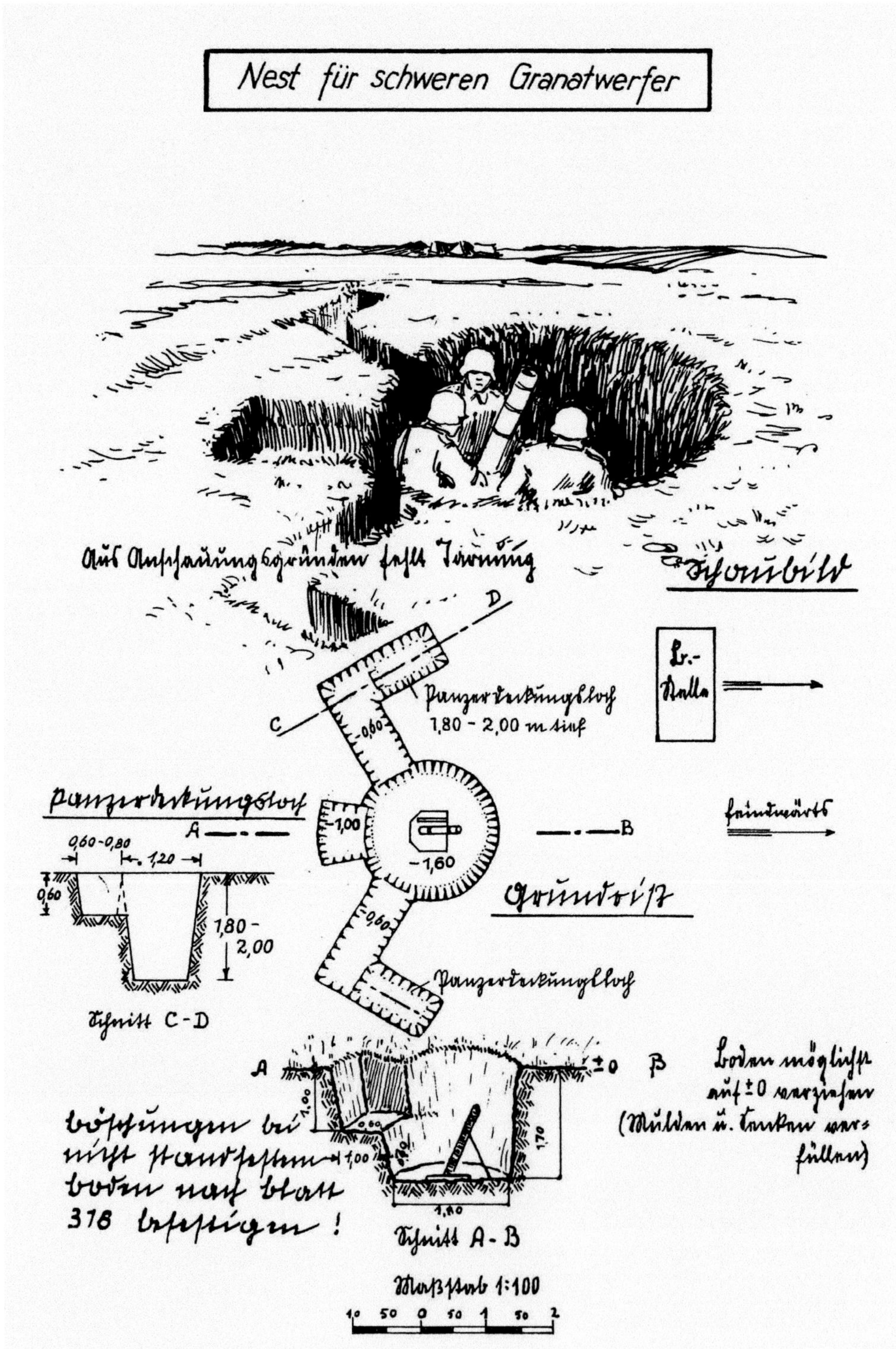

Nest für schweren Granatwerfer
Aus Anschauungsgründen fehlt Tarnung
Schaubild
Gr.-Stelle
Panzerdeckungsloch
1,80 - 2,00 m tief
feindwärts
Grundriss
Schnitt C-D
Schnitt A-B
Boden möglichst auf ±0 verziehen (Mulden u. Senken verfüllen)
Böschungen bei nicht standfestem Boden nach Blatt 318 befestigen!
Maßstab 1:100

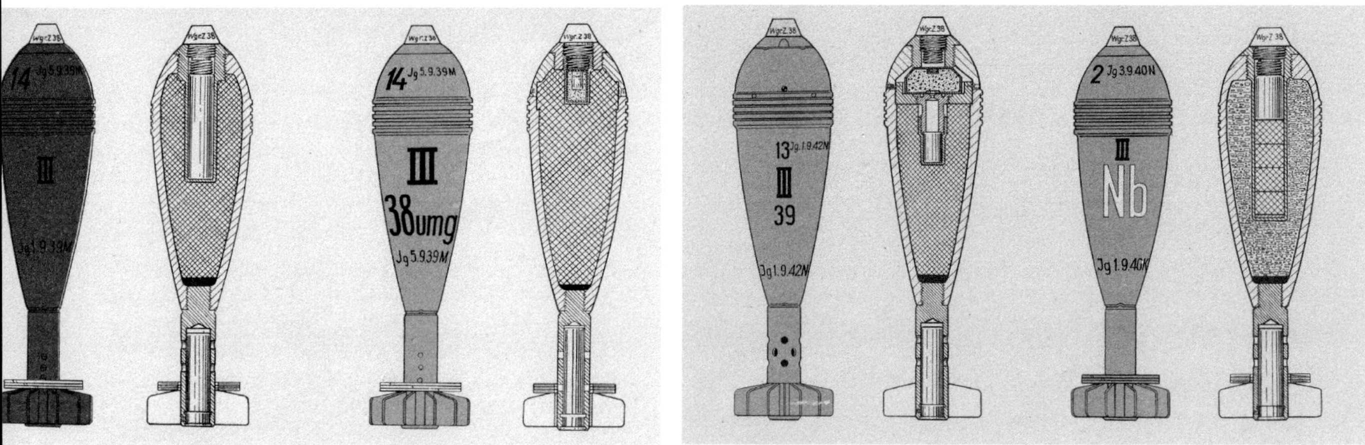

Die Munition des 8-cm-Granatwerfers 34.

Der leichte 5-cm-Granatwerfer 36 in Feuerstellung.

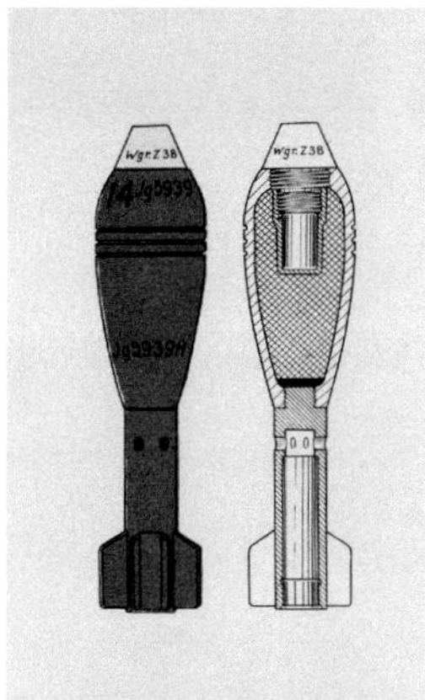

Die Munition für den leichten 5-cm-Granatwerfer 36.

Abgesehen von der immer wieder bemängelten zu geringen Schussweite hat sich der 8-cm-Granatwerfer 34 im Truppeneinsatz bewährt und blieb bis 1945 in der Fertigung. Mehrfach sind Formänderungen vorgenommen worden, auch die Munition unterlag laufenden Verbesserungen. 1943/44 lag der monatliche Bedarf bei 1.100 Werfern. Auf Hitlers Konferenz mit seinem Minister für Rüstung und Kriegsproduktion Anfang Juli 1944 wurde eine Erhöhung auf 2.500, auf Dauer sogar auf 3.000 Stück gefordert, um den dringlichsten Frontbedarf und die Aufstellung neuer Divisionen sicherstellen zu können. Das erforderte schon größte Anstrengungen. Insofern ist die im Rüstungsnotprogramm von 1945 geforderte Steigerung auf monatlich 4.000 8-cm-Granatwerfer und 6 Millionen Wurfgranaten unrealistisch. Im Januar des letzten Kriegsjahres kamen 1.553, im Folgemonat 2.075 Stück zur Auslieferung. Die Munitionsfertigung zeigt ein vergleichbares Bild: den 3,6 Millionen Wurfgranaten vom November 1944 standen 2,6 Millionen im Januar 1945 gegenüber.

Um Ausstattungslücken bei Granatwerfern und Munition zu kompensieren, hatte man in den zurückliegenden Jahren den umfangreichen Beutebestand an Werfern aller Kaliber genutzt. Sie wurden vorzugsweise Verbänden an festen Fronten und Nebenkriegsschauplätzen zugeteilt. So verfügte die 416. Infanteriedivision in Dänemark im September 1943 über zwei den Infanterieregimentern unterstellte Granatwerferkompanien mit 18 8-cm-Granatwerfern 33 aus österreichischen Beständen. Russische Bataillonsgranatwerfer 37 wurden als »8,2-cm-Granatwerfer 274/2 (r) – russ. 37 – « weiterverwendet und

Eine fast detailgetreue Kopie des sowjetischen Regimentsgranatwerfers 38 (deutsche Beutegutbezeichnung 12-cm-Granatwerfer 378 (r)) war der schwere 12-cm-Granatwerfer 42, aus dem Munition deutscher Fertigung und Beutemunition verschossen werden konnte Die Aufnahme ist im Sommer 1943 in Karelien entstanden.

konnten auch deutsche Munition verschießen. Erbeutete französische Granatwerfer mle. 27/31 hat man zu je 16 Rohren auf ebenfalls aus Beutebeständen stammende und zu Schützenwagen umgebaute Zugkraftwagen montiert. Sie fanden 1944 während der Kämpfe in Frankreich Verwendung.

1944 wurden über 26.000 8-cm-Granatwerfer 34 hergestellt, wovon allein im Juli des Jahres 2.225 als Verluste abgebucht werden mussten. Das unterstreicht die Bedeutung dieser Waffe, weshalb man um ihre Weiterentwicklung bemüht war. In diesem Jahr liefen Versuche mit einer Mehrladevorrichtung und einem Wiederspannabzug. In Angriff genommen hat man die Arbeiten für ein leistungsgesteigertes Modell mit längerem Rohr, neuer Bodenplatte und vereinfachtem Zweibein, mit dem Schussweiten bis 4.500 m möglich werden sollten. Um tiefgreifende Rückschläge in der Fertigung zu vermeiden, fiel die Entscheidung, nur die neue Bodenplatte und das Zweibein zu übernehmen. Bei Verwendung von Perlitgussmunition erreichten die Granatwerfer maximal 3.500 m. Nachgewiesen ist die Verwendung des 8-cm-Granatwerfer 34/1 für die schweren Kämpfe im April und Anfang Mai 1945 im Umfeld der Reichshauptstadt Berlin.

Adolf Hitler drängte als Oberbefehlshaber der Wehrmacht im Januar 1944, gestützt auf eine Denkschrift der Skoda-Werke / Pilsen, auf die Entwicklung von Pressgas-Granatwerfern. Dem kamen die zuständigen Dienststellen des Heeres auch nach. Den Forderungen nach Konzentration der Rüstung auf wirklich wichtige Vorhaben hielten derartige Projekte nicht stand. Sie wurden im Sommer 1944 wieder aufgegeben.

Im Russlandfeldzug zeigten sich sehr bald die Vorzüge einer größeren Schussweite und Geschosswirkung, wie sie die von der Roten Armee verwendeten Granatwerfer besaßen. Das traf im Besonderen auf den 120-mm-Regimentsgranatwerfer 38 zu, der in großer Zahl mit Munition erbeutet werden konnte. Schon im November 1941 kam eine Gebrauchsanleitung für den nun als 12-cm-Granatwerfer 278 (r) – russ. 38 – bezeichneten Werfer heraus. Zwei Monate zuvor hatte das Heereswaffenamt den Nachbau beantragt; er wurde erst im Frühjahr 1942 genehmigt.

Auch hier griff Hitler ein, forderte bis April des Folgejahres 400 schwere Granatwerfer 42 (12 cm) und ihre bevorzugte Bereitstellung für die Panzerarmee Afrika. Im Waffenmerkblatt Nr. 7 vom 13. Februar 1943 kann man über den 12-cm-Granatwerfer 42 nachlesen: »Verwendung wie 8-cm-Granatwerfer 34; Vorteile bestehen in der größeren Reichweite bei geringerer Streuung, eine größere Splitter- und Minenwirkung«. Mit seiner Einführung entfiel für das Modell 34 die Klassifizierung als schwerer Granatwerfer.

Der 1943 als mittlerer Granatwerfer klassifizierte 8-cm-Granatwe fer 34 wurde laufend mit den Schwerpunkt höhere Schussweite u vereinfachte Fertigung modernisiert. Er erhi eine runde Bodenplat und ein T-Profil-Zweibein.

Geheim

Armee-Oberkommando 8 A.-Gef.St., den 24.9.43
In/Nr. 4632/43 geh.

Betr.: Granatwerfer.

An
K.T.B.

---

1. Der le.Gr.Werfer (5 cm) reicht in Wirkung und Schußweite nicht mehr aus. Werfer und Munition werden deshalb nicht mehr gefertigt. Es ist damit zu rechnen, daß im Oktober 1943 beginnend, die le.Gr.Werfer aus Munitionsmangel herausgezogen werden. Die herausgezogenen le.Gr.Werfer sind den Geräteparks der Armeen einzuliefern.

2. Für die ausfallenden le.Gr.Werfer werden die bisher in den M.G.Kp. befindlichen 6 m.Gr.Werfer (8 cm) gruppenweise zu je 2 Werfern in die Gren.-usw. Kp. übernommen. Die M.G.-Kp. erhält dafür einen Zug s.Gr.Werfer (12 cm) (4 Stück).

3. Es werden hierdurch folgende organisatorische Änderungen in der Gliederung Gren.-usw. Btl. notwendig:
   a.) M.G.Kp. (K.St.N. 151 a)
   Der m.Gr.Werfer-Zug (8 cm), bisher s.Gr.Werfer-Zug wird in einen s.Gr.Werfer-Zug (12 cm) umgegliedert.
   b.) Gren.Kp. (K.St.N. 131 c)
   Die Austattung mit le.Gr.Werfern entfällt, die le.Gr. Werfer-Trupps bei den Zügen werden aufgelöst.
   Innerhalb der Gren.Kp. ist eine m.Gr.Werfer-Gruppe zu 2 Gr.Werfern (8 cm) aufzustellen.
   Sie untersteht dem Kp.Chef unmittelbar. K.St.N. 170 v. 20.5.43

   Die Umgliederung der Gren.Btl. erfolgt durch die Divisionen.
   Eine besondere Zuweisung von Personal erfolgt – mit Ausnahme je RSO – 1 Fahrer – nicht. Personeller Mehrbedarf ist aus den Divisionen zu decken

   An Material wird zugeführt:
   je Gren.Btl.:
   4 s.Gr.Werfer 42 m. Zubehör u. Vorr.Sachen
   4 RSO als Zugmittel mit je 1 Fahrer
   Eine weitere Materialzuweisung erfolgt nicht.

4. Beginn der Umgliederung wird noch befohlen. Vor Anfang 1944 ist nicht damit zu rechnen.

5. Zur Überbrückung der Zeit zwischen Ausfall des le.Gr.Werfers und Zuführung des s.Gr.Werfers muß das Gew.Gr.Ger. die Stelle des le.Gr.Werfer ersetzen.

Für das Armee-Oberkommando
Der Chef des Generalstabes

Speidel

Vergleich der Feuerkraft des 8-cm-Granatwerfers 34 und des 12-cm-Granatwerfers 42						
Modell-bezeichnung	Kaliber (mm)	Gewicht Wurfgranate (kg)	davon Sprengstoff (kg)	Feuergeschwindigkeit (Schuss/min)	Geschossmasse (kg/min)	davon Sprengstoff (kg/min)
34 [1]	81,4	3,5	0,553	20	70	11,06
42 [2]	120	15,8	2,78	10	158,8	27,8
[1] Schussweite 2.400 m [2] Schussweite 6.350 m						

Die ersten schweren Granatwerfer 42 (12-cm) wurden für die im Frühjahr 1943 aufgestellten Granatwerferbataillone (mot) verwendet. Jede ihrer zwei, später drei Kompanien erhielt zwölf Werfer und Raupenschlepper Ost (R.S.O.), Kettenkräder (Sd.Kfz. 2) oder Lastkraftwagen als Zugmittel. Erstmals im Einsatz standen die Bataillone im Juli 1943 im Kursker Bogen. Insgesamt gab es 13 Granatwerferbataillone, wovon man einen großen Teil wieder aufgelöst hat oder in Infanteriedivisionen eingliederte. Im Januar 1944 bestanden noch drei Granatwerferbataillone als Heerestruppe.

Schwerpunktwaffe und Stütze der schwer ringenden Infanterie wurde der 12-cm-Granatwerfer auf einer anderen Ebene der Organisationsgliederung – in den 4. (Maschinengewehr- oder schweren) Kompanien der Grenadier-, Füsilier- und Jägerbataillone (Kriegsstärkenachweisungen Nr. 151a und 151n, gültig ab Ende 1943). Hier löste er den 8-cm-Granatwerfer 34 ab, der an die Granatwerfergruppen der Infanteriekompanien abgegeben wurde. Auf dem italienischen Kriegsschauplatz ersetzte der 12-cm-Granatwerfer 42 die zu den 13. (Infanteriegeschütz-) Kompanien gehörenden 15-cm-schweren Infanteriegeschütze. Die Sollausstattung der Infanteriedivisionen sah 1944 zwischen 27 und 32 12-cm-Granatwerfer vor. 1944 ging man dazu über, die zu den Heerestruppen zählenden Maschinengewehrbataillone auf die neuen Werfer umzurüsten (Kriegsstärkenachweisungen Nr. 169 und 169b – schwere Granatwerferkompanie vom 1. März bzw. 1. November 1944).

Nach einer Notiz des Ministers für Rüstung und Kriegsproduktion, Albert Speer, befand sich Ende Juli 1942 ein 15-cm-Granatwerfer in der Entwicklung, die aber 1944 nach der Fertigung von drei Versuchsstücken wieder eingestellt worden ist. Er entsprach mit einem Gewicht von 635 kg und einer Schussweite von lediglich 5.000 m nicht den Vorstellungen von einer schweren Infanteriewaffe.

Im Speerprogramm von 1943/1944 war die monatliche Fertigung von 300 12-cm-Granatwerfern 42 geplant, im Rüstungsprogramm 1945 wurde der monatliche Bedarf mit 1.200 Werfern und 3,5 Millionen Wurfgranaten beziffert. Die Gründe für diese Steigerung sind nachvollziehbar:

a. der Geräte- und Munitionsmangel sowie die verstärkte Profilierung der schweren Infanteriewaffen und der Feldartillerie zur Panzerabwehr,
b. die Einstellung der Infanteriegeschütz-Fertigung,
c. der allgemein zunehmende Arbeitskräfte- und Rohstoffmangel und
d. die vergleichsweise einfache und billige Herstellung von Granatwerfern.

21-cm-Granatwerfer (Wurfmörser 69) in Feuerstellung.

6.2.2 Steilfeuerwaffe der Artillerie

Unter diesem Aspekt muss auch die Entwicklung des 21-cm-Wurfmörsers 69 bewertet werden, der am 5. Dezember 1944 in 21-cm-Granatwerfer umbenannt wurde. Hitler verlangte wiederholt, ihn ohne Verzug an die Front zu bringen.

Die Munition des 21-cm-Granatwerfers. Vorn zwei Wurfgranaten 5004 (Röhrengeschoss, Gewicht 110 kg, davon 39 kg Sprengstoff, Länge 1.636 mm). Im Hintergrund eine Wurfgranate 5021. Weiterhin gab es eine tropfenförmige Wurfgranate 5031 aus Grauguss, die 85 kg wog.

»Der Führer fordert einen sofortigen Fertigungsanlauf des 21-cm-Gr.W. 69. Als Ziel für das Kaliber 21 cm sind insgesamt 100 Geräte monatlich anzusteuern. Unter Berücksichtigung des derzeitigen Ausstoßes von zwölf Stück 21 cm Mörser 18 ergibt sich demnach die Forderung auf 88 Stück Gr.W. – Es ist zu versuchen, das Gewicht des Granatwerfers ... auf 2 t zu reduzieren. Als Munition kommt ausschließlich die schwere Ausführung in Frage und zwar mit 116 kg Geschoßgewicht und 45 kg Sprengladung bei einer Schußweite von 5 km. Um in der überhaupt kürzestmöglichen Zeit den Werfer bei der Truppe zur Verfügung stellen zu können, muß auf gesonderte Fertigung einer Nullserie verzichtet und statt dessen ein sofortiger Anlauf der Serienfertigung eingeleitet werden.«

Zitiert aus einem Speer-Protokoll zur Rüstungskonferenz vom 1. und 2. September 1944, veröffentlicht in: Willi A. Boelcke: Deutschlands Rüstung im Zweiten Weltkrieg. Hitlers Konferenzen mit Albert Speer, Frankfurt a.M. 1969, S. 408 f.

Die Geräte- und Munitionsentwicklung des 21-cm-Granatwerfers war von Rückschlägen gezeichnet. Bei Versuchsschießen in Kummersdorf zerbarsten Werferrohre. In einer Aktennotiz vom 13. Dezember 1944 schätzte man die Munition als nicht rohrsicher ein. Noch am selben Tag ist – in Kenntnis der Probleme – die Aufstellung einer IV. (Granatwerfer-) Abteilung / Volksartilleriekorps 410 befohlen worden. Für den Fronteinsatz standen neun Werfer und 150 Wurfgranaten zur Verfügung.
In der Perspektive war die Bewaffnung der Abteilung mit 27 21-cm-Granatwerfern vorgesehen. Entsprechend einer Ausstoßübersicht für Waffen und Gerät vom 7. März 1945 sind im Januar und Februar des Jahres 75 Stück ausgeliefert worden. Selbst wenn man es fertiggebracht hätte, den 21-cm-Granatwerfer zur Truppenreife zu bringen, wäre er nicht in der Lage gewesen, die der Artillerie verlorengegangene Feuerkraft zu ersetzen. Viele Kampfaufträge, die zum artilleristischen Alltag gehörten – das treffsichere Schießen auf große Entfernungen, das Abprallerschießen, die Panzerbekämpfung) ließen sich einfach nicht erfüllen. Gleiches galt für die 22-cm- und 30,5-cm-Granatwerfer von Skoda, die als Versuchsmuster noch fertig geworden sind, und die Projekte für den 42-cm-Granatwerfer, den es – wie den des Kalibers 21 cm – auch auf Selbstfahrlafetten geben sollte.

Im April 1945 waren in den Skoda-Werken / Pilsen (Plzeň) die ersten 30,5-cm-Granatwerfer (mot) fertiggestellt worden. Auf dem Transport wurden sie in eine Lafetten- und eine Rohrlast (8.500 und 7.500 kg) zerlegt; in Feuerstellung lag das Gewicht bei 9.300 kg, das der Wurfgranaten bei 160 kg. 7.000 m Schussweite waren nicht viel; 10.000 m wurden angestrebt.

Deutsche Granatwerferproduktion 1939–1945 (Angaben in Stück)							
Modell	1939	1940	1941	1942	1943	1944	1945
5-cm-Granatwerfer 36	1.630	6.622	5.815	8.775	3.000	-	-
8-cm-Granatwerfer 34	1.523	4.380	4.230	9.780	19.588	26.341	5.788
8-cm-Granatwerfer 42	-	-	-	-	1.591	-	-
12-cm-Granatwerfer 42	-	-	-	-	3.367	4.557	537
21-cm-Granatwerfer (Wurfmörser 69)	-	-	-	-	-	33	96

Taktisch-technische Angaben für deutsche Granatwerfer						
Modell	Kaliber (mm)	Gewicht in Feuerstellung (kg)	Gewicht Wurfgranate (kg)	V_0 (m/s)	Feuergeschwindigkeit (Schuss /min)	Schussweite (m)
5-cm-Granatwerfer 36	50	14	0,9	75	15–25	60–520
8-cm-Granatwerfer 34	81,4	57–62	3,5	75–174	15–25	50–2.400
8-cm-Granatwerfer 42	81,4	26,2	3,5	110	15–25	max. 1.100
12-cm-Granatwerfer 42	120	285 [1]	15,8 [2]	125–270	10–15	max. 6.350
21-cm-Granatwerfer (Wurfmörser 69)	210	2.700	85–116	109–255	max. 1	5.500–6.410

[1] russischer 12-cm-Granatwerfer 378 (r) – russ. 38– 260 kg
[2] russische Beutemunition darf aus dem 12-cm-Granatwerfer 42 nur mit russischer Treibladung verwendet werden (andere Schusstafel)

6.3 Chemische Mörser und Nebelwerfer

Der 10-cm-Nebelwerfer 35 in Feuerstellung. Bei Ausbruch des Zweiten Weltkrieges gab es 155 Werfer und 159.000 Schuss Munition.

Um Geländeabschnitte mit Kampfstoffen zu vergiften, brauchte man viel Munition. Es gehörte zu den Erfahrungen des Ersten Weltkrieges, dass ihr Verschuss aus herkömmlichen Artilleriewaffen deren Lebensdauer außerordentlich belastete, sie zudem von der Erfüllung ihrer eigentlichen Schießaufträge abgezogen werden mussten. Die Präzision gezogener Geschützrohre war beim Kampfstoff- wie beim Nebelschießen auch gar nicht erforderlich. Ihre wegen der Belastungen beim Abschuss dickwandigen Geschosskörper nahmen nur eine vergleichsweise geringe Menge der Kampfstoff- oder des Nebelgemisches auf.
Es lag auf der Hand, die einfachen Systeme der Stokes-Mörser mit den dünnwandigen, aber großvolumigen, flügelstabilisierten Wurfgranaten für diese Aufgabe zu nutzen. Der geringeren Schussweite standen das geringere Gewicht und die höhere Beweglichkeit gegenüber. Großbritannien und die USA führten solche Mörser mit dem Kaliber 4,2 in (106,7 mm) bei ihren chemischen Truppen ein. In Italien initiierten die Chemischen Dienste der Streitkräfte entsprechende Projekte im Kaliber 81 und 120 mm.
Zur Entwicklung in Deutschland. Sie unterlag wegen der durch Artikel 171 des Versailler Vertrages auferlegten Beschränkungen strengster Geheimhaltung. Zunächst dominierten die Erforschung der Wirkung bereits bekannter Kampfstoffe und die Entwicklung von Gasschutzgeräten. Der offensive Kampfstoff- und Nebeleinsatz spielte eine untergeordnete Rolle. Erst 1931 erprobte das Heereswaffenamt einen Werfer zum Verschuss chemischer Munition. Die 1. Nebelbatterie (mot) erhielt die ersten 10-cm-Nebelwerfer 35, der Kampfstoff-, Nebel- und Brisanzmunition bis 3.025 m weit verschießen konnte. Die 2. Batterie – sie stand zeitweise unter dem Befehl von Hauptmann Dr. Ing. Walter Dornberger[37] – experimentierte mit dem »Rauchspurgerät«, einem Ra-

[37] ab 1. Juni 1943 Generalmajor

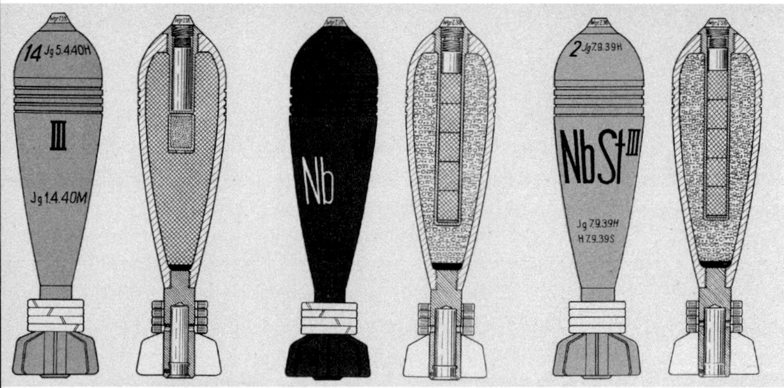

Die Munition des 10-cm-Nebelwerfers 35.

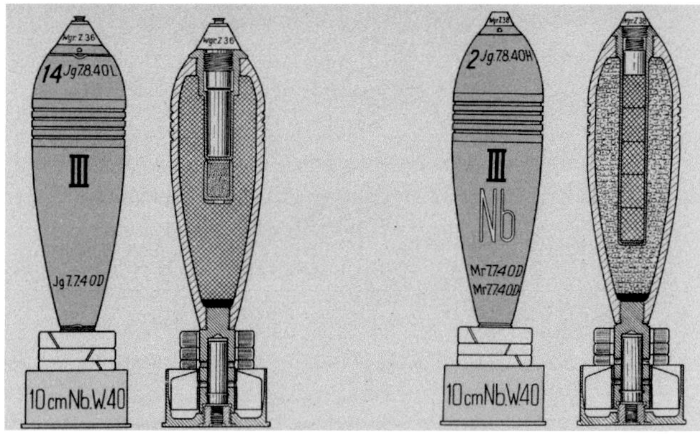

Die Munition des 10-cm-Nebelwerfers 40.

ketenwerfer. Er verschoss 11-cm-Raketen mit Schwarzpulvertreibsätzen. Ihre große Streuung war einer der Gründe für den Übergang zu drallstabilisierten Raketen für mehrrohrige Nebelwerfer. Sie lösten den Nebelwerfer 35 und das Nachfolgemodell in der Nebeltruppe ab.

In Aufbau und Funktion entsprach der 10-cm-Nebelwerfer 35 dem schweren Granatwerfer 34 (8 cm), war aber mit 103 kg erheblich schwerer. Er konnte im Gelände, in drei Traglasten zerlegt, von der Bedienmannschaft transportiert oder auf einem Werferkarren (Nbf. 2) verlastet werden. Für längere Märsche standen mittlere Lastkraft- oder leichte Zugkraftwagen zur Verfügung. Jede Batterie bestand aus dem 1. (Nebelwerfer-) Zug mit sechs 10-cm-Nebelwerfer 35. Der 2. Zug besaß eine Ausrüstung zur Geländeentgiftung. Die Nebelabteilung (mot) war in den Stab und drei Batterien gegliedert (Stand vom 31. Oktober 1936). Die 1. Munitionsausstattung der Abteilung umfasste 750 Schuss. Sie bestand aus 7,3 kg schweren 10-cm-Wurfgranaten 35 Kh.Te. mit 0,075 kg Spreng- und 1,83 kg Nebelstoff, von denen 600 für eine ca. 600 m breite Nebelwand verschossen werden mussten.

Später eingeführt wurde die 10-cm-Wurfgranate 37. Sie wog 7,35 kg und nahm 1,25 kg Sprengstoff auf. Auf 6,8 kg brachte es die 10-cm-Wurfgranate 35 Nb. St. Gelbring, die Kampfstoffmunition für dieses Werfermodell. Sie war mit 1,8 kg Lost gefüllt. 1944 gab es davon noch 222.800 Stück. Vom 10-cm-Nebelwerfer 35 kamen bis zur Einstellung der Fertigung im Mai 1941 627 zur Auslieferung. Im Zuge der Aussonderung bei der Nebeltruppe wurden sie im August 1942 an die sieben Gebirgsdivisionen überwiesen. Sie bildeten damit in den Stabskompanien der Gebirgsjägerbataillone Werferzüge mit drei bzw. sechs 10-cm-Nebelwerfern 35.

Die Nebeltruppe forderte mehrfach Nebelwerfer mit größerer Schussweite. Es gab Ansätze, dieses Problem zu lösen. Das Ergebnis – der 10-cm-Nebelwerfer 40 – überzeugte nicht und war durch den sechsrohrigen 15-cm-Nebelwerfer 41 ohnehin überholt. Der Hinterlader auf Lafette mit Bodenplatte erreichte zwar bis 6.300 m Schussweite, wog dafür aber auch 790 kg. Die Munition zeigte Unterschiede zu der des Vorgängermodells. 1941/1942 verließen 317 Werfer dieses Typs das Herstellerwerk. Sie bewährten sich nicht, weshalb ein Restbestand von 148 Stück in die Zeugämter zurückgerufen wurde. Zumindest ein Teil davon ist im Frühjahr 1945 wieder an die Truppe ausgegeben worden.

Aufwendig und kompliziert – der 10-cm-Nebelwerfer 40. Einige Werfer wurden im Frühjahr 1945 wieder aus den Depots geholt und an die Truppe ausgegeben.

6.4 Festungsgranatwerfer

Die Verwendung von Minen- (Granat-) Werfern aus dem Schutz befestigter Anlagen im Festungskrieg war nichts Neues. Auf deutscher Seite hatte es dazu schon 1914 Versuche mit dem 17-cm-Minenwerfer gegeben. Nach dem Ersten Weltkrieg, in dessen Verlauf die defensive Kampfführung mit großen Menschenverlusten dominiert hatte, galt es, den Wert von Festungsanlagen und ihren Waffen neu zu definieren. Es gab große Fortschritte. Dennoch blieben die Beobachtungsmöglichkeiten der Festungsbesatzungen begrenzt. Für den Angreifer bot das Chancen, unter Ausnutzung des Geländes den Widerstand aus Festungsbauwerken mit Nahkampfmitteln zu brechen. Bei ihrer Abwehr sah man für das indirekte Feuer schnellschießender Festungsgranatwerfer viel Potential. Entsprechende Waffen wurden in Frankreich für die »Maginot«-Linie, in der Tschechoslowakei für die sogenannte »Benes«-Linie und in Deutschland für den »Ost-« und den »Westwall« entwickelt.

Die Franzosen nutzten zwei Kaliber:

a. als Artilleriebewaffnung den 81-mm-Granatwerfer mle. 32. Jeweils zwei kamen in Panzertürmen oder Kasematten zum Einbau. Über das Werk 395 der Werkgruppe Welchenberg liegen nähere Angaben vor. In einer Kasematte vom Block IV des Werkes waren zwei Granatwerfer dieses Typs so lafettiert, dass dessen Feuerbereich einem Kegel entsprach, dessen Seitenlinien sich von der Rohrmündung aus im Winkel von 45^0 ausbreiten. Mit dem glattrohrigen Hinterlader konnten 3,125 kg schwere Wurfgranaten mit einer Kadenz von 12 Schuss/min auf Entfernungen zwischen 80 und 3.900 m verschossen werden. Sieben Mann gehörten zur Bedienung eines Werfers, dessen Einbaugewicht mit 2.060 kg angegeben ist.

b. als Infanteriebewaffnung den 50-mm-Granatwerfer mle. 35. Er wog 11 kg, verschoss 0,95 kg schwere Wurfgranaten mit maximal 120 m/s. Erbeutete Werfer erlangten beim deutschen Heer – auf Betonsockeln montiert – an ständigen Verteidigungsfronten größere Bedeutung.

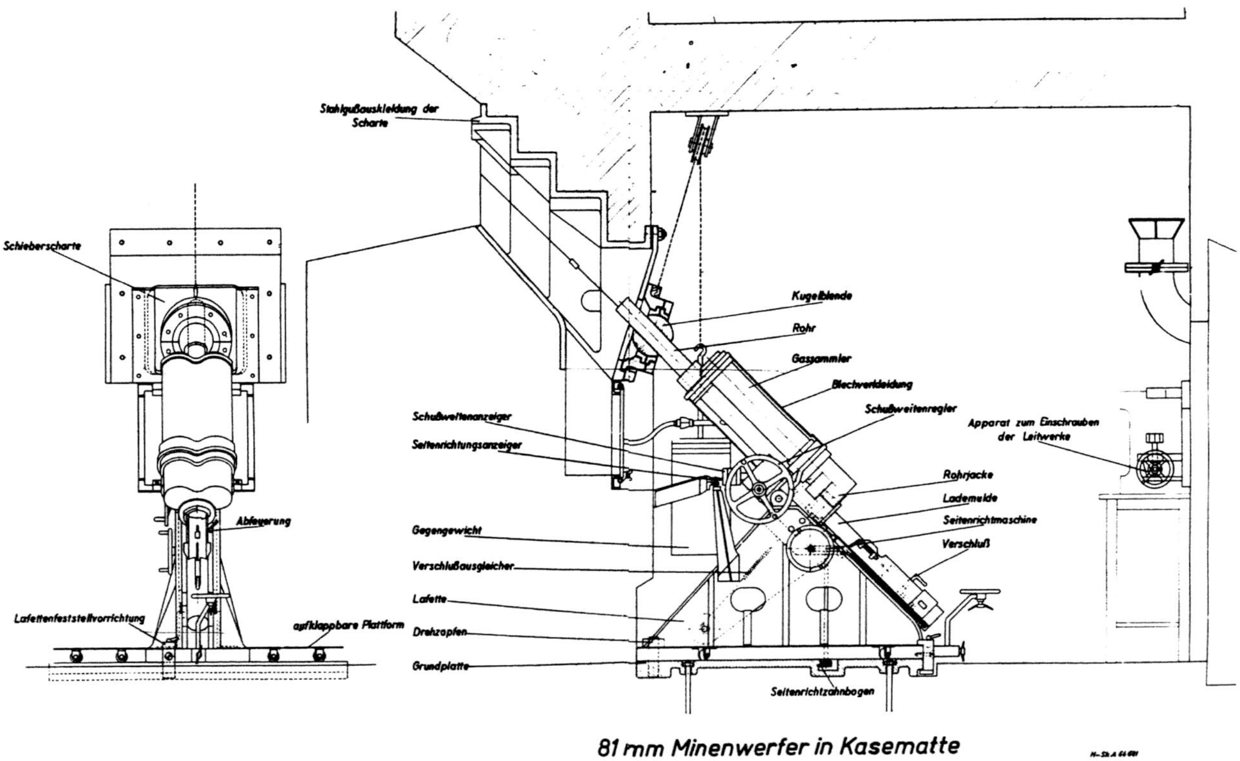

Französischer 81-mm-Festungsgranatwerfer mle. 32.

Der Wert indirekten Feuers aus Festungsbauwerken wurde auch in der Tschechoslowakei erkannt, wo Mitte der 1930er Jahre die Befestigung der Landesgrenzen in Angriff genommen wurde. In den Skoda-Werken arbeitete man zwischen 1936 und 1938 an verschiedenen Festungsgranatwerfern im Kaliber 50, 90 und 120 mm.

Das einzige deutsche Modell eines speziellen Festungsgranatwerfers war der 5-cm-Maschinengranatwerfer 19. Rheinmetall hatte 1934 mit der Entwicklung dieser aufwendigen Waffe begonnen, die für den Einbau in die feststehenden Panzertürme 34 P 8 und 48 P 8 vorgesehen war (Seitenrichtbereich 360^0, Höhenrichtbereich +49 bis +87^0). Verschossen wurde gegenüber den Wurfgranaten für den leichten Granatwerfer 36 (5 cm) geänderte Munition, die aus 6-Schuss-Magazinen zugeführt und mit 30 bis 120 Schuss/min abgeschossen werden konnte. Bei einer V_0 von 83 m/s ergaben sich – in Abhängigkeit von Treibladung und Erhöhung – Schussweiten zwischen 20 und 620 m.

Der deutsche Festungsgranatwerfer war keine Erfolgsgeschichte. 880 Stück hatte das Heereswaffenamt / WaPrw 5 bestellt, den Auftrag auf 168 reduziert, von denen bis zum November 1939 98 abgenommen, aber nur 22 ihren Weg in die Lafetten der zwischen 59,5 und 166 t schweren Panzertürme gefunden haben. Ein Großteil der über eine Million bestellter Wurfgranaten wurde für den Verschuss aus dem 5-cm-Granatwerfer 36 umgeändert. Der Maschinengranatwerfer ist ein typisches Beispiel für ein Missverhältnis in der Entwicklung der Militärtechnik – den enormen Aufwand für die Abwehr, um die Zerstörungskraft der Angriffsmittel zu kompensieren.

Der 5-cm-Maschinengranatwerfer M 19 im Festungspanzerturm 34 P 8, wie er im Oder-Warthe-Bogen verbaut wurde. Die Ausschussöffnung ist nur schwer zu erkennen.

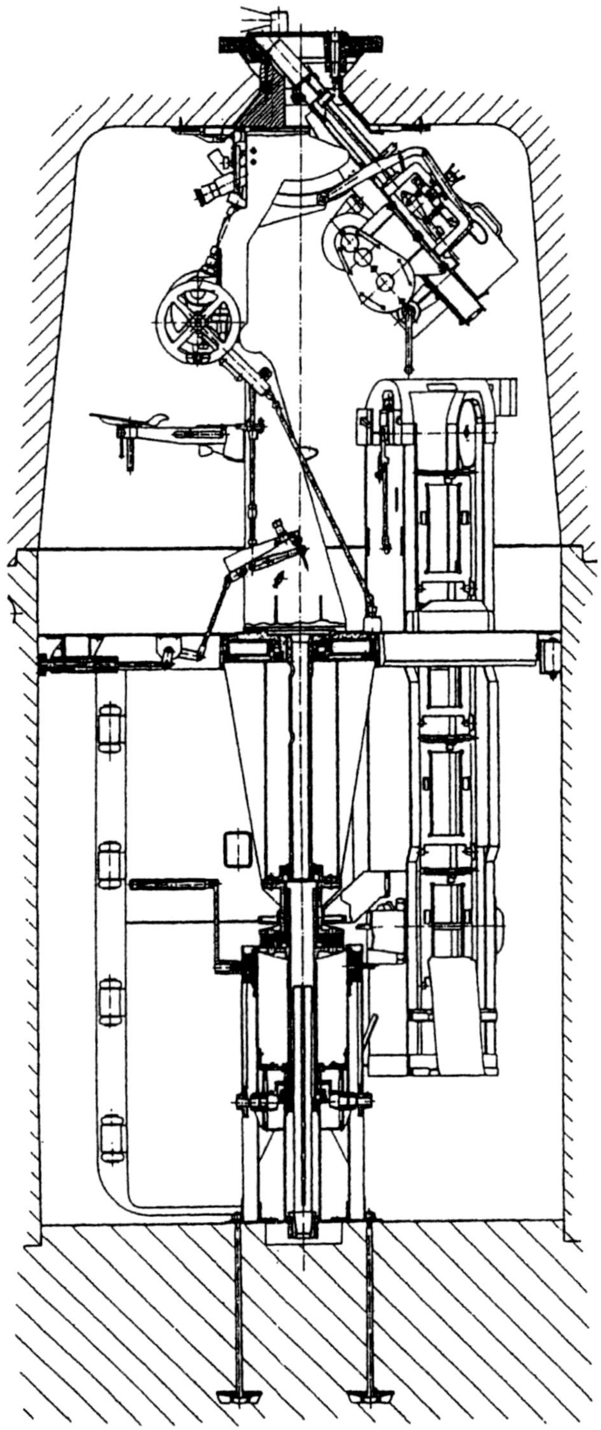

6.5 Ladungswerfer

Künstliche Hindernisse und Sperren aller Art gehören zu den unverzichtbaren Bestandteilen der Verteidigung; sie wegzuräumen ist für den Gegner eine Voraussetzung, seinen Angriff voranzubringen. Üblicherweise erledigten diese Aufgabe Pioniere mit geballten und gestreckten Ladungen[38]. Das konnte verlustreich sein. Eine andere als effektiv angesehene Methode bot der Einsatz von »Hinderniszerstörern«, mit denen man sich bereits vor dem Ersten Weltkrieg beschäftigt hatte[39]. Ihre Verwendungsmöglichkeiten prüften zwischen den beiden Weltkriegen die Militärs in verschiedenen Ländern.

Im deutschen Heer gehörte das zu den Aufgaben der für die Pioniere zuständigen Dienststellen im Generalstab, im Heeres- und im Heereswaffenamt. Erste Versuche hatte es Anfang der 1930er Jahre gegeben. Ab 1938 von der Firma Rheinmetall-Borsig in Düsseldorf entwickelt und schließlich angenommen wurden im April 1941 ein 20-cm-leichter und ein 38-cm-schwerer Ladungswerfer. Es handelte sich um sogenannte Stockwerfer, bei denen überkalibrige, flügelstabilisierte Wurfgranaten mit Hohlschaft auf einen Stock aufgeschoben wurden. Der leichte Ladungsträger bestand aus diesem Stock, einem Ausleger, der Bodenplatte und dem Richtaufsatz. Der schwere Ladungsträger lagerte in einer auf der Bettung schwenkbar gelagerten Wiege.

Leichter 20-cm-Ladungswerfer.

Schwerer 38-cm-Ladungswerfer.

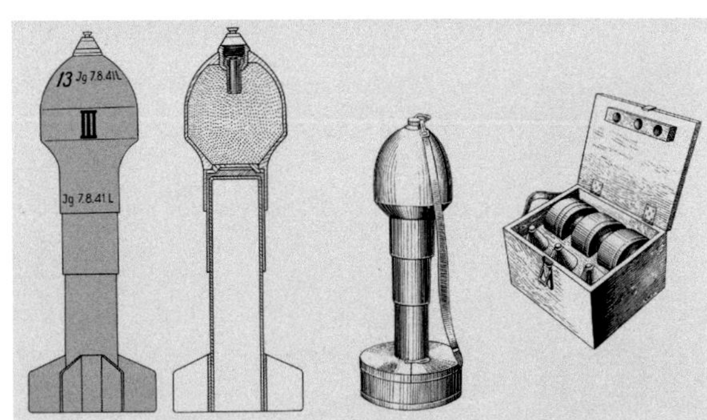

Die Munition des 20-cm-leichten Ladungswerfers.

[38] vgl. Wolfgang Fleischer: Deutsche Nahkampfmittel, Stuttgart 2018

[39] vgl. Wolfgang Fleischer: Militärtechnik des Ersten Weltkrieges, Stuttgart 2014, S. 148

Taktisch-technische Daten des 20-cm-leichten und des 38-cm-schweren Ladungswerfers		
Modell	20-cm-leichter Ladungswerfer	38-cm-schwerer Ladungswerfer
Kaliber (Schießstock)	88 mm	170 mm
Kaliber (Wurfgranate	199 mm	382,1 mm
Gewicht Werfer	83 kg	1.658 kg
Gewicht Munition	21,27 kg (20-cm-Wurfgranate 40)	149 kg (38-cm-Wurfgranate 40)
Davon Sprengstoff	7,0 kg	49 kg
V_0	88 m/s	102 m/s
Schussweite	710 m	1.000 m

Eingesetzt wurden diese Waffen in Pionier-Ladungswerferzügen mit je vier leichten und einem schweren Ladungswerfer.

Vom leichten Ladungswerfer wurden 400 Stück bestellt, tatsächlich nur 158 hergestellt. Die Zahl der schweren Ladungsträger ist mit 42 nicht wesentlich geringer. Das Heereszeugamt Spandau erhielt im Februar 1945 den Befehl, die letzten fünf Exemplare an den Verteidigungsbereich Magdeburg zu versenden. Dort trafen sie am 4. April ein, waren wegen fehlender Richtaufsätze und Munition aber nicht einsatzbereit. Beides hat man gesucht. Die Geschossköpfe von mindestens 16 38-cm-Wurfgranaten 40 waren Ende April 1945 bei Britz (Berlin-Neukölln) als Sprengfallen unter dem Kopfsteinpflaster von Straßen verbaut worden.

Fundstelle mit den Geschossköpfen von 38-cm-Wurfgranaten 40 bei Britz. Aufnahme aus den 1980er Jahren

Kapitel 7

DAS FEUER ALS WAFFE IM BEWEGUNGSKRIEG

»Manchmal wird die Frage aufgeworfen, ob Flammenwerfer auch in Zukunft noch irgendwelchen Wert haben werden. … Stets bleibt zu berücksichtigen, daß die Flammenwerfer eine reine Angriffswaffe sind, von einer Einsetzung zur Verteidigung sollte man absehen, weil sie hierbei … nur einen recht beschränkten Wert haben. Im allgemeinen muß jedoch … festgestellt werden, daß sich für Flammenwerfer weit mehr Einsatzmöglichkeiten – auch im Bewegungskrieg – bieten ... Sicherlich werden dann auch die Flammenwerfer nicht nur im Festungs- und Stellungskrieg, sondern auch im Nahkampf des Bewegungskrieges in Zukunft eine Rolle spielen.«

Zitiert aus: Reddemann, Bernhard[40]*: Die Verwendung von Flammenwerfern im Weltkriege. In: Wehrtechnische Monatshefte, Ausgabe Juli 1940.*

Flammenwerfer hatten sich im Ersten Weltkrieg bewährt. Sie vereinigten eine große materielle mit einer erheblichen moralischen Wirkung. Zu den letzten öffentlichen Auftritten gehörte ihr Einsatz auf Seiten der Garde-Kavallerie- (Schützen-) Division gegen die Teilnehmer am Generalstreik in Berlin am 10. und 11. Januar 1919. Die Ausführungsbestimmungen des Versailler Vertrages ließen eine weitere Verwendung von Flammenwerfern nicht mehr zu; sie waren wie alle modernen Kampfmittel verboten. Am 19. Mai 1921 gab der Chef der Heeresleitung das vorgeschriebene Truppensoll für die Reichswehr bekannt.

Für jede der 14 Pionierkompanien[41] der Infanteriedivisionen waren 119 Gewehre 98, 119 Bajonette, 35 kurze Pistolen 08 und zwei leichte Maschinengewehre vorgesehen – keine Flammenwerfer. Die 1.072 zum Kriegsende vorhandenen Geräte gehörten zu den überzähligen Beständen, die abgeliefert, zerstört oder gebrauchsunfähig gemacht werden mussten. Auch in den Entwicklungsprogrammen der Reichswehr, für das in diesem Falle die Pionier- und Festungsabteilung des Heereswaffenamtes zuständig gewesen wäre, sind weder unter Nahkampfgerät noch unter Nahkampfmittel Flammenwerfer dargestellt.

[40] Dr. Bernhard Reddemann, 1897 Brandmeister in der Berufsfeuerwehr Breslaus, seit 1911 Branddirektor der Messestadt Leipzig, war im Ersten Weltkrieg, zuletzt als Major der Landwehr, maßgeblich am Aufbau der Flammenwerfertruppe beteiligt.

[41] Sollgliederung der sieben Pionierbataillone: ein Bataillonsstab, zwei Pionierkompanien, eine Brückenkolonne, ein Scheinwerferzug.

Mit der gleichen Zurückhaltung lässt sich die Diskussion in der deutschsprachigen Fachliteratur charakterisieren, zumindest was die eigenen Absichten angeht. »Um Befestigungen, Stellungen und Sperrungen durchstoßen zu können, sind starke Kampfpionierverbände ... notwendig«, schrieb im Mai 1934 ein namentlich nicht genannter Autor in den »Vierteljahresheften für Pioniere«. Obwohl Flammenwerfer für diese Truppe die ideale Waffe wären, finden sie nicht einmal Erwähnung.

Aufmerksam verfolgte man die Entwicklung im Ausland. Dort gab es keine einheitliche Meinung. In den USA und in Großbritannien lehnte man Flammenwerfer ganz offensichtlich ab, obwohl eigene Kriegserfahrungen vorlagen. Die US-Armee knüpfte daran erst 1939 mit der Entwicklung tragbarer Geräte an, das britische Heer noch später, im Jahr 1941. Unmittelbar nach Ausbruch des Zweiten Weltkrieges gaben beide Armeen die Entwicklung gepanzerter Flammenwerferfahrzeuge in Auftrag, von denen verschiedene Konstruktionen bekannt geworden sind.

Aus der Sowjetunion lagen der Abteilung Fremde Heere (T 3) im Truppenamt der Reichswehr Mitte der 1930er Jahre Informationen über schwere fahrbare Flammenwerfer mit Schutzschild vor. Tatsächlich hatte der Konstrukteur L. N. Starostinui schon 1925 das Patent für einen mit Gasdruck betriebenen Flammenwerfer vorgelegt. Gänzlich verborgen blieb dem Ausland die seit Ende 1930 betriebene Entwicklung von Flammenwerferpanzern, von denen bis 1941 fast 800 geliefert wurden. Basiskonstruktionen waren leichte Kampfwagen der Typen T-27, MS-1, T-37 und T-26 sowie Rad-Kettenpanzer BT. Flammenwerferpanzer T-26 und OT-130 traten während des finnisch-sowjetischen Krieges im Winter 1939/1940 in Erscheinung. Zu dieser Zeit wurde mit der Konstruktion des tragbaren Flammenwerfers ROKS-1 begonnen.

Flammenwerfer waren bereits drei Jahre zuvor, im Verlaufe des Bürgerkrieges in Spanien (1936–1939) unter kriegsmäßigen Bedingungen getestet worden, ein Flammenwerferpanzer und drei tragbare Modelle. Sie waren spanischer, italienischer und deutscher Herkunft. Ihr Gewicht lag zwischen 26 und 36 kg, der Flammölvorrat zwischen 10 und 12 Litern. Die Reichweite von 22 bis 30 m wurde allgemein als zu gering bewertet. Der Flammenwerferpanzer kam aus Italien, wo man sich ebenfalls sehr früh mit diesen Spezialkampfwagen beschäftigt hatte. So war 1932 der Fiat 3000 FR entstanden, an dessen Stelle der Fiat-Ansaldo CV 3 L.F. trat. Serienmäßig wurde der 4,7 t schwere CV 35 L.F. gefertigt und zuerst 1936 während des abessinischen Feldzuges, kurze Zeit später auch während des Bürgerkrieges auf der iberischen Halbinsel eingesetzt. Er führte einen Flammölvorrat von 520 l auf einem einachsigen Anhänger mit. Aus deutscher Sicht war das genau der Nachteil; er verschlechtere die Geländegängigkeit des Kampfwagens, heißt es in einem Bericht über die italienischen Panzertruppen vom 31. August 1937.

Aufnahme aus dem Bürgerkrieg in Spanien. Ein Flammenwerfer-Stoßtrupp der Nationalspanier greift im Schutz von zwei Panzerkampfwagen I (MG) (Sd.Kfz. 101) an.

7.1 Flammenwerfer-Panzerwagen

Unter kriegsmäßigen Bedingungen wurden Flammenwerferpanzer erstmals 1936 von den Italienern in Abessinien[42] eingesetzt. Das weckte die Aufmerksamkeit des deutschen Militärs und initiierte eigene Entwicklungen. So schätzte Oberstleutnant Dr. Ing. H. Olbricht in einem im Juni 1939 in den »Wehrtechnischen Monatsheften« veröffentlichten Beitrag ein: »Die technische Kombination eines Flammenwerfers mit einem Pz.Kpfw. ist neuartig; es dürfte daher von Interesse sein, die Relationen zwischen Reichweiten und den zugeordneten Bestimmungsgrößen und die sich daraus ergebenden Folgerungen für die Verwendung von Flammenwerferanlagen in Pz.Kpfw. kurz aufzuzeichnen«.

[42] heute Äthiopien, höchstgelegenes Land in (Ost-)Afrika

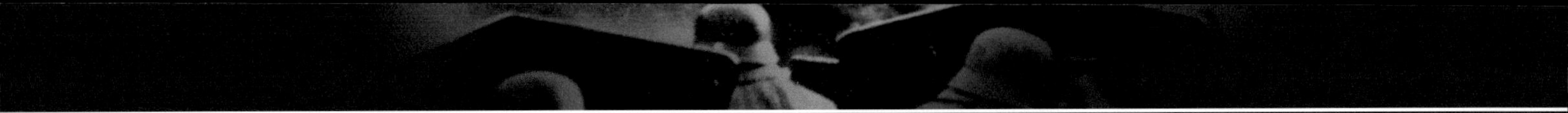

Für Panzerverbände boten sie eine Möglichkeit, die bereits bekannte materielle und moralische Wirkung dieser Waffe, unter Panzerschutz und mit der ihnen eigenen hohen Beweglichkeit, zu integrieren. Ausführlich ging Olbrich auf ihre theoretischen Grundlagen ein. Interessant ist, dass er sich dabei auf Erfahrungen beim Betrieb künstlicher Beregnungsanlagen stützte.
Schnell zeigte sich, wie kompliziert es war, die teils gegenläufig wirkenden taktisch-technischen Forderungen in der Konstruktion eines Flammenwerfers bzw. eines Flammenwerfer-Kampfwagens zu vereinen.

»Ein Flammenwerfer besteht aus einem mit Flammöl gefüllten Behälter, an welchem eine biegsame Schlauchleitung angeschlossen ist; auf das freie Ende der Schlauchleitung ist ein starres Stahlrohr aufgebracht; in die Mündung des Stahlrohres ist eine Düse, d.h. eine Platte mit einer besonders geometrisch geformten Öffnung, eingeschraubt.
Wird die Flüssigkeit im Behälter (mittels Gasdruck der Förderpumpen – der Autor) unter Druck gesetzt, so wird das Flammöl durch Schlauchleitung und Strahlrohr gedrückt und tritt durch die Düse hindurch in Form eines freien Strahls in die Umgebung hinaus (und wird beim Austritt entzündet – der Autor).«

Zitiert aus: Dr. Ing. H. Olbricht: Die Verwendung von Flammenwerferanlagen in Panzerkampfwagen. In: Wehrtechnische Monatshefte, 6. Heft 1939, S. 241 ff.

Die Leistungen der Flammenwerfer waren begrenzt, insbesondere der Flammölvorrat schränkte die Zahl der Feuerstöße, ihre Dauer und die Reichweite ein. Großen Einfluss auf die mit Flüssigkeiten erzielten Strahllängen hatten der Düsenquerschnitt und natürlich der Druck. Allein die Druckerhöhung brachte keine dazu im Verhältnis stehende Reichweitensteigerung. Das lag an der Zunahme des Luftwiderstandes und der Störung der Gleichgewichtsverhältnisse des Ölstrahls, Träger der heißen Flamme und dem damit verbundenen Wärmeauftrieb. Um eine Reichweite von 80 m zu erreichen, brauchte man einen möglichst großen Düsenquerschnitt.
Bei einer Austrittsgeschwindigkeit von 40 m/s musste die Brandflüssigkeit mindestens zwei Sekunden fliegen – ein langer Feuerstoß. Lange Feuerstöße konnten wegen des mitgeführten geringen Flammölvorrates nur in begrenzter Zahl abgegeben werden. Sie schränkten die Einsatzdauer bei Flammenwerfer-Kampfwagen, tragbaren und allen anderen Flammenwerfern ein. Im Sommer 1939 war die Entwicklung eines Flammenwerferpanzers in Deutschland bereits auf den Weg gebracht. Am 21. Januar 1939 gab die Abteilung für Kraftfahrzeuge und Kampfwagen des Heereswaffenamtes (WaPrüf 6) die Nullserie eines Flammenwerfer-Kampfwagens auf der Basis des Panzerkampfwagen II (2 cm) (Sd.Kfz. 121), Ausführung D, in Auftrag. Die Firma MAN / Nürnberg lieferte zwischen April und Dezember des Jahres 46 Fahrgestelle an Wegmann & Co. nach Kassel, wo sie mit den Aufbauten, den Drehtürmen und der Sonderausstattung komplettiert wurden.
Bei der Flammenwerferanlage hatte man sich für ein Gerät mittlerer Reichweite (35–40 m) entschieden. Die Konstruktion war interessant. Sie bestand aus zwei auf den vorderen Kettenabdeckungen angeordneten, fernbedienten, um 180^{0} schwenkbaren Spritzköpfen und den beiden dahinter befindlichen gepanzerten Flammölbehältern. Sie fassten je 160–180 Liter und reichten für insgesamt 80 Flammstöße von 2–3 Sekunden Dauer. Die Flammenwerferdüsen zeigten einen Durchmesser von 14 mm. Der Selbstverteidigung diente das 7,92-mm-MG 34 im Drehturm.
Das Fahrzeug kam unter der Bezeichnung Panzerkampfwagen II (Fl) (Sd.Kfz. 122), Ausführung A oder B, zur Einführung. Bei der Truppe nannte man den Flammpanzer einfach »Flamingo«. Der Umfang der Lieferung war zwischenzeitlich auf 150 erhöht worden, 112 aus der Neufertigung und 43 aus dem Umbau ausgesonderter Panzerkampfwagen II (2 cm) (Sd.Kfz. 121), Ausführung D und E. Sie kamen aus der im Oktober 1939 zur 8. Panzerdivision aufgestockten 3. Leichten Division (Panzerabteilung 67).
Die ersten drei Flammenwerfer-Kampfwagen hatte das Heereswaffenamt im Februar 1940 abgenommen. Ihre Eingliederung in Flammenwerferzüge oder -kompanien von Panzerdivisionen sah man nicht vor. Stattdessen war im März und April 1940 damit begonnen worden, die Panzerabteilungen 100 (Fl) und 101 (Fl) als Heerestruppe aufzustellen. Die Fahrzeugausstattung machte nur langsam Fortschritte, bis zum 19. Juni 1940 standen ganze 16 Flammpanzer zur Verfügung. Hinsichtlich der Produktion gab es neue Pläne; sie sollte bis zum Jahresende nach der Montage von nur 90 Flammpanzern auslaufen. Die Sollausstattung mit Panzerbefehls-, Panzerkampf- und Flammenwerfer-Kampfwagen sah

- 1 Panzerbefehlswagen III (Sd.Kfz. 266),

- 5 Panzerkampfwagen III (5 cm) (Sd.Kfz. 141),
- 24 Panzerkampfwagen II (2 cm) (Sd.Kfz. 121) und
- 42 Panzerkampfwagen II (Fl) (Sd.Kfz. 122) vor.

Offensichtlich erleichtert notierte Halder am 4. Oktober 1940 in sein Tagebuch: »Flammpanzerabteilung 101 ist fertig«. Tatsächlich wurden die letzten Flammpanzer im Januar 1942 ausgeliefert. Zu dieser Zeit waren die beiden Flammpanzerabteilungen bereits in normale Panzerabteilungen (I./Panzerregiment 100) umgegliedert bzw. aufgelöst worden. Schon am 21. Dezember 1941 war die Altmärkische Kettenfabrik GmbH in Berlin (Alkett) beauftragt worden, noch verfügbare Panzerkampfwagen II (Fl) (Sd.Kfz. 122) zu Panzerjäger-Selbstfahrlafetten mit der 7,62-cm-Pak 36 (r) umzubauen.
Eine wechselhafte Geschichte, die letztlich zeigt, dass sich der Spezialpanzer im Einsatz an der Ostfront nicht sonderlich bewährt hat, insbesondere die Leistungen der Flammenwerferanlage als nicht ausreichend bewertet wurden. Einfachere Lösungen fand die Truppe mitunter selbst, so beim Deutschen Afrikakorps. Hier bereitete man sich im März 1941 auf den Angriff in Richtung Tobruk vor. In der Zuständigkeit des Pionierbataillons z.b.V. 200 der 5. Leichten Division erhielten einige Panzerkampfwagen I (MG) (Sd.Kfz. 101) einen tragbaren Flammenwerfer. Er ersetzte das rechte Maschinengewehr im Drehturm. Immerhin konnten acht kurze Feuerstöße mit einer Reichweite bis 25 m abgegeben werden.
Am 31. Mai 1941 war eine weitere Flammenwerferabteilung aufgestellt worden. Sie erhielt die Nummer 102 (Fl) und wurde, gegliedert in zwei Kompanien, mit 24 Panzerkampfwagen B-2 (Fl) ausgestattet. Den Auftrag zum Umbau von 25 der zirka 160 erbeuteten französischen B-1 bis-Kampfwagen (Panzerkampfwagen B-2-740 (f) – frz. B-1 bis–) zu Flammpanzern hatte das Heereswaffenamt im März 1941 vergeben; die Ablieferung sollte bis zum 31. Mai 1941 erfolgen. Sie erhielten an Stelle der 7,5-cm-KwK L/17, vorn rechts in der Wanne, einen Flammenwerfer der Firma Hermann Koebe, Feuerlöschgerätefabrik / Luckenwalde. Wie das Geschütz ließ er sich nur vertikal richten; horizontal musste mit dem gesamten Fahrzeug geschwenkt werden – alles Aufgaben des Panzerfahrers. Die Beobachtungsmöglichkeiten waren schlecht. Beibehalten wurde der Drehturm mit dem 47-mm-Geschütz und einem Maschinengewehr.

Angehörige der 9. Panzerdivision beobachten Ende Juni 1941 an der Ostfront den Vorbeimarsch einer schweren Flammpanzerkompanie. Diese ist mit Panzerkampfwagen B-2 (Fl) der ersten Ausführung ausgestattet.

Panzerkampfwagen II (Fl) (Sd.Kfz. 122). Aufnahme von der Ostfront, Herbst 1941.

Flammpanzer B-2 der späten Ausführung. Gut erkennbar ist der erkerartige Vorbau für den Flammenwerferschützen.

Schon im April 1941 hatte man sich erneut mit dem Umbau von Beutepanzern B-1 bis zu Flammpanzern beschäftigt, mit dem Ergebnis, dass zwischen November 1941 und Juni 1942 weitere 60 B-2 (Fl) ausgeliefert werden konnten. Die Mängel der ersten Ausführung waren behoben. Nun befand sich die Flammenwerferdüse in einem auf der Kanonenblende montierten Spritzkopf. Für die Bedienung war ein Flammenwerferschütze zuständig, der neben dem Fahrer saß, aber weniger Platz hatte. Er konnte durch einen Sehschlitz beobachten. Weitere Verbesserungen zeigte die Abschlussausführung. Hier saß der Schütze in einem erkerartigen Vorbau mit Fahrersehklappe 50, der seitlich und in der Höhe schwenkbare (20^0, $-2^0/+10^0$) 14-mm-Flammenwerfer befand sich in einer Kugelblende. Bis zu 200 Flammstöße konnten abgegeben werden. Der Ölvorrat war im Heck untergebracht, in einem gepanzerten Tank. Für den notwendigen Druck sorgte eine Pumpe, die ein Zweitakt-Ottomotor antrieb. Er reichte aus, um Ziele in 45 m Entfernung zu bekämpfen.

Der erste Verband, der die Abschlussausführung des Flammpanzers B-2 erhalten hat, war die mit Befehl des Oberkommando des Heeres vom 10. Oktober 1941 aufgestellte Beute-Panzerabteilung 213 (AHA/ Ia (II) Nr. 26940/41 geh.). Von den 30 Panzern waren zwei Befehlswagen B-2, 18 Geschützwagen B-2 und zehn Flamm-Wagen B-2. Die Abteilung gehörte zu den Heerestruppen und stand zuletzt mit der 318. Infanteriedivision auf den Kanalinseln Jersey und Guernsey. Zu den weiteren Verbänden und Einheiten mit diesem Kampfwagen zählten die 14. und die 21. Panzerdivision (solange sie dem Oberbefehlshaber West unterstanden), die Panzerbrigade 103 (24 Fahrzeuge) sowie die am 22. Oktober 1942 aufgestellte SS-Panzerabteilung 7 mit 17 Beutekampfwagen B-2 (davon zehn Flammpanzer). Sie gehörte zur 7. SS-Freiwilligen-Gebirgs-Division »Prinz Eugen« auf dem Balkan und besaß damit eine für Gebirgsdivisionen eher unübliche Ausstattung.

Der Panzerkampfwagen B-2 (Fl) bot mit einer starken Panzerung einen guten Schutz, besaß den Vorteil der kombinierten Bewaffnung mit Flammenwerfer und Kanone, blieb letztlich aber eine Behelfslösung.

Die Verbindung der Feuerkraft eines Flammenwerfers und einer Kampfwagenkanone zeichnet den nächsten hier zu beschreibenden Spezialpanzer, den Panzerkampfwagen III (Fl) (Sd.Kfz. 141/3), nicht aus. Seine Entwicklung war vor dem Hintergrund der seit Ende August 1942 andauernden verlustreichen Häuserkämpfe in Stalingrad in Gang gekommen. Für den Einsatz im Stadtgebiet kamen diese Flammpanzer zu spät, enttäuschten auch mit ihrer geringen Reichweite (35 m) und wurden kurzfristig wieder zu Kanonenwagen umgebaut.

Der Beginn der Serienproduktion von Flammpanzern III war für Januar 1943 geplant. Dafür lieferte die Firma MIAG / Braunschweig 100 bis auf die Hauptbewaffnung komplette Panzerkampfwagen III der Ausführung M an die Wegmann AG nach Kassel. Am 18. Januar informierte der Minister für Rüstung und Kriegsproduktion, Albert Speer, über Schwierigkeiten bei der Fertigstellung. So kamen die ersten Flammpanzer erst im Februar, die letzten im April des Jahres zur Auslieferung. Für ihren Einsatz wurde im März 1943 damit begonnen, in den Stabskompanien der Panzerabteilungen von Panzerdivisionen Flammpanzerzüge mit je sieben Panzerkampfwagen III (Fl) (Sd.Kfz. 141/3) aufzustellen.

Der Panzerschutz des Flammpanzer III (Sd.Kfz. 141/3) entsprach dem des Panzerkampfwagen III (5 cm KwK 39) (Sd.Kfz. 141/1), dessen Fertigung im Februar 1943 eingestellt worden war.

Erstmals eingesetzt worden sind sie im Juli 1943 im Kursker Bogen, aber nur bei der 6. und 11. Panzerdivision sowie bei der Panzergrenadierdivision »Großdeutschland«. In der Kriegsgliederung des Feldheeres vom September 1943 sind 19 Panzerdivisionen und die bereits genannte Panzergrenadierdivision mit jeweils einem, zwei, in einem Fall auch drei Flammpanzerzügen ausgewiesen (Sollausstattung). Dem Gesamtbedarf von 161 Flammpanzern standen in diesem Monat 93 noch tatsächlich verfügbare Kampfwagen gegenüber; ein Jahr später gab es nur noch elf.

Als Hauptwaffe stand der dreiköpfigen Besatzung in dem rund 23 t schweren Kampfwagen ein 14-mm-Flammenwerfer der Firma Koebe zur Verfügung, der im Drehturm anstelle der 5-cm-KwK 39 L/60 lafettiert war. Dazu kamen zwei 7,92-mm-MG 34. Der Flammölvorrat von 1.000 l reichte für 125 kurze Flammstöße. Den dafür notwendigen Druck von 15 bis 17 at erzeugte eine Pumpe mit einem Hilfsaggregat. Der Flammstrahl wurde elektrisch gezündet und konnte auf Entfernungen von 55 bis 60 m verspritzt werden.

Nur als Episode in der Entwicklung deutscher Flammenwerfer-Panzerwagen ist das Sturmgeschütz III (Fl) zu bewerten. Dafür sollten – so war es Anfang Dezember 1942 beschlossen – zehn Sturmgeschütze aus der hochlaufenden Fertigung abgezweigt werden. Zuständig dafür waren wiederum die Firmen Wegmann und Koebe. Erste Versuche gab es im Januar 1943. Ein von der Amtsgruppe Minen und Pioniergerät (WaPrüf 5) entwickelter Mehrlade-Pulverflammenwerfer erhielt eine zusätzliche Pumpe mit DKW-Zweitakt-Ottomotor. Es funktionierte bei -22^{0} Celsius, allerdings erst nach einer fünfminütigen Aufwärmphase, bei der das Kühlwasser des Maybach-HL-120-Fahrzeugmotors genutzt wurde. Der Flammstrahl erreichte Ziele in einer Entfernung von 53 bis 55 m.

Die Sturmgeschütze wurden jedoch nicht aus der laufenden Produktion entnommen, sondern aus der Heimatinstandsetzung älterer Baureihen. Am 29. Juni 1943 erhielt die Panzertruppenschule I (Wünsdorf) die zehn fertiggestellten Sturmgeschütze III mit Flammenwerfern. Sie kamen niemals zum Einsatz und sind ab Februar 1944 zu Sturmgeschützen mit 7,5-cm-Sturmkanonen 40 umgebaut worden. An den Fronten fehlten überall Panzerjäger. Hitler erinnerte sich an die Fahrzeuge, als es um die Vorbereitung der Operation »Wacht am Rhein«, die Ardennenoffensive, ging. Während der Rüstungskonferenzen mit Speer am 28. und 29. November 1944 befahl er, nach den seinerzeit abgerüsteten Flammenwerferwagen zu forschen bzw. in den nächsten Tagen verfügbare Panzer- und Sturmgeschützmodelle mit Flammenwerferanlagen auszustatten. Eine Sonderaktion, bei der innerhalb kürzester Zeit 20 bis 30 Flammpanzer zur Truppe kommen sollten. Nach sechs Tagen war die Aktion abgeschlossen. Am 3. Dezember meldete man Hitler, »... daß aller Voraussicht nach die befohlene Flammenwerferaktion mit 35 Fahrzeugen ... termingemäß in Ordnung geht«.

Tatsächlich waren es nur 20, und zwar umgebaute Jagdpanzer »Hetzer« (Sd.Kfz. 138/2), die man der 327 Fahrzeuge umfassenden Dezemberlieferung entnommen hatte. An die Stelle der 7,5-cm-Panzerjägerkanone 39 L/48 trat ein 14-mm-Flammenwerfer von Koebe. Er konnte seitlich um 17^{0} und in der Höhe zwischen -6^{0}/+14^{0} geschwenkt werden. Der Vorrat von 700 l Flammöl Nr. 6 erlaubte es, 60 bis 70 Flammstöße abzugeben, aber nicht – wie angestrebt – auf 100 m, sondern nur bis 60 m. Zum Betrieb der Pumpe der Flammenwerferanlage war ein Hilfsmotor eingebaut.

Zwei Flammpanzerkompanien konnten mit Flammpanzern 38 »Hetzer« ausgestattet werden; sie erhielten die Nummern 352 und 353. Die Flammpanzerkompanie 352 wurde der Panzerabteilung 5 der 25. Panzergrenadierdivision unterstellt, die Flammpanzerkompanie 353 der 17. SS-Panzergrenadierdivision »Götz von Berlichingen«. Ihr war die Kompanie Ende Dezember 1944 zugeführt worden, um an der Operation »Nordwind«, einem Angriff im nördlichen Elsass, teilzunehmen. »Für den „Nordwind“ war neben einer beschränkten Freigabe von Munition und Treibstoff ...«, so heißt es in der Divisionsgeschichte, u.a. die »... Flammpanzerkompanie 353 mit zehn Wagen, von denen in der Anfangsphase sechs ausfielen, als Unterstützung gedacht« – ebenfalls keine Erfolgsgeschichte. Hitler, der sich wiederholt zur Flammenwerferproblematik geäußert hat, befahl am 5. Dezember 1944 die Entwicklung eines schwersten Flammenwerferpanzers, am besten auf »Tiger«-Basis. Er sollte gegen Ziele in 200 m Entfernung wirken und stärksten Panzerschutz erhalten. Das blieb ein Wunschtraum.

Laut einer im November 1944 geführten Rücksprache zwischen Generalmajor Wolfgang Thomale, dem Inspekteur der Panzertruppen im Oberkommando des Heeres, und einem Vertreter des Heereswaffenamtes / WaPrüf 6 (Kraftfahrzeuge und Panzer) wurden verbesserte Panzerflammenwerfer gefordert. In der Entwicklung waren zu dieser Zeit:

1. Einstoßgeräte nach dem Prinzip des Flammenwerfers 46 in verschiedenen Größen mit 3, 5, 7, und 15 Liter Ölinhalt,
2. verstärkte Abwehrflammenwerfer 42 mit 40–60 Liter Ölinhalt und
3. Stickstoff-Mehrstoßgeräte mit 300 Liter Ölinhalt und normalen Stickstoff-Flaschen sowie flüssigem Stickstoff und Verdampfer.

Nach Fertigstellung und Erprobung der Flammenwerfer sollte der Einbau in die von WaPrüf 6 zur Verfügung gestellten Panzerfahrzeuge (Jagdpanzer 38 und mittlerer Schützenpanzerwagen) bei der Firma Koebe in Luckenwalde erfolgen.

Alle bisher beschriebenen Projekte und Modelle deutscher Flammpanzer waren für die Verwendung im Rahmen der Panzerabteilungen gepanzerter Großverbände vorgesehen. Dieses Thema kann aber nicht abgeschlossen werden, ohne auf den mittleren Flammpanzerwagen Hl k 6p (Sd.Kfz. 251/16) einzugehen, von dem ab Januar 1943 bis zum Auslaufen der Fertigung 1944 247 Fahrzeuge ausgeliefert wurden. Sie stellten den größten Teil der in Deutschland hergestellten Flammpanzerwagen. Sie fanden im Rahmen der am 1. April 1943 neugebildeten Waffengattung Panzergrenadiere Verwendung[43].

Mittlerer Flammpanzerwagen (Sd.Kfz. 251/16) während einer Vorführung. Die Flammenwerferschützen tragen besondere Schutzanzüge.

Basiskonstruktion für den mittleren Flammpanzerwagen war der mittlere Schützenpanzerwagen Hk l 6p (Sd. Kfz. 251). Mit zwei 14-mm-Flammenwerfern mit Panzerschild, einem tragbaren 7-mm-Flammenwerfer 41, einem 7,92-mm-MG und 700 l Flammöl Nr. 19 wog diese Spezialausführung, einschließlich der vierköpfigen Besatzung, 8,62 t. Die beiden großen Flammenwerfer mit 160^0 Seiten- und $-10^0/+24^0$ Höhenrichtbereich waren seitlich angeordnet. 80 Flammstöße von ein bis zwei Sekunden Dauer (8 l/s) konnten abgegeben werden. Unter den Erwartungen lag mit 40 m die Reichweite; angestrebt hat man auch hier 50–60 m.

Mittlere Flammpanzerwagen Hk l 6p (Sd.Kfz. 251/16) wurden zu je sechs Fahrzeugen in Flammpanzerzügen (gp) eingesetzt. Sie gehörten in den Panzergrenadierregi-

---

[43] aus den Grenadierdivisionen (mot), die vorher zur Waffengattung Infanterie gehörten

mentern von Panzerdivisionen, die über mindestens ein Bataillon auf Schützenpanzer verfügen konnten, zu den Teileinheiten der Stabskompanien. Den Nachschub an Flammöl (zwei Verbrauchssätze mit zusammen 8.400 l) stellten drei mittlere geländegängige Lastkraftwagen sicher.

»Mittlere Flammpanzerwagen (Sd.Kfz. 251/16) sind eine Nahkampfwaffe der Panzergrenadiere. Sie wurde angriffsweise dort eingesetzt, wo mit den Waffen der aufgesessenen Panzergrenadier-Einheiten(gp) allein keine ausreichend vernichtende Wirkung erzielt werden kann. ... Mittlere Flammpanzerwagen wirken mit

a. Flammenwerfern: gegen lebende, brennbare und feste Ziele auf Entfernungen bis 40 m;
b. Maschinengewehren. ...

Die Flammwirkung vernichtet den Feind im Flammbereich oder zwingt ihn durch die hohe moralische Wirkung zum Verlassen seiner Deckung. Die Flammangriffe sind daher besonders wirkungsvoll, um gewonnenes Gelände rasch vom Feind zu säubern.«

Zitiert aus: Merkblatt 75/2. Merkblatt für den Einsatz eines Flammzuges (gp) vom 1. Juli 1943, S. 3

Es gab auch Sondergliederungen. Im Dezember 1944 gehörte zur 11./(Sturmpionier-) Kompanie (gp) der Führergrenadierbrigade ein 4. Zug mit vier mittleren Flammpanzerwagen Hk l 6p (Sd.Kfz. 251/16). In den Panzerdivisionen der Kriegsgliederung 1945 standen den Panzergrenadierregimentern diese Fahrzeuge nicht mehr zu. An ihre Stelle traten Schützenpanzerwagen (Sd.Kfz. 251) mit den bereits bekannten Wurfgeräten 41 (»Stuka zu Fuß«). Sie trugen sechs Wurfrahmen, aus denen wahlweise 28-cm-Wurfgranaten, Spreng- (je 82 kg, davon 50 kg Sprengstoff) oder 32-cm-Wurfkörper Flamm (79 kg, davon 50 l Flammöl) verschossen werden konnten. Sie ermöglichten es, gegen Flächenziele in Entfernungen bis 2.000 m zu wirken. Ein Flammwurfkörper reichte aus, um eine Fläche vom 200 m^2 in Brand zu setzen.

Zur internationalen Entwicklung: Im Vergleich zeigen die Flammenwerferpanzer einige Besonderheiten. Das Bemühen, die große materielle und moralische Wirkung von Flammenwerfen mit der Beweglichkeit und dem Panzerschutz der Kampfwagen zu verbinden, hatte zu unterschiedlichen Konstruktionen geführt. Panzerschutz war besonders wichtig wegen der im Vergleich zu Kanonen und Maschinengewehren geringeren Reichweite der Flammenwerfer. Es gab zwei Länder, deren Streitkräfte bei der Beschaffung der Spezialpanzer schon große Fortschritte erreicht hatten: Italien und die Sowjetunion.

Die italienische Konstruktion, der C.V.3/35 Lanciafiamme, ist bereits erwähnt worden. Charakteristisches Merkmal des 3,4 t schweren Kleinpanzers war der einachsige Anhänger mit einem Gewicht von 0,83 t. Er ermöglichte das Mitführen eines großen Flammölvorrates, grenzte aber die Geländegängigkeit ein und machte die von dem Kampfwagen ausgehende besondere Bedrohung sichtbar. Der Flammenwerfer befand sich im Kasemattaufbau, links neben dem 8-mm-MG und wurde mit einem Kompressor (7–10 at Druck) betrieben. Über die Reichweite liegen unterschiedliche Angaben vor: 20–45 m und 46–92 m. C.V.3/35 kamen gegen Frankreich, auf dem Balkan und in Nordafrika zum Einsatz. Von der Weiterentwicklung, dem L 6/40 Lanciafiamme, wurden 1942 nur Versuchsmuster gebaut. Der Flammenwerfer war im Drehturm, der Flammölvorrat im Innern des Kampfwagens untergebracht.

Noch größere Aufmerksamkeit hat man Flammenwerferpanzern in der Sowjetunion zukommen lassen. Allein auf der Basis des leichten Infanterie-Begleitpanzers T-26 gab es in der Roten Armee vier Ausführungen, OT-16, OT-130, OT-133 und OT-13[44]. Die erste Variante aus dem Jahr 1933 war mit dem Flammenwerfer KS-2 bestückt, mit dem Ziele in 35 m Entfernung bekämpft werden konnten. Die 420 l Flammöl im Fahrzeuginneren reichten für 70 Flammstöße von je einer Sekunde Dauer. Die 15 mm starke Panzerung bot nur geringen Schutz gegen Beschuss. Es folgten Modelle, die stärker gepanzert waren und deren Flammenwerfer eine größere Reichweite besaßen (53 bzw. 50 m). Bei allen waren die Flammenwerfer in um 360^0 schwenkbaren Drehtürmen untergebracht, ausgenommen beim OT-134 aus dem Jahr 1940. In dessen Turm waren die übliche 45-mm-KwK 1934/38 L/45 und ein 7,62-mm-MG DT eingebaut, der Flammenwerfer schwenkbar auf dem Wannenbug. Der Ölvorrat von 70 l reichte für 15 bis 18 Flammstöße bis 50 m Entfernung.

[44] Ursprünglich Cht-26 usw. OT: Ognemetnuii tank = Flammenwerferpanzer

10,2 t schwer war der sowjetische Flammenwerferpanzer OT-130. Er nahm zwei Behälter mit einem Fassungsvermögen von 393 l Flammöl auf und hatte zwei Mann Besatzung. Der Flammenwerfer und ein 7,62-mm-Maschinengewehr DT befanden sich im Drehturm.

Die Masse der Flammpanzer auf T-26-Basis stand am 22. Juni 1941, dem Beginn des deutschen Angriffs auf die Sowjetunion, in Kompanie- und Bataillonsstärke bei den Panzerdivisionen der Roten Armee. Nur wenige überstanden die Kämpfe bis zum Winter 1941/1942. Andere Flammenwerferpanzer blieben Versuchsmuster oder standen, wie einige Schwimmpanzer T-40 mit dem Flammenwerfer ATO-41, nur in geringer Zahl zur Verfügung. Sie waren mit ihrer schwachen Panzerung zu verletzbar. Um diesen Mangel zu beheben, gab es verschiedene Projekte schwerer Kampfwagen mit kombinierter Bewaffnung aus Kanonen, Flammenwerfern und Maschinengewehren.

Einen Abschluss fanden die Arbeiten im Januar 1941 mit dem KW-8. Bei einem Gewicht von 44 t besaß er eine 40 bis 75 mm starke, granatsichere Panzerung. Eine wirkliche Besonderheit war aber die kombinierte Bewaffnung mit einer 45-mm-KwK 1934/38 und einem Flammenwerfer ATO-41, beide in einem Drehturm angeordnet und durch vier 7,62-mm-MG DT ergänzt. Dem Geschütz hat man mit einem Blechmantel das Äußere der 76,2-mm-Standardbewaffnung dieses Kampfwagentyps gegeben. Der Flammölvorrat wurde mit Druckluft in den 10 l fassenden Arbeitszylinder gepresst und mit einer Pulverkartusche U-78 T durch die Flammenwerferdüse herausgepresst, dabei mittels elektrisch entzündetem Benzin entflammt. 63 Patronen waren vorhanden. Der Flammölvorrat von 670 l reichte für 52 bis 55 Flammstöße. Je nach Ölmischung ergaben sich Wurfweiten von 60 bis 100 m.

1942/1943 wurden 137 Flammenwerferpanzer KW-8 gebaut, davon 35 unter Verwendung des verbesserten Kampfwagenmodells KW-1S. Im August 1942 stellte die Rote Armee Flammenwerfer-Panzerbataillone auf, die neben OT-34 über je fünf KW-8 verfügten. Eine ebenfalls in diesem Jahr aufgestellte Flammenwerfer-Panzerbrigade hatte 36 KW-8, 18 OT-34 und fünf mit Kanonen bewaffnete T-34.

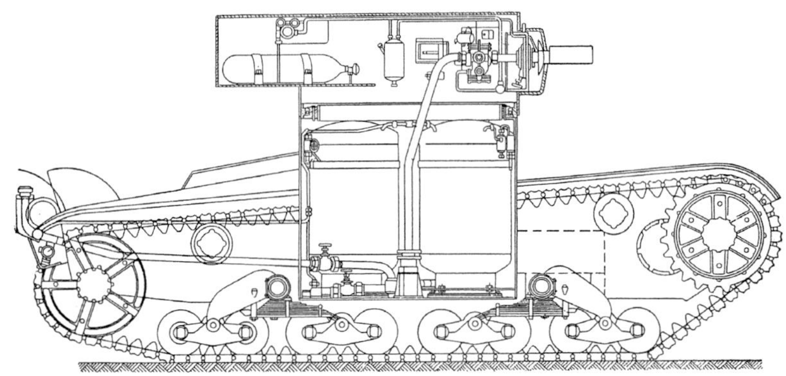

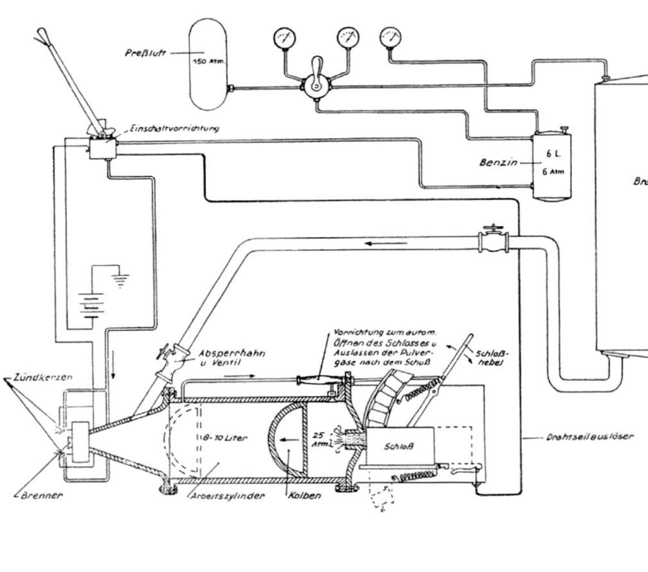

Automatischer Flammenwerfer ATO 41, wie er im Flammenwerferpanzer KW-8 zum Einsatz kam. Rekonstruktion aus deutschen Unterlagen.

Ebenfalls mit dem Flammenwerfer ATO-41 bewaffnet war der OT-34, den man bereits im Frühjahr 1941 unter der Bezeichnung T-034 erprobt hatte. Er entstand auf der Basis des mittleren Panzers T-34 und besaß gegenüber dem KW-8 einen wesentlichen Unterschied. Der ATO-41 war in der Wanne angeordnet, dort wo üblicherweise das Bug-MG lafettiert war. Er konnte nach der Seite nur um 15^0, nach der Höhe zwischen-2^0 und $+10^0$ geschwenkt werden. Für die Bedienung war der Fahrer zuständig.
Die 105 l Öl reichten für 16 bis 18 Flammstöße in der Minute. Um die Flammenwerferanlage unterbringen zu können, hatte man die Besatzung auf drei Mann vermindert. Auch der Kampfsatz für die Turmbewaffnung – eine 76,2-mm-KwK F-34 L/41,5 und ein 7,62-mm-MG DT – war verkleinert worden. Der Aufbau wurde bei allen Baureihen des OT-34, auch bei denen auf T-34/85-Basis, beibehalten. Ab 1942 kam ein verbesserter Flammenwerfer ATO-42 zum Einbau. Er besaß einen größeren Betriebsdruck (18–21 at) und eine Reichweite von 90 bis 130 m.
Zu den Vorteilen des OT-34 zählte zweifelsohne, dass der Flammenwerfer die Standardbewaffnung nur ergänzte und dass er von normalen Kampfwagen schwer zu unterscheiden war – das sicherte die Überraschung im Einsatz. Nachteilig war, dass der Flammenwerfer grob mit dem gesamten Fahrzeug gerichtet werden musste. Auch für die Feinrichtung war der Fahrer zuständig.
Behelfsmäßig, von der Truppe selbst hergestellte Flammenwerferpanzer, wie in anderen Armeen durchaus üblich, sind kaum bekannt geworden. Eine Ausnahme und durchaus eine interessante Lösung stellten T-34 dar, die man 1942 im Abschnitt der 5. Armee der Westfront gefunden hatte. Die Panzer erhielten zehn Abwehrflammenwerfer FOG, angeordnet in zwei Reihen zu fünf Stück auf dem Motorraum. Sie waren pulverbetrieben, wurden elektrisch gezündet und verspritzten die zusammen 250 l Flammöl quer zur Fahrtrichtung des Kampfwagens.
Zwischen 1941 und 1945 lieferte die sowjetische Verteidigungsindustrie 1.501 Flammenwerferpanzer OT-34, davon 1.170 OT-34/76 und 331 OT-34/85. Sie kamen in Flammenwerfer-Panzerbataillonen und -brigaden zum Einsatz, spielten in der Endphase des Zweiten Weltkrieges beim Kampf um befestigte Stellungen, in besiedelten Gebieten und Großstädten eine wichtige Rolle.

In Großbritannien hatten Flammenwerfer zwischen den beiden Weltkriegen keine große Aufmerksamkeit gefunden. Das änderte sich im Juni 1940 mit der Bildung des Petroleum Warfare Departements. In seinem Auftrag wurden 1941 zwei Infanteriepanzer Mk-III »Valentine« zu Flammenwerferkampfwagen umgebaut. Beide führten den Flammölvorrat auf einem einachsigen Hänger mit. Untersucht wurden zwei Betriebssysteme, eins mit Pulverkartuschen, das andere mit Stickstoff. Die Versuche im Jahr 1942 zeigten die Vorzüge der mit Stickstoff betriebenen Flammenwerferanlage. Ihre Weiterentwicklung führte zum »Churchill-Crocodile«, für den Infanteriepanzer Mk-IV »Churchill« Mk-IV, ab Oktober 1943 die Ausführung Mk-VII Verwendung fanden. Sie behielten ihre Hauptbewaffnung, lediglich das vorn links lafettierte Besa-Maschinengewehr entfiel. An seine Stelle trat ein Flammenwerfer.

Flammenwerferpanzer »Churchill Crocodile«. Gut zu erkennen die Lafettierung für den Flammenwerfer auf der (in Fahrtrichtung) linken Seite der Fahrerfront. Basiskonstruktion war der Infanteriepanzer Mk IV »Churchill« Mk VII.

Der Flammölvorrat – zirka 1.514 l – fand wie der zum Betrieb benötigte Stickstoff auf einem einachsigen, mittlerweile gepanzerten, 6,5 t schweren Anhänger Platz. Er konnte bei Gefahr aus dem Innern des Flammpanzers abgekoppelt werden. Öl und Stickstoff gelangten über ein Verbindungsstück vom Anhänger über eine Leitung an der Unterseite des Panzers nach vorn zum Flammrohr. 80 Flammstöße von je einer Sekunde Dauer konnten abgegeben werden. Die Angaben zur Reichweite sind unterschiedlich (70–130 m). 800 Flammpanzer »Churchill-Crocodile« sind bis zum Kriegsende gebaut worden. Sie fanden 1944/1945 auf dem nordwesteuropäischen Kriegsschauplatz zur Unterstützung der Infanterie sowie zugeteilter Infanteriepanzer Verwendung.

Eine Episode blieb der Flammenwerferkampfwagen »Churchill-Oke« mit einem »Ronson«-Flammenwerfer, von dem Ende 1941 einige fertig geworden sind. Drei nahmen am 19. August 1942 an der Landung am Strand von Dieppe teil und gingen dabei verloren.

In Australien wurden 1944 25 Infanteriepanzer Mk-II »Mathilda« Mk-IV und Mk-V mit Flammenwerfern bestückt. Sie ersetzten das 40-mm-Geschütz im Drehturm, in dem auch der Flammölvorrat untergebracht wurde. Die Reichweite betrug 91 m. Sie fanden unter der Bezeichnung »Mathilda-Frog« (Frosch) während der Kämpfe in Neu-Guinea Verwendung. Solche Umbauten setzten die Streitkräfte des britischen Commonwealth auch auf anderen Kriegsschauplätzen ein – so die 1. Kanadische Armee in Nordwesteuropa. Hier waren Schützenpanzerwagen »Ram-Kangoroo« mit Flammenwerfer »Badger« (Dachs) ausgerüstet worden.

Als besonders effektiver gepanzerter Flammenwerferträger galt der »Wasp« (Wespe) auf der Basis des Schützenpanzerwagens »Universal Carrier« Mk-I und Mk-II. Das kleine Fahrzeug nahm 360 l Flammöl auf. Der Flammenwerfer konnte 10 bis 12 Flammstöße abgeben und erreichte Ziele in bis zu 75 m Entfernung. Der »Wasp« ist auch in Kanada gefertigt worden (Mk-IIC). Drei Fahrzeuge erhielt die Sowjetunion im Rahmen des Pacht- und Leihabkommens.

Eine kurios anmutende Konstruktion eines gepanzerten Flammenwerferfahrzeuges soll nicht unerwähnt bleiben – ein gepanzerter Lastkraftwagen AEC (6x6) »Matador«, auf dem ein großer Flammenwerfer montiert war. Verantwortlich für die 1940 in Gang gesetzte Entwicklung zeichnete wiederum das Petroleum Warfare Departement. Da die Landung der Deutschen auf den britischen Inseln ausblieb, musste »Cockatrice« (Nymphensittich) seine Kriegsbrauchbarkeit nicht unter Beweis stellen.

In den USA wurde 1941 erstmals mit Flammenwerferpanzern experimentiert. Dafür nutzte man den mittleren Panzer M2, dessen Serienfertigung im November 1940 in Gang gekommen war. An die Stelle der 37-mm-KwK M 6 im Drehsturm trat ein langrohriger Flammenwerfer E-2. Die Arbeiten fanden 1942 ihre Fortsetzung, nun mit dem Nachfolgemodell M3. Weitere Versuchsmodelle entstanden unter Verwendung der leichten Panzer M3, M3A, M5, M5A1 sowie der Selbstfahrlafette M 8. Zu den auffälligsten Konstruktionen gehörten ein M5A1 mit Kasemattaufbau und dem Flammenwerfer E-8 und ein M 5 A 1 mit dem Flammenwerfer E-9-9, der – ähnlich dem britischen »Churchill-Crocodile« – den Flammölvorrat auf einem Anhänger hinter sich herzog. Ende 1944 wurden dann vier Flammenwerferpanzer M4 »Crocodile« gebaut, die bei der 2. (US) Panzerdivision in Nordwesteuropa Verwendung gefunden hat. Die Reichweite des Werfers ist mit 40 m angegeben.

Bedarf an Flammenwerferpanzern gab es vor allem auf dem pazifischen Kriegsschauplatz. Da die Entwicklung geeigneter Spezialfahrzeuge nur zögerlich vorankam, half sich die Truppe selbst durch den Umbau vorhandener Kampfwagen. Das geschah in einer kaum überschaubaren Vielfalt; auch tragbare Flammenwerfer wurden eingebaut. Typische Vertreter waren leichte Panzer M3 und M3A1 mit dem Flammenwerfer »Satan«. Er ersetzte die 37-mm-KwK M6 im Drehturm. 633 l Flammöl fanden im Fahrzeug Platz, die Reichweite lag bei maximal 55 m. Außerdem setzte das US-Marinekorps mittlere Panzer M4 mit dem kanadischen Flammenwerfer »Ronson« ein. Flammenwerfer E4R2-5R1, E4R2-5R-1 (M-3-4-3) und E7 kamen, teils in den Drehtürmen, teils an Stelle der Bug-Maschinengewehre zum Einbau. Größere Bedeutung erlangten POA-Flammenwerfer. Dafür erhielten M4 A3 Rohre ausgedienter 75-mm-Kanonen oder 105-mm-Haubitzen, in die Flammenwerfer Mk-I der US-Marine eingelegt wurden. Sie trugen die Bezeichnung POA-CWS-H1 oder H2. Auch gepanzerte Amphibientransporter LVT(A)1 oder LVT(A)4 traten als Flammenwerferfahrzeuge in Erscheinung. Zur Bewaffnung gehörten Flammenwerfer E7R2 (E-12-7R1) oder der kanadische »Ronson«.

M4A3 des US-Marinecorps mit Flammenwerfer POA-CWS 75.

Einem besonderen Problem mussten sich die US-Panzerbesatzungen 1944/1945 während der Kämpfe um die Inseln im Pazifik stellen – den »Kamikaze«-Einsätzen japanischer Panzernahbekämpfer. Um sie erfolgreich abwehren zu können, schienen Flammenwerfer besonders geeignet. Es sind verschiedene Konstruktionen bekannt geworden. Die Geräte E4R4-4R-6RC und der E6-R1 – eigentlich ein tragbarer Flammenwerfer – kamen, ähnlich Periskopen beim MG-Schützen, im Bug von M 4-Kampfwagen zum Einbau.
Am 6. Juni 1945 gab die US-Armee eine Vorschrift für den Flammenwerfer-Rüstsatz M3-4-E6R3 heraus, dessen Strahlrohr rechts vom schwenkbaren Winkelspiegel des Maschinengewehrschützen durch die Wannendecke geführt wurde. Der Flammenwerfer war um 105^0 schwenkbar. Eine weitere Entwicklung auf diesem Gebiet lief unter der Bezeichnung »Scorpion« (Antipersonnel Tank Projektor). Vier kleine Flammenwerfer E1, an den Außenseiten einer M 4 A 3-Wanne angebracht, konnten bei Annäherung von Selbstmordkommandos einzeln oder zugleich abgefeuert werden. Am 16. August 1945 war auch der Krieg im Pazifik beendet, die Entwicklung des »Scorpion« noch nicht abgeschlossen – sie wurde eingestellt.
Im Verlaufe des Zweiten Weltkrieges nahmen Flammenwerferpanzer als ein neues Kampfmittel im Arsenal der Streitkräfte einen festen Platz ein. Technische Lösungen und taktische Konzepte zeigten Unterschiede. Sie wurden in der Zeit des Kalten Krieges weiterentwickelt.

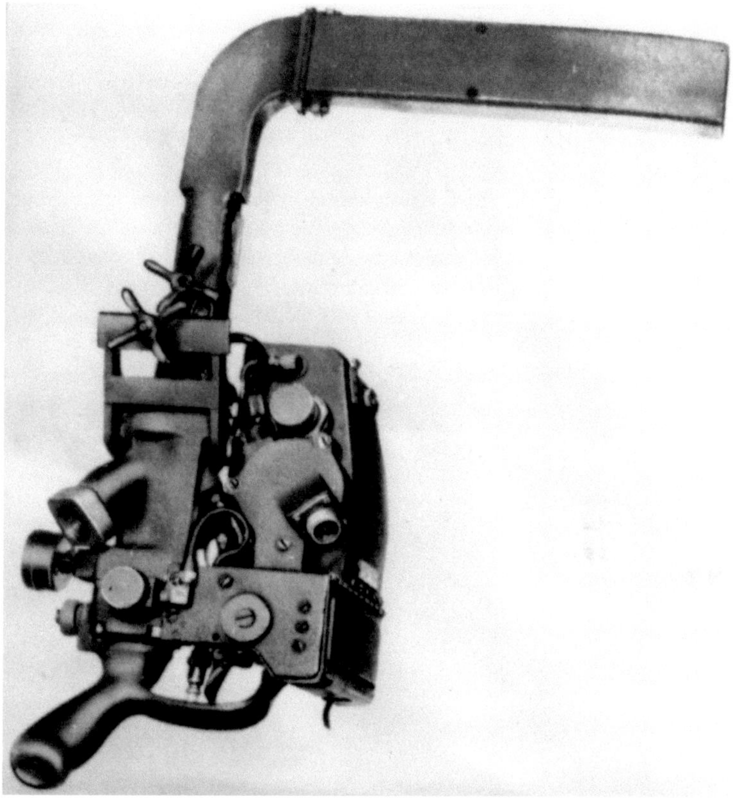

Zur Nahabwehr wurden verschiedene Flammenwerfer zur Rundumverteidigung eingeführt, die – wie der M 3-4 E 6 R 3 – periskopartig über dem Platz des Bug-Maschinengewehrschützen angeordnet waren.

Japanischer »Kamikaze«-Kämpfer mit Stabhohlladung. Solche Selbstopfereinsätze waren vor allem für Kampfwagenbesatzungen ein Problem.

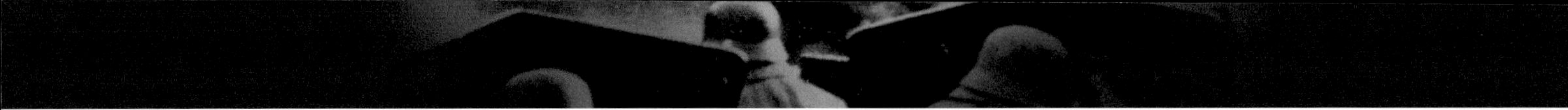

7.2 Tragbare Flammenwerfer

1935 erhielten die Pionierbataillone des deutschen Heeres den ersten kleinen Flammenwerfer[45]. Er wurde als »tragbares Rückengerät für Ein-Mann-Bedienung mit 10 l Öl und 5 l Pressgasfüllung bei 25 at Fülldruck« charakterisiert. Als Nahkampfmittel sollte es der Bekämpfung von Widerstandsnestern, Gräben, Unterständen, Ortsbefestigungen und Fahrzeugen aller Art dienen. Der mittels Pressgas vorgetriebene Flammölstrahl konnte eine Länge von 25 bis 30 m und eine Dauer von 10 s erreichen. Zwei bis 15 Einzelstöße geringer Dauer waren möglich. Für die Bedienung war ein Flammenwerfertrupp in Stärke eines Truppführers und zwei bis drei Mann zuständig. Flammenwerferpioniere trugen spezielle Schutzanzüge mit Gesichtsmasken und Handschuhen.

Die Trageweise des kleinen Flammenwerfers. Er war zu schwer und zu auffällig, er zog sehr schnell das gegnerische Abwehrfeuer auf seinen Träger.

Sturmpionier des deutschen Heeres mit dem kleinen Flammenwerfer.

Nach einer Aufstellung der Amtsgruppe Beschaffung von Waffen und Gerät des Heereswaffenamtes vom 11. Juni 1938 war die Firma Deutsche Waffen- und Munitionsfabrik AG / Karlsruhe und Lübeck mit einem Auftrag über 138 kleine und 35 mittlere Flammenwerfer beschäftigt. Gegebenenfalls sollten Hagenuk / Kiel und Stegelmeier / Herford in Westfalen eingebunden werden. Weitere 30 tragbare Flammenwerfer wurden bis Ende des Monats als Lehrauftrag der Abteilung WaPrüf 5 zur Auslieferung erwartet. Im November 1940 standen jedem Pionierbataillon (mot) oder (tmot) sechs kleine und drei mittlere Flammenwerfer als Sollausstattung zu.

Dem kleinen Flammenwerfer anhaftende Mängel – die Größe der Stahlflaschen und das hohe Gewicht (36 kg) – veranlassten das Heereswaffenamt / WaPrüf 5 (Minen und Pioniergerät), im Dezember 1940 bei der Firma Deutsche Waffen- und Munitionsfabrik AG / Berlin-Borsigwalde eine »Flammenwerfer-Stoßtruppwaffe« mit 20 kg Gewicht und 25 m Reichweite in Auftrag zu geben. Das erste Ergebnis war eine ausgesprochene Zwischenlösung, der Flammenwerfer, klein verbessert, auch als Flammenwerfer-Ringgerät[46] bezeichnet. Typisches Merkmal waren die beiden ringförmigen Behälter, innen für Pressluft, außen für Flammöl. Eine weit vorteilhaftere Lösung bot der Flammenwerfer 41, der am 1. Juli 1942 für einführungs- und beschaffungsreif erklärt wurde. Er besaß eine Düse mit 7 mm Durchmesser, fasste 7,5 l Flammöl, 3 l Stickstoff sowie 0,45 l Wasserstoff und wog betriebsfertig 22 kg.

Am 16. Mai 1941 waren 5.000 Flammenwerfer 41 in Auftrag gegeben und kurzfristig entsprechend einer

[45] in der Literatur als Flammenwerfer 35 bezeichnet

[46] verschiedentlich als Flammenwerfer 40 bezeichnet

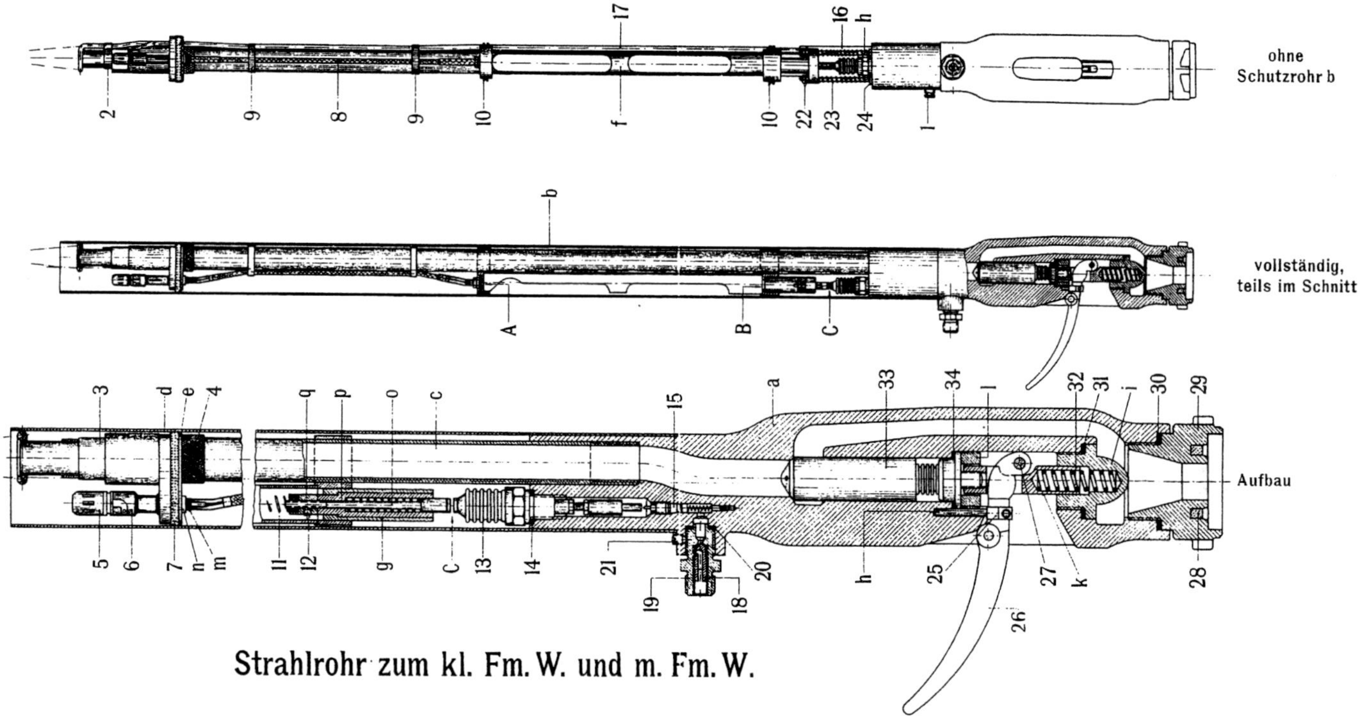

Strahlrohr zum kl. Fm. W. und m. Fm. W.

1	Druckknopf	11	Druckfeder	21	Gewindestift	31	Dichtung	g	Kontaktgehäuse
2	Halter	12	Gewindestift	22	Mutter	32	Druckfeder	h	Zugstange
3	Düse	13	gr. Gasventil	23	Druckfeder	33	Ventilkegel	i	Stopfen
4	Ringmutter	14	Dichtung	24	Führungsbuchse	34	Dichtung	k	Mitnehmer
5	Glühkopf	15	kl. Gasventil	25	Betätigungswinkel	a	Ventilgehäuse	l	Gewindebuchse
6	Fassung	16	Führungsmutter	26	Abzughebel	b	Schutzrohr	m	Mutter
7	Lederscheibe	17	Zündrohrleitung	27	Zapfenschraube	c	Ölrohr	n	Buchse
8	Kabel	18	Regelschraube	28	Dichtung	d	Scheibe	o	Kontaktstift
9	Kabelbinder	19	Gewindenippel	29	Kupplungsstück	e	Scheibe	p	Isolierbuchse
10	Gewindestift	20	Dichtung	30	Dichtung	f	Batteriehalter	q	Klemme

Führerforderung auf 10.000 erhöht worden. Die ersten 300 kamen im März 1942 zur Auslieferung; mit ihrem Zulauf zur Fronttruppe rechnete man ab April. Wie wichtig Flammenwerfer inzwischen für den Abwehrkampf an der Ostfront geworden waren, zeigt ein Fernschreiben des Generals der Pioniere und Festungen beim Oberbefehlshaber des Heeres vom 18. März 1942 (Nr. 1159/42 geh.): »Der Führer hat auf die Bedeutung des Flammenwerfers in der Verteidigung besonders hingewiesen. Die vorläufig bei den Divisionen in geringer Zahl vorhandenen leichten Flammenwerfer ... sind an den Brennpunkten der Verteidigung für die Abwehr beweglich und, soweit möglich, für Gegenstöße bereitzuhalten«. Bis 1943 wurde die Zahl der Flammenwerfer in den Pionierbataillonen auf 20 Geräte des Modells 1941 erhöht. Noch vorhandene kleine und Ringflammenwerfer wurden auf die Sollausstattung angerechnet.

Wesen und Aufgaben der Flammenwerfer

»Der vom Flammenwerfer geschleuderte Flammstoß vernichtet lebende Ziele durch Verbrennen oder Ersticken, blendet den Gegner durch Feuer und starke Qualmentwicklung und setzt leicht entzündbare Stoffe ... in Brand. Flammenwerfer werden vornehmlich im Angriff gegen offene und verdeckte Ziele ... schwerpunktmäßig eingesetzt, wenn die anderen Kampfmittel zur Durchführung des Kampfauftrages nicht ausreichen. ... Die Kampfform des Flammenwerfers ist der Feuerüberfall auf nächste Entfernung, der das Ziel überraschend und sofort vernichtend faßt.«

Zitiert aus: Merkblatt 29/13. Einsatz und Verwendung von Flammenwerfern vom 9. November 1943, S. 5-8

Ein weiteres Gerät war der mittlere Flammenwerfer, von dem im Sommer 1939 jedem Pionierbataillon (mot) oder (tmot) drei Stück zustanden. Er wurde auf einem einachsigen Fahrgestell transportiert und von zwei Mann gezogen. 40 l Flammöl und 10 l Pressgas (Fülldruck 30 at) ermöglichten es, einen 25 bis 30 m langen Flammstrahl für 25 s oder zwei bis 50 kürzere Flammstöße auszustoßen. Das Gewicht war mit 102 kg beachtlich – einer der Gründe, warum man die Fertigung 1941 eingestellte. Die noch verfügbaren 350 mittleren Flammenwerfer gingen 1942 zur Stärkung der Abwehrkraft bodenständiger Verbände an die Atlantikküste.

Nicht durchsetzen konnte sich der mittlere Flammenwerfer. Er war ebenfalls zu schwer und erreichte gegenüber dem kleinen Flammenwerfer keine größere Wurfweite. Restbestände fanden ab 1942 im »Atlantikwall« Verwendung.

Das »Stoßtruppgerät«, der Flammenwerfer 41, hatte im Einsatz wiederholt Anlass zu Klagen gegeben. Die Weiterentwicklung stand 1944 mit dem Flammenwerfer 41 mit Strahlpatrone zur Verfügung. Er funktionierte mit Treibladungspatronen, wog nur noch 18 kg und hatte eine größere Reichweite (30–35 m). Acht Flammenstöße konnten abgegeben werden. Am 12. Oktober 1944 forderte Hitler, die monatliche Produktion des Flammenwerfers von 4.000 auf 1.500 zurückzufahren. Dafür sollte die Auslieferung des Einstoßflammenwerfers 46 auf 10.000 erhöht werden. Er war ursprünglich als Wegwerfgerät für die Fallschirmjäger entstanden. Das Heer hatte die Fortführung seiner Entwicklung schon im Mai 1944 in einer Studie zur Rüstungskonzentration ausdrücklich gefordert. Das Technische Amt der SS beschäftigte sich mit einem Konkurrenzmodell, das nur 2,8 kg schwer war. Das Heeresmodell brachte es auf 3,6 kg. Der Flammstrahl von 0,5 s Dauer reichte bis 30 m weit.

Als ausgesprochene »Stoßtruppgeräte« kamen ab 1941 Flammenwerfer 41 und 41 mit Strahlpatrone zur Truppe. Sie waren bei einer vergleichbaren Reichweite wesentlich leichter.

Am 5. November 1944 meldete das Heereswaffenamt, dass bis Ende des Vormonats eine Nullserie von 1.000 Einstoßflammenwerfern ausgeliefert wurde und nun über die Pionierschule 1 (Dessau-Roßlau) zur Truppenerprobung zugeführt wird. Bis zum Dezember stieg der monatliche Ausstoß auf 7.000 Stück und lag damit erheblich unter der Führerforderung (10.000), die auch im ersten Monat des Folgejahres nicht annähernd erreicht werden konnte (2.700 Stück geliefert). Über Einsätze mit Einstoßflammenwerfern 46 während der Kämpfe nördlich von Treuenbrietzen Ende April / Anfang Mai 1945 berichtete ein Angehöriger der 2. Kompanie / Pionierbataillon »Scharnhorst«[47]. Für den Häuserkampf in Schlalach waren neben der üblichen Ausrüstung und vergrößerter Munitionsmenge auch sogenannte »Einstoßflammenwerfer« ausgegeben worden, die »nach Benutzung möglichst auf den Weg zu werfen wären, zwecks Aufsammelns und Neufüllung«.

Bereits im November 1944 hatte das Allgemeine Heeresamt die Erhöhung der Reichweite des Einstoßflammenwerfers auf über 50 m gefordert. Die damit verbundene Gewichtserhöhung auf 6 kg führte zu einer Neuentwicklung mit kombinierter Druck- und Zündpatrone. Ein erstes Muster wurde noch bis zum Jahresende fertig.
Eine ganz andere technische Lösung zum Erzielen einer Brandwirkung bot die Firma Hugo Schneider AG (HASAG) / Leipzig mit der »Brandfaust« an. Ihre grundsätzliche Konstruktion entsprach der »Panzerfaust«. Erprobt wurden verschiedene Gefechtsköpfe, darunter solche mit einer kleinen Sprengladung, einem Elektron-Thermit-Brandsatz und zwei Liter Brandflüssigkeit; andere waren mit 20 Brandkörpern gefüllt. Es blieb bei Versuchsmustern.

Auch in Italien zählten Flammenwerfer zu den unverzichtbaren Bestandteilen der Streitkräftebewaffnung. 1934 waren 1.053 Geräte des Typs DLF (Direzion Lancia-Flamm) vorhanden und fanden in einigen Infanterieregimentern Verwendung. 1935 gab die Leitung des Chemischen Dienstes einen neuen Flammenwerfer in Auftrag, der als Modell 35 eingeführt und in mehreren tausend Exemplaren beschafft wurde. Er wog zwischen 27 und

Im Mai 1944 sah man im Einstoß-Flammenwerfer lediglich eine Option, »... um die Möglichkeit eines Gerätes ohne Rückentrage nicht ganz auszuschließen«. Ein knappes Jahr später gehörte er zu den unverzichtbaren Pionierwaffen.

28,5 kg und konnte mit 12 l Ölvorrat bis zu zehn Flammstöße abgeben (zusammen 20 s). Die Reichweite war mit 20 m ungenügend.
Unter kriegsmäßigen Bedingungen fand er erstmals während des Bürgerkrieges in Spanien Verwendung. 1940 unterhielt die italienische Armee fünf chemische Bataillone. Zu ihrer Kriegsgliederung zählten zwei Kompanien »L« mit drei Zügen zu je 20 Flammenwerfern. Eingesetzt wurden sie in Nordafrika und im Krieg gegen die Sowjetunion. Mängel des Flammenwerfers 35 förderten die Entwicklung neuer Geräte, die als Modell 40 und 41 bekannt geworden sind. Letzterer wog nur noch 18 kg und nahm 8,9 l Flammöl auf. Als Versuchsmuster gab es einen schweren, auf einachsigem Anhänger fahrbaren Flammenwerfer. Eine bemerkenswerte Konstruktion stellte

[47] Pionierbataillon »Scharnhorst«, von der Pionierschule 1 in Dessau-Roßlau aufgestellt und der mit Befehl vom 23. März 1945 aufgestellten Infanteriedivision »Scharnhorst« zugeordnet. Einsatz im Rahmen der 12. Armee (Armee Wenck)

Flammenwerferfertigung 1939–1945 (Angaben in Stück)

	1939	1940	1941	1942	1943	1944	1945
Kleiner Flammenwerfer	k.A.	k.A.	k.A.	1864	-	-	-
Mittlerer Flammenwerfer	350 [1]			-	-	-	-
Flammenwerfer 41	-	-	k.A.	2.764	11.480	44.280	5.760
Einstoßflammenwerfer 46	-	-	-	-	-		2.700 [2]

[1] am 13. Oktober 1941 noch verfügbarer Gesamtbestand an mittleren Flammenwerfern
[2] nur im Januar 1945. Im März 1945 wurden 8.100 Flammenwerfer aller Typen geliefert, nur von den Abwehrflammenwerfern 46 zwischen Januar und April 1945 19.200 Stück, im März 1945 meldeten die Zeugämter den Bestand von 3.580 Einstoßflammenwerfern.

der 9 kg schwere Sturmflammenwerfer Mod. 41 dar. Seine Reichweite lag zwischen 12 und 20 m. In seiner Handhabung ähnelte er dem Umgang mit Handfeuerwaffen.

In der Sowjetunion beschäftigte man sich Ende der 1930er Jahre mit tragbaren Flammenwerfern, Ein erstes Modell kam im Sommer 1941 unter der Bezeichnung ROKS-2. Aus Tarnungsgründen hatte man dem Flammölbehälter die Form eines Tornisters und dem Strahlrohr mit Zündreinrichtung die der Schäftung eines Gewehres gegeben. Der ROKS-2 wog mit 9 l Flammöl und 1,3 l Druckluft 23,2 kg. Bei einem Arbeitsdruck von 14 bis 16 at konnten sechs bis acht eine Sekunde lange Feuerstöße auf das Ziel geschleudert werden. Die Zündvorrichtung erwies sich im Einsatz als umständlich. Vor der korbartigen Mündung befand sich eine Aufnahme für zwei Patronen 7,62 x 25 mm (Hülsen für die 7,62-mm-Pistole TT) mit Zündsatz-Leuchtfeuer. Sie wurden mittels Schlagbolzen gezündet und entflammten den im Korb befindlichen, mit Brandflüssigkeit getränkten Wergpfropfen, mit dem wiederum jeder abgegebene Flammölstrahl in Brand gesetzt wurde. Er ließ sich mit einem Flammenlöscher löschen. Bei Gegenwind von mehr als 3 m/s bestand für den Flammenwerferschützen die Gefahr der Selbstvernichtung.

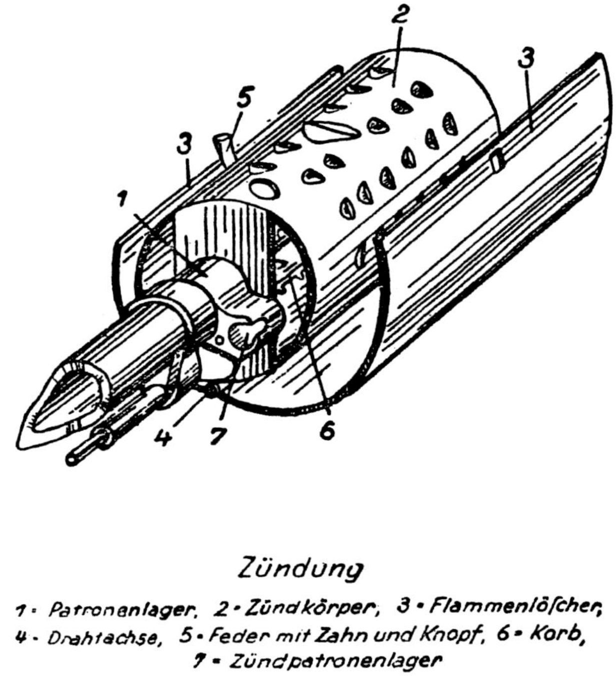

Zündvorrichtung für ROKS-Flammenwerfer.

Flammenwerfer ROKS-3 der sowjetischen Pioniere im Häuserkampf. Aufnahme aus den Jahren 1944/1945

Das umständliche Zündverfahren beim ROKS-2 führte 1942 zum Flammenwerfer ROKS-3, von dem es wiederum verschiedene Ausführungen gab. Sie waren hinsichtlich ihrer Leistungen mit dem ROKS-2 vergleichbar, zeigten aber als charakteristisches Merkmal flaschenförmige Druckluft- und Flammölbehälter. Tragbare Flammenwerfer setzte man in der Roten Armee bevorzugt in speziell zusammengestellten Sturmgruppen ein. Der schwere Flammenwerfer TOP mit einer Reichweite von 50 bis 70 m erlangte keine größere Bedeutung.

Mit einem herkömmlichen Flammenwerfer nichts gemein hatte der »Ampuljometa«, der Ampullenwerfer, obwohl er auch »Flammen warf«. Erstmals gegen die deutschen Truppen eingesetzt wurde er am 23. November 1941 bei Klin, nordwestlich von Moskau. Brandträger waren 1,5 kg schwere und mit 0,9 kg selbstentzündlicher Brandflüssigkeit gefüllte Blech- oder Glaskugeln, die mit Schwarzpulver-Treibladungspatronen verschossen wurden. Der Werfer, eine ausgesprochene Behelfslösung, war im Aufbau primitiv und bestand aus der kreuzähnlichen Holzlafette und dem in der Gabel schwenkbar gelagerten

Stahlblechrohr. Daran angebracht waren ein Visier, ein Verschluss für die Patrone und die Handhabe. Die Brandkugeln (Durchmesser ursprünglich 150, später 127 mm) mussten von vorn geladen werden und erreichten Schussweiten bis 250 m. Der Ampullenwerfer hat sich nicht bewährt, die Produktion wurde nach kurzer Zeit eingestellt.

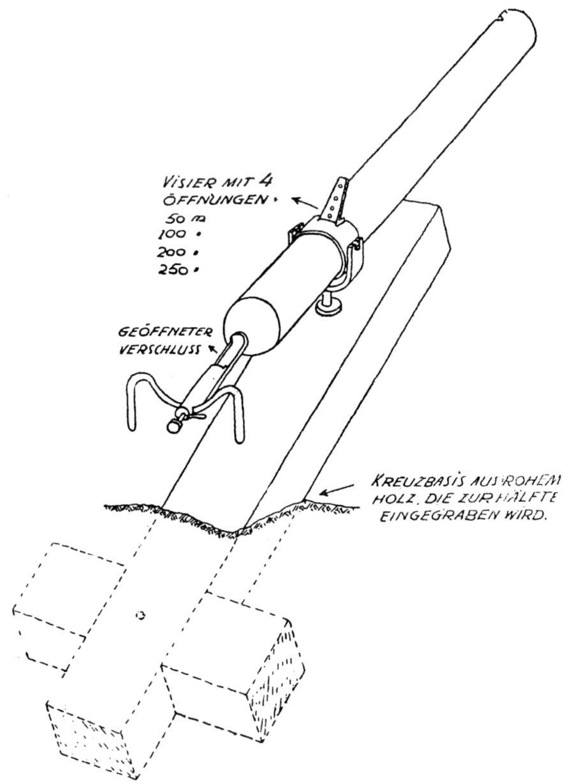

Behelfswaffe zum Verschuss von Brandampullen – der sowjetische »Ampuljomet« aus dem Jahr 1941. Die Geschosse erreichten eine V_0 von 50 m/s und eine Höchstschussweite von 250 m.

In Großbritannien beschäftigte sich das Petroleum Warface Departement seit 1941 mit tragbaren Flammenwerfern. Eingeführt wurde das Modell No. 2 Mk I, das dem deutschen kleinen Flammenwerfer ähnelte und bei der Truppe als »Life-buoy« (Rettungsboje) bekannt geworden ist. Das hohe Gewicht von 30 kg, vor allem aber die immer wieder bemängelte Zuverlässigkeit sowie die umständliche Versorgung mit Flammöl und Wasserstoff bewirkten eine Neuentwicklung. Das Ergebnis, das Modell No. 2 Mk II kam 1943 im Zusammenhang mit den anlaufenden Vorbereitungen für die Landung auf dem europäischen Festland zur Truppe. Wegen seiner Form erhielt er dort die Bezeichnung »Sombrero«. Er wog 29 kg, nahm 18,2 l Flammöl auf und konnte maximal zehn Flammstöße bis zu 36,5 m weit abgeben.

Noch leistungsfähiger war der 1945 eingeführte Flammenwerfer »Ack-Pack« (Rettungsring), der bei 22 kg Gewicht 45 m Reichweite besaß und mit Treibladungspatronen betrieben wurde. Weiterhin gab es noch den bereits 1940 entwickelten schweren Flammenwerfer No. 1 Mk I, der mit über 127 l Flammöl auf einem Fahrzeug, ähnlich einer Sackkarre, bewegt werden musste. Er fand keine weitere Verbreitung. Die Reichweite von 46 bis 55 m stand in keinem Verhältnis zum Gewicht und zur umständlichen Handhabung.

Die britischen Streitkräfte verwendeten in der letzten Phase des Zweiten Weltkrieges den Flammenwerfer Mk II »Ack-Pack« (»Rettungsring«).

Finnische Streitkräfte erhielten Flammenwerfer aus deutscher Fertigung, brachten darüber hinaus ein eigenes Gerät mit einer Reichweite von 15 m zum Einsatz. Die japanischen Streitkräfte beschafften bis zum Ende des Zweiten Weltkrieges 8.000 Flammenwerfer der Typen 93 und 100. Diese Zahl nimmt sich bescheiden aus im Vergleich mit den 40.000 Flammenwerfern, die bis 1945 in den USA produziert worden sind. Vorherrschend waren die Modelle M 1 mit 20 kg Gewicht, 8,5 l Flammöl und 27 m Reichweite, weiterhin M 2 A 1 und M 2-2. Der 1944 gelieferte M 2-2 wog zwischen 28,1 und 32,7 kg, nahm 18,2 l Flammöl auf, die in bis zu acht Flammstößen auf 36,5 m geschleudert werden konnten.

Finnischer Flammenwerfer-Stoßtrupp.

Standardgerät der US-Armee wurde der Flammenwerfer M 1 A 1 mit einer Wurfweite von bis zu 45 m.

Vergleich taktisch-technischer Daten tragbarer Flammenwerfer

Land	Modell	Gewicht (kg)	Flammölvorrat (Liter)	Reichweite (Meter)
Deutschland	Kleiner Flammenwerfer	36	11,8	25–30
	41	22	7,5	20–32
	41 mit Strahlpatrone	18	7,0	30–35
	46	3,6	2,5	27–30
Italien	35	27–28,5	12	20
	40	18	8,9	k.A.
Sowjetunion	ROKS-2	23	9	30–35
	ROKS-3	23,2	10	30–35
Großbritannien	No. 2 Mk I		k.A.	37
	No. 2 Mk II		18,2	36,5
Finnland	k.A.	k.A.	k.A.	15
Japan	Typ 100	25	14,8	23–27
USA	M 1 A 1	31,8	18,2	454
	M 2 A 1	20	8,5	25–30
	M 2-2	28,1–32,7	18,2	36,5

7.3 Festungs- und Abwehrflammenwerfer (ortsfeste Flammenwerfer)

Stationäre Flammenwerfer hat es schon im Ersten Weltkrieg gegeben. Der Aufgabe, solche Geräte zu entwickeln, widmete sich in Deutschland die Abteilung Landesbefestigung im Generalstab des Heeres, zusammen mit der Inspektion der Festungen im Allgemeinen Heeresamt und der Abteilung WaPrüf 5 des Heereswaffenamtes. Neben einem kleineren Flammenwerfer für den zusätzlichen Einbau in Maschinengewehrscharten entstand der Festungsflammenwerfer F.N. Seine Aufgabe bestand darin, die Oberfläche von Festungsanlagen gegen Sturmpioniere und Fallschirmjäger zu verteidigen.

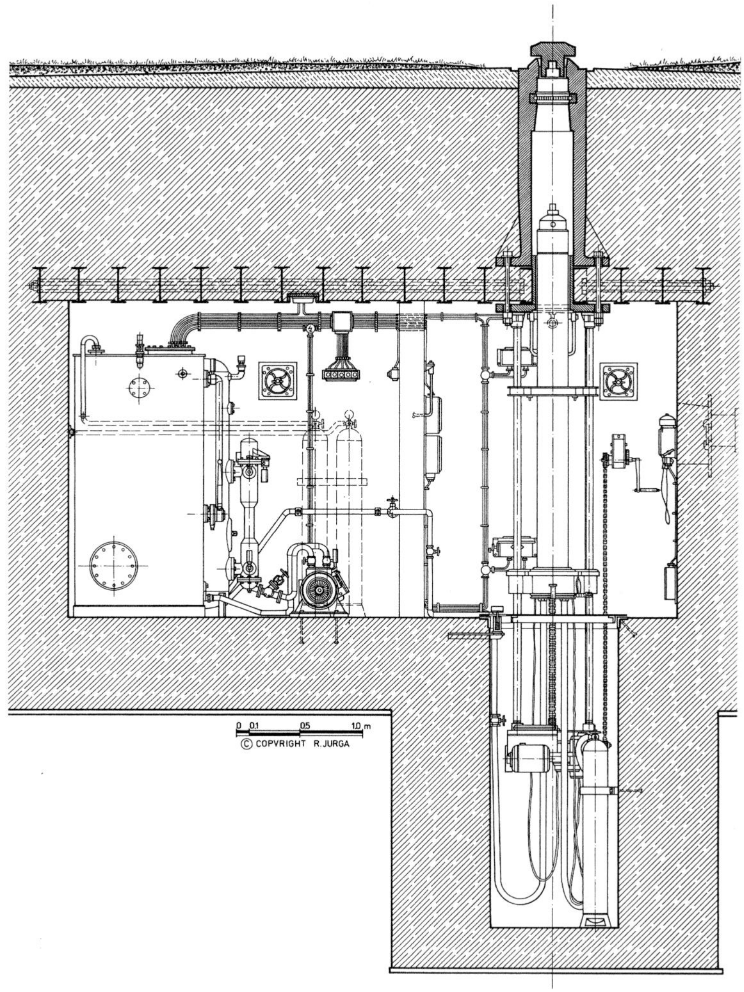

Der deutsche Festungsflammenwerfer wurde unter der Bezeichnung F.N.-Gerät geführt. Von oben ist er nur an dem Stahlring zu erkennen. Aufnahme aus dem Oder-Warthe-Bogen aus den 1990er Jahren.

Je Werfer standen 2.500 l Flammöl zur Verfügung, die für 20 Flammstöße von bis zu 90 s Dauer ausreichten. Dafür musste zunächst Öl in einen 120-l-Druckbehälter gepumpt werden, wurde dort mit Stickstoff komprimiert und mit der Betätigung eines Abzugspedals ausgestoßen. Die Zündung besorgte Azetylen in Verbindung mit elektrischen Zündfunken. Für die Energieversorgung stand ein Dieselaggregat zur Verfügung. Das F.N.-Gerät war um 360^{0} schwenkbar und konnte eine kreisförmige Fläche mit einem Durchmesser von 40 bis 50 m mit Flammen abdecken. Flammstöße in eine Richtung erreichten 60 bis 75 m. Für den Einbau der Flammenwerfer in Unterstände mit einer Decke aus 1,5 m dickem Stahlbeton (Ausbaustärke B alt) verwendete man den »Stahlring für F.N.-Gerät 420 P 9« (Höhe 1.645 mm, Gewicht 2,5 t), bei einer Deckenstärke von 3,50 m (Ausbaustärke A) das Modell 457 P 01 (Höhe 3.445 mm, Gewicht 7,5 t) – ein gewaltiger Aufwand.

Im März 1939 lagen der Festungsinspektion erste Erfahrungen über den komplizierten Einbau der F.N.-Geräte in die 110 km lange Festungsfront im Oder-Warthe-Bogen vor. Es folgte der »Westwall«, wo in Verbindung mit der Ausbaustufe A »Stahlringe für F.N.-Gerät 457 P 01« verbaut wurden.

Während des Krieges wurden die Flammenwerfer demontiert, die dazugehörigen Ausrüstungen zur Verstärkung des »Atlantikwalls« herangezogen, die F.N.-Geräte selbst in Festungspionierparks eingelagert. Sie sollten mit der Reaktivierung der Festungsanlagen zur Reichsverteidigung im Herbst 1944 noch einmal Bedeutung erlangen. Nach einer Zusammenstellung der Festungsinspektion waren im Oder-Warthe-Bogen 26 Stahlringe für F.N.-Gerät 420 P 9 vorhanden.

Anfang Oktober 1944 wurde der Wiedereinbau der Flammenwerfer befohlen. Zu dieser Zeit fehlten Fachkräfte, die erst ausgebildet werden mussten, auch fehlten Schaltanlagen und Rohrleitungen. Erst am 27. Januar 1945 meldete der General der Pioniere z.b.V. Ost den Abschluss der Arbeiten, bis auf die Installation der Elektroanschlüsse. Einsatzbereitschaft konnte nicht mehr hergestellt werden, die dafür benötigten 50 Stickstoff- und 40 Azetylenflaschen fehlten immer noch. Allen Bemühungen, Teil der vielen verzweifelten Sonderaktionen, blieb der Erfolg versagt. Die Rote Armee war am 12. Januar 1945 auf breiter Front zur Offensive angetreten. Am 30. Januar hatten ihre Spitzen das Kampffeld Oder-Warthe-Bogen erreicht und stellenweise bereits überwunden.

Über das F.N.-Gerät hinaus soll 1942 für den Einsatz in Festungsanlagen ein ortsfester Flammenwerfer F.N.K. entwickelt worden sein. Dazu liegen aber, wie für den Festungsflammenwerfer 44, kaum Informationen vor.

Spezielle Festungsflammenwerfer sind auch in Italien entstanden. Sie trugen die Bezeichnung »Lanciafiamme da posizione«, verfügten über 3.000 l Flammöl, das über 200-l-Druckbehälter zu dem periskopartig ausgebildeten, um 360^0 schwenkbaren Flammenwerfer gelangte.

Auch das Konzept, Geländeabschnitte mit Flammenhindernissen zu sperren, war nicht neu. Die Idee griff man im April 1941 in der Sowjetunion auf. Es entstand ein ortsfester Flammenwerfer mit elektrischer Fernzündung. Er wurde im Juli unter der Bezeichnung FOG-1 in die Rote Armee eingeführt, wog gefüllt mit 25 l Öl 52 bis 54 kg. Der Aufbau zeichnete sich durch die einfache Konstruktion aus: ein zylindrischer Metallkörper mit angesetztem Pulverbehälter, ein Strahlrohr oder ein Fünfdüsenkopf. Abhängig davon und von dem Flammöl ergaben sich folgende taktisch-technische Daten:

Ortsfester Flammenwerfer FOG der Roten Armee.

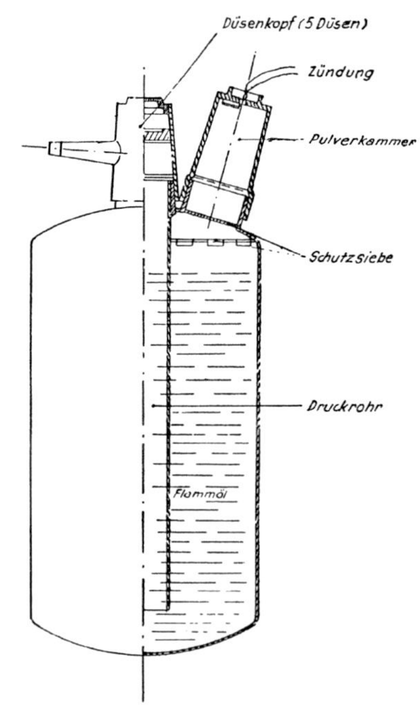

Ausführung	Düsendurchmesser	Arbeitsdruck	Flammöl	Reichweite	Bemerkungen
FOG-1 mit Strahlrohr	30 mm	40–50 at	zähflüssig dünnflüssig	130–140 m 50–60 m	
FOG-1 mit Fünfdüsenkopf	12 mm	40–50 at	zähflüssig dünnflüssig	45–50 m 90–100 m	im Umkreis

Die Rote Armee stellte Flammenwerferkompanien auf, die im Frühjahr 1942 mit 45 bis 120 FOG-1 ausgestattet waren. Sie fanden einzeln, in Gruppen von drei bis fünf Stück, aber auch in wesentlich größerer Massierung als Sperrwaffen Verwendung. Voraussetzungen waren, die Flammenwerfer in den vorbereiteten Löchern fest zu verkeilen und natürlich gut zu tarnen. Gezündet wurde elektrisch mit einer Zündmaschine PT-1. Den ab 1942 gelieferten FOG-2 zeichnete ein geringerer Arbeitsdruck aus; er war nur für dünnflüssiges Flammöl geeignet und erreichte eine Wurfweite von 100 bis 110 m.
Für die deutschen Truppen, Infanterie- wie Panzereinheiten, stellten die Flammenwerfersperren eine sehr unangenehme Überraschung dar. Plötzlich und unerwartet schossen ihnen schwarzqualmende Flammenstrahlen entgegen. Das war so überzeugend, dass man den FOG-1 kopierte und ab 1942 als Abwehrflammenwerfer 42 nachbaute, bis 1944 51.921 Stück. In der am 15. September 1942 herausgegebenen »Beschreibung und Bedienungsanleitung« ist er als »Nahkampfwaffe für die Verteidigung« beschrieben, die schwerpunktmäßig vor den eigenen Linien eingegraben wird.

Die Möglichkeit, Flammenwerfer zur Flugzeugabwehr in Schiffe und Flugzeuge einzubauen, war im Kriegsverlauf auf deutscher Seite untersucht worden. Ein interessanter Truppenversuch kam zum Kriegsende auf Betreiben des Oberkommandos der Luftwaffe zustande. Die ständigen Tiefangriffe der Alliierten auf deutsche Flugplätze hatten das Ausmaß einer Plage angenommen. Sie mit Flammenwerfern abzuwehren, war eine Option. Dafür erhielt die Firma Hans Buck, Chemische und technische Erzeugnisse / Göppingen, im Oktober 1944 den Auftrag, 500 Flammenwerfer zur Verteidigung der Flugplätze Göppingen und Crailsheim auszuliefern. Bei einem Düsendurchmesser von 40 mm und mit einem Betriebsdruck von 60 at erreichte man mit dem Flammöl 393 eine Höhe von 120 m.

Die deutsche Kopie des FOG war der Abwehrflammenwerfer 42. Er fand noch – zu einem Dutzend zusammengefasst – während der Endkämpfe 1945 in Ostsachsen im Rahmen von Straßensperren Verwendung.

Kapitel 8

HEERESMOTORISIERUNG

»Die Motorisierung der Armeen ist eine der wichtigsten militärischen Entwicklungsfragen; sie ist auch zu einem Schlagwort … geworden. Manche Propheten sehen schon die ganzen Heere in gepanzerten Maschinen verwandelt und den Ersatz der Pferdereiter durch Motorkrieger vollzogen. So weit sind wir noch nicht … Das Kraftfahrzeug hat zwei militärische Hauptaufgaben: eine neue eigene Waffe zu liefern und als Transportmittel für Menschen, Geschütze und Heeresbedürfnisse zu dienen.«

Zitiert aus dem Aufsatz »Neuzeitliche Heereskavallerie«, 1927 geschrieben von Generaloberst Hans von Seeckt, veröffentlicht in: Gedanken eines Soldaten, Berlin 1928 und Leipzig 1935

Generalmajor Fuller, einer der Protagonisten der Heeresmotorisierung, hatte zum Ende des Ersten Weltkrieges geschrieben: »Jede neue Waffe oder Methode der Bewegung (Beförderung) erforderte eine Änderung in der Kriegskunst.« Ziel blieb es, die Feuer- und Offensivkraft zu erhöhen, die Verluste zu vermindern. In diesem Sinne müssen die Gedanken des deutschen Generaloberst von Seeckt interpretiert werden. Er schuf in den Jahren 1920 bis 1926 in seiner verfassungsmäßig quasi gar nicht vorgesehenen Stellung des Chefs der Heeresleitung aus dem im Versailler Vertrage zugebilligten 100.000-Mann-Heer eine der besten Berufsarmeen ihrer Zeit. Sie möglichst stark zu motorisieren, schien ihm nach den Erfahrungen aus den jeder strategischen Idee entbehrenden und nicht enden wollenden Materialschlachten des vergangenen Krieges als die Ideallösung für ein Zukunftsheer. Ein namentlich nicht genannter Autor formulierte einige Jahre später in einem von der Deutschen Gesellschaft für Wehrpolitik und Wehrwissenschaften herausgegebenen Sammelband treffend: »Während der Motor bei der sonstigen Heeresmotorisierung vor allem ein Beförderungsmittel ist, ist er bei der Panzerwaffe ein Kampfmittel«. Thema dieses Kapitels sind die Beförderungsmittel.

Opfer eines Angriffes sowjetischer Schlachtfliegerangriffe – ein deutscher Mercedes-Dreitonner.

8.1 Der Motor als Transportmittel

Nach Inkrafttreten des Versailler Vertrages musste die Zahl der Kraftfahrabteilungen in der Reichswehr bis zum Frühjahr 1921 auf sieben, die Zahl der Kraftfahrzeuge auf 259 mit 139 Anhängern (einschließlich 19 Personen- und 73 schweren Lastkraftwagen, sechs Werkstattwagen, 15 gepanzerte Mannschaftstransportwagen und 55 Motorräder) reduziert werden. Hinzu traten die sieben Kraftwagenbatterien mit je zwölf Kraftfahrzeugen (einschließlich der vier 7,7-cm-Kraftwagengeschütze), weitere Automobile im Reichswehrministerium, beim Chef der Heeresleitung, den Gruppen- und Wehrkreiskommandeuren, der Infanterie- sowie der Artillerieschule.

Die Fahrzeugmodelle aus der Kriegsproduktion kamen von zwölf verschiedenen Herstellern. Neuentwicklungen ließ der Versailler Vertrag nicht zu. Darüber wachten die Siegermächte misstrauisch, allen voran Frankreich. Ihre Kontrollkommission war ermächtigt, jederzeit und ohne Voranmeldung Inspektionen durchzuführen. Das erschwerte die Entwicklung neuer Transport- und Kampffahrzeuge mit Allrad-, Halbketten- und Vollkettenfahrwerken, wirklich verhindert werden konnte sie nicht. Für die geheimen Entwicklungsarbeiten zuständig waren im Reichswehrministerium die Inspektionen für Waffen und Gerät, Abteilung VI (Verkehrsmittel).

Nur so ist es zu erklären, dass am 31. Januar 1927 – an diesem Tag stellte die Interalliierte Militärkommission ihre Tätigkeit ein – auf dem Gebiet der Heeresmotorisierung bereits wichtige technische und organisatorische Voraussetzungen für den Umbau der Reichswehr zu einer Armee mit moderner Ausrüstung und Bewaffnung vorhanden waren. Dem vorangegangen ist eine mit aller Heftigkeit geführte theoretische Diskussion, in die ausländische Erfahrungen einflossen. Natürlich gab es im Offizierskorps der Reichswehr unterschiedliche Auffassungen zur Motorisierung der Streitkräfte. Darüber berichtete später Generaloberst Heinz Guderian, der im Sommer 1924 in der Inspektion der Verkehrstruppen als Hauptmann tätig war. Sein Chef, Oberst Wilhelm von Natzmer, soll ihn nach einem Vortrag über die Verwendung gepanzerter Kraftfahrzeuge mit folgenden Worten heftig kritisiert haben: »Zum Teufel mit der Kampftruppe! Mehl sollt ihr fahren!«.

Mitte August 1926 hat der erste motorisierte Marsch eines Reichswehrverbandes stattgefunden. Das 9. (Preußische) Infanterieregiment war mit den Fahrzeugen einer Kraftfahrabteilung aus seinen Standorten in Potsdam und Spandau auf den über 600 km entfernten Truppenübungsplatz Münsingen (Württemberg) verlegt worden. Walther Nehring, 1929 als Hauptmann[48] in der Operationsabteilung des Truppenamtes tätig, berichtete drei Jahre später über Manövererfahrungen aus Schlesien. Die zugeteilten Kraftfahrtruppen waren lange vor der Kavallerie am Ziel eingetroffen, Reiter und Pferde erschöpft. »Warum Reiterschwadrone, wenn man 100 Mann auf vier bis fünf Kraftwagen setzen konnte? Dann hätte man sechs Stunden gespart ...«.

Horch lieferte 1926 fünf Geländewagen mit 6x4-Antrieb an die Reichswehr. Ihr 8-Zylinder-Reihenmotor leistete 80 PS und ermöglichte eine Höchstgeschwindigkeit von 70 km/h.

Das erste Motorisierungsprogramm der Reichswehr war am 18. Oktober 1928 verabschiedet worden. Namhafte deutsche Kraftfahrzeughersteller hatten jedoch schon vorher Aufträge für schwere Personenkraftwagen sowie dreiachsige leichte und schwere Lastkraftwagen erhalten. Erstere zeigten sich im Truppenversuch als zu aufwendig und in der Serienbeschaffung als zu teuer; die Lastkraftwagen hat man in größerer Zahl in Auftrag gegeben. In einem Organisations-Kriegsspiel vom 24. März 1929 (Tarnbezeichnung des Entwicklungsprogrammes der Reichswehr beim Truppenamt) waren die Grundsätze detailliert aufgeführt:

- Vereinheitlichung der Fertigung und Verwendung,
- weitgehende Ausnutzung des Maschinenparks der Friedenswirtschaft,

[48] am 1. Juli 1942 zum General der Panzertruppen befördert

- Berücksichtigung des Rohstoffmangels, insbesondere des Mangels an Treibstoff und
- Beschränkung auf die dringendsten und wichtigsten Entwicklungen.

Zu Beginn der 1930er Jahre lagen Erkenntnisse über Organisation, Technik und Taktik des Einsatzes motorisierter Truppen vor. Es gab Erfahrungen im Bereich der Grundlagenforschung

- zu Betriebsstoffen, Antriebs- und Bremsanlagen, Bremsanlagen, Federung und Bereifung von Kraftfahrzeugen,
- zur Auswahl und Beschaffung handelsüblicher Personen-, Last- und Zugkraftwagen für alltägliche Transportaufgaben,
- zur Auswahl, Erprobung und Beschaffung von handelsüblichen Kraftfahrzeugen, die entsprechend den militärischen Bedürfnissen abgeändert werden,
- zur Entwicklung geländegängiger Personen- und Lastkraftwagen, weiterhin von Zugmaschinen für die Artillerie,
- zur Entwicklung gepanzerter Radfahrzeuge für Aufklärung und Führungsaufgaben und
- zu Konstruktion, Erprobung und Beschaffung von Sonderanhängern (für Generatoren, Scheinwerfer und Pioniergerät).

Das Jahr 1929 kann auch für die Organisation der Kraftfahrtruppe als wichtiger Einschnitt bezeichnet werden. In Berlin nahm der Kraftfahr-Lehrstab seine Tätigkeit auf, drei Jahre später der Kraftfahr-Versuchsstab in Döberitz. Ab April 1931 galt der Ausbau der Reichswehr zum 21 Divisionen starken A-Heer als verbindliche Arbeitsgrundlage. Einer der Schwerpunkte war die Heeresmotorisierung.

»Im motorisierten Verband ist das Pferd durch leichte, zum Teil geländegängige Wagen ersetzt. Daraus ergeben sich gegenüber dem Verband der Heereskavallerie folgende Vorteile:

a. Unabhängigkeit von der Leistungsfähigkeit der Pferde.
b. Erhebliche Verminderung des Personals bei gleicher taktischer Leistung.
c. Vereinfachung des Nachschubs.

Freilich sprechen gegen die Schaffung motorisierter Verbände in sehr großer Zahl die außerordentlich hohen Kosten, die dauernden, schnellen Fortschritte der Technik und die Schwierigkeiten der Betriebsstoffergänzung.«

Zitiert aus: Cochenhausen, Friedrich von: Taktisches Handbuch für den Truppenführer und seine Gehilfen, Berlin 1936, S. 63.

Die Absicht einer durchgängigen Motorisierung der Streitkräfte, wie beispielsweise in Großbritannien und den USA schon früh in Angriff genommen und umgesetzt, ließ sich in Deutschland nicht durchführen. Dafür fehlten die Rohstoffe und das Fertigungspotential. So behielt das Pferd seine Bedeutung für den Transport schwerer Infanteriewaffen, der Feldgeschütze, des Pioniergeräts sowie des Nachschubs. Das belegt die Bestandsentwicklung im Verlauf des Zweiten Weltkrieges: im Mai 1940 waren es 687.559 Pferde, im Juli 1943 991.533 und im März 1945 868.995 Tiere. Auf dem Höhepunkt motorisierter und gepanzerter Kraftentfaltung der deutschen Streitkräfte im Jahr 1943 standen den 260 bespannten höchstens 30 motorisierte und gepanzerte Divisionen gegenüber.

Die Panzerdivisionen gehörten zu den Ergebnissen der Ende der 1920er Jahre angeschobenen Heeresmotorisierung. Im Oktober 1935 waren die ersten drei zur Aufstellung gekommen. Es folgten motorisierte Verbände der Infanterie, der Kavallerie, motorisierte schwere Artillerie und die inzwischen zur Luftwaffe gewechselte Flak-Artillerie. Es bedurfte großer Anstrengungen, um dafür die Kraftfahrzeugausstattung bereitzustellen. Im Kriegsfall hatte die Deckung des Kraftfahrzeugbedarfs der Wehrmacht Vorrang. Zusätzliche, sogenannte Ergänzungsfahrzeuge wurden mit »Kraftfahrzeug-Kriegsbeorderungen« von zivilen Nutzern eingezogen. Es gab aber noch andere Probleme zu lösen. Mit der Aufstellung motorisierter Truppen stieg der Bedarf an Kraftfahrern. In einer Welt, die viel stärker vom Leben auf dem Lande geprägt war, gehörte der Umgang mit Pferden zum Alltag. Es gab nicht so viele Menschen, die sich ein Kraftfahrzeug leisten, es unterhalten und mit ihm fahren konnten. Auskunft über die Defizite in der Motorisierung der deutschen Bevölkerung vermitteln die folgenden Zahlen.

Der Mercedes-Benz Typ G 3 a fand als leichter Lastkraftwagen 1,5 t (6x4) bis in den Zweiten Weltkrieg hinein Verwendung.

Panzerfunkwagen (6 Rad) (Vs.Kfz. 67 b). Versuchsmuster aus dem Jahr 1932.

Kraftfahrzeugbestand im Jahr 1938

<table>
<tr><th></th><th colspan="2">Deutsches Reich</th><th colspan="4">Ein Kraftfahrzeug je Zahl der Einwohner</th></tr>
<tr><th></th><th>Jahresproduk-tion</th><th>Bestand</th><th>Deutsches Reich</th><th>Frankreich</th><th>Großbritannien</th><th>USA</th></tr>
<tr><td>Motorräder</td><td>190.018 [1]</td><td>1.582.972</td><td>47</td><td rowspan="4">19</td><td rowspan="4">20</td><td rowspan="4">4</td></tr>
<tr><td>Personenkraftwagen</td><td>276.804 [2]</td><td>1.305.608</td><td>56</td></tr>
<tr><td>Lastkraftwagen</td><td>64.044</td><td>1.726.688</td><td>195</td></tr>
<tr><td>Sonderfahrzeuge</td><td>25.765</td><td>k.A.</td><td>k.A.</td></tr>
<tr><td>Summe</td><td>366.613 [3]</td><td>4.615.168</td><td>k.A.</td><td>2.167.000</td><td>2.422.000</td><td>28.221.000</td></tr>
</table>

[1] Kraftfahrzeugzulassungen im Januar 1939: 11.960
[2] Kraftfahrzeugzulassungen im Januar 1939: 22.147
[3] Das entspricht 4% des Kraftfahrzeugbestandes auf der Welt im Jahr 1938

Auffällig ist der hohe Bevölkerungsanteil, der in Deutschland mit dem Motorrad unterwegs war. Das erleichterte die Aufstellung und die Ausbildung in den Kradschützenkompanien und -abteilungen. Woran es mangelte, waren Personen mit den Führerscheinen der Klassen II, III und IV. So ist es nicht verwunderlich, dass sich die Truppe mit dem Problem ganz konkret beschäftigen musste. Dazu ein Beispiel: Der Kommandeur der Panzerabwehrabteilung 32 – eines vollmotorisierten Verbandes – befürchtete, »...dass bei in Zukunft fortschreitender Motorisierung die Truppe nicht genügend als Kraftfahrer ausgebildeten Ersatz bekommen wird«. Unterstützung erhoffte man sich von der vormilitärischen Ausbildung künftiger Rekruten in den Motorsportschulen des Nationalsozialistischen Kraftfahrerkorps (NSKK) und in den Motorstürmen der Hitlerjugend (HJ).

Eine wichtige Personalreserve für die Kraftfahrtruppe der Reichswehr waren private Führerscheinbesitzer wie der hier gezeigte Motorradfahrer mit seiner NSU 201 T aus Sachsen (Kreishauptmannschaft Dresden).

Ein weiteres tiefgreifendes Problem ergab sich aus der Marken- und Typenvielfalt in der deutschen Kraftfahrzeugindustrie. 1938 tummelten sich etwa 45 Hersteller in diesem Sektor der Wirtschaft. Sie erfreuten sich mit dem Übergang zur offenen Aufrüstung nach 1933 einer zunehmenden Zahl an Aufträgen. Dabei war ihr Anteil am Gesamtvolumen der Kraftfahrzeugproduktion gering[49]. Auf der Strecke blieb die Standardisierung. Zu diesem Zweck hatte Hermann Göring in seiner Eigenschaft als Bevollmächtigter für den Vierjahresplan am 15. November 1938 den Oberst Adolf von Schell zum Generalbevollmächtigten für das Kraftfahrwesen berufen[50]. Er machte es sich zur Aufgabe, die Zersplitterung bei den Fahrzeugtypen zu beseitigen.

In den ersten sieben Monaten des Jahres waren 41.407 Lastkraftwagen zur Auslieferung gekommen, in 130 verschiedenen Typen. Im Rahmen eines Typisierungsprogrammes gelang es, die 5.381 verschiedenen Ausführungen auf 729 zu reduzieren. Im Kriegsverlauf konnte die Fahrzeugproduktion trotzdem nur mit großer Mühe gesteigert werden, um dem auch wegen der Verluste zunehmenden Bedarf der Truppe zu entsprechen.

[49] Opel lieferte 1938 31,6% der Lastkraftwagen, Krupp 3,0% und Vomag 2,6%.

[50] Oberst Adolf von Schell war Chef der Abteilung Wa Prw 6 (Heeresmotorisierung) im Heereswaffenamt. Er wurde später zum Generalmajor befördert.

Deutsche Lastkraftwagenproduktion 1941–1945 (Angaben in Stück)				
1941	1942	1943	1944	1945
62.400	81.276	109.483	89.069	11.101[1]
[1] nur Lieferungen bis März 1945, davon 431 aus italienischer Produktion				

Im Sturmprogramm des Heeres vom Januar 1945 waren 5.000 Lastkraftwagen monatlich gefordert worden; dazu kamen 3.000 Personenkraftwagen und 1.500 Motorräder.

Das höchste Maß der Vereinheitlichung hatte man bei den im Heeresauftrag entwickelten allradgetriebenen »Einheits«-Personen- und Lastkraftwagen erreicht.

	Hersteller	Gesamtstückzahl	Herstellungszeitraum
leichter gelände-gängiger PKW (4x4)	Stoewer, BMW, Hanomag	ca. 13.000	1937–1943
mittlerer gelände-gängiger PKW (4x4)	Horch, Opel, Wanderer	ca. 20.000	1937–1942
schwerer gelände-gängiger PKW (4x4)	Horch, Ford	22.036	1937–1942
leichter gelände-gängiger LKW 2,5 t (6x6) (»Einheitsdiesel«)	MAN, Büssing-NAG, Henschel, Borgward, Krupp, Faun	11.768	1937–1940

Ein grundsätzliches Problem der deutschen Heeresmotorisierung – die Fahrzeug- und Typenvielfalt. Auf diesem Bild einer motorisierten Heeresformation sind mittlere geländegängige Lastkraftwagen 3 t (6x4) aller drei Hersteller zu sehen: vorn Mercedes-Benz LG 3000, dahinter Krupp L 3 H 163 und in den hinteren beiden Reihen Henschel Typ 33 D 1.

Mittlerer geländegängiger Lastkraftwagen 3 t (6x4) Henschel Typ 33 D 1. Er unterschied sich vom Henschel Typ 33 G 1 durch den 100 PS starken 6-Zylinder-Dieselmotor.

Die motorisierten Fernsprech- und Funktrupps einer Stabskompanie (mot). In der vorderen Reihe stehen mittlere Kübelwagen (4x2) Horch Typ 830 BL als Fernsprechkraftwagen (Kfz. 2), dahinter drei Krupp L 2 H 143 als leichte Funkkraftwagen (Kfz. 61).

Mittlerer geländegängiger Einheits-PKW Horch Typ EFm (Kfz. 15) bei der Stabskompanie eines Infanterieverbandes (mot) im Oktober 1941 an der Ostfront.

Panzerregiment 3, im Vordergrund ein leichter geländegängiger Lastkraftwagen 2,5 t (6x6) »Einheitsdiesel«. Vorkriegsaufnahme.

Ihr Gesamtanteil an der Kraftfahrzeugausstattung der Teilstreitkräfte der Wehrmacht blieb gering und auf die Ausstattung gepanzerter und motorisierter Verbände beschränkt. Unter den geländegängigen Dreiachs-Lastkraftwagen erlangten die Modelle der Firmen Büssing-NAG Vereinigte Nutzkraftwagen AG / Braunschweig, Henschel & Sohn / Kassel, Daimler-Benz AG / Stuttgart / und Friedrich Krupp AG / Essen die größte Bedeutung. Wichtig für die Kampf- und Nachschubtruppen waren Lastkraftwagen mit 3 und 4,5 t Nutzlast, wovon die meisten – allerdings nur mit Hinterachsantrieb ausgestattet – abseits der Straßen einen begrenzten Einsatzwert besaßen. Bei den Personenkraftwagen brachten VW-Kübelwagen in jeder Hinsicht Entlastung. Ihre einfache Konstruktion und ihre Leistungsfähigkeit verhalfen ihnen bei der Truppe, wo sie an Stelle der komplizierten geländegängigen Personenkraftwagen traten, zu hohem Ansehen. Bis zum Kriegsende verließen über 65.000 die Werkhallen in Wolfsburg.

Das Erscheinungsbild vieler Verbände bestimmten handelsübliche Personen- und Lastkraftwagen. Sie waren dort vor allem für den Nachschub zuständig. Die vielen Beutefahrzeuge halfen, immer größer werdende Ausstattungslücken zu schließen, verschärften aber die Situation bei Unterhalt und Ersatzteilversorgung. Ihre Einsatzdauer unter geologisch und meteorologisch komplizierten Bedingungen, wie an der Ostfront und in Nordafrika, war begrenzt. Hinzu kam der chronische Mangel an Betriebsstoffen und Kautschuk. Darüber machte sich der Chef des Generalstabes, Generaloberst Franz Halder, wiederholt Notizen. So am 7. August 1941 zur Betriebsstofflage, bei der man bei einem Gesamtbedarf von 825.000 t auf ein Defizit von 126.000 t hinsteuerte. Kritisch war die Lage auch bei Kautschuk – »recht knapp für U-Boote und Fahrzeuge«. In den folgenden Wochen häuften sich die Hiobsbotschaften. Im Osten fehlten insgesamt 38.000 Kraftfahrzeuge, davon 16.500 bei den Panzerdivisionen. Auf dem nordafrikanischen Kriegsschauplatz mussten Teile der 15. und der 21. Panzerdivision wegen des Kraftfahrzeugmangels umgegliedert werden.

Für den motorisierten Nachschub gab es im deutschen Heer Formationen mit unterschiedlicher Gliederung und Fahrzeugausstattung. Sie können an dieser Stelle nur beispielhaft dargestellt werden. In den Armeen, Korps und Divisionen waren das motorisierte Nachschubkolonnen und Kraftfahrkompanien. Die Vorzüge der Motorisierung macht ein Vergleich mit den bespannten Fahrkolonnen nichtmotorisierter Verbände deutlich. Eine kleine Kraftwagenkolonne konnte 30 t, eine große Kraftwagenkolonne 60 t am Tag über 200 km transportieren. Die Fahrkolonnen schafften mit 30 t täglich nur 30 km in ebenem Gelände.

Die Nachschubdienste der Panzerdivisionen hatten fünf bis neun Kraftfahrkompanien für 90–120 t Nutzlast. Kraftfahrkompanien b (120 t) verfügten über 44 Lastkraftwagen 3 t, offen[51] (Kriegsstärkenachweisung Nr. 1217b vom 1. November 1943), Kraftwagentransportkompanien (Wi) (250 t) über 26 Lastkraftwagen 4,5 t, offen und 21 mehrachsige Anhänger 5 t (Kriegsstärkenachweisung Nr. 1234 vom 1. April 1944). Zu den Heerestruppen zählten Kraftwagentransportabteilungen mit 6 bis 25 großen Kraftwagenkolonnen, so dass – unter Regimentsstäben zusammengefasst – an Kampfschwerpunkten motorisierte Nachschubkapazität von mehreren 1.000 t konzentriert werden konnte. Einzelne Abteilungen waren komplett mit französischen oder holländischen Lastkraftwagen ausgestattet. Wichtige Versorgungsaufgaben erfüllten auch Nachschubbetriebsstoffkolonnen und Schienenschlepperzüge.

Bei dem zunehmenden Mangel an Kraftfahrzeugen geriet die Verwirklichung des Grundsatzes, dass die Führung und Versorgung untrennbar verbunden und eine wesentliche Voraussetzung für den Kampferfolg und die Erhaltung der Schlagkraft des Heeres sind, in Gefahr. Dieser immer größer werdende Widerspruch begleitete die deutschen Streitkräfte auf ihrem Weg in die Niederlage.

Mit handelsüblichem 1,5-Tonner-Lastkraftwagen motorisiertes 7,5-cm-leichtes Infanteriegeschütz 18 (mot) im Polenfeldzug.

[51] »offen« steht für Kraftfahrzeuge handelsüblicher Art

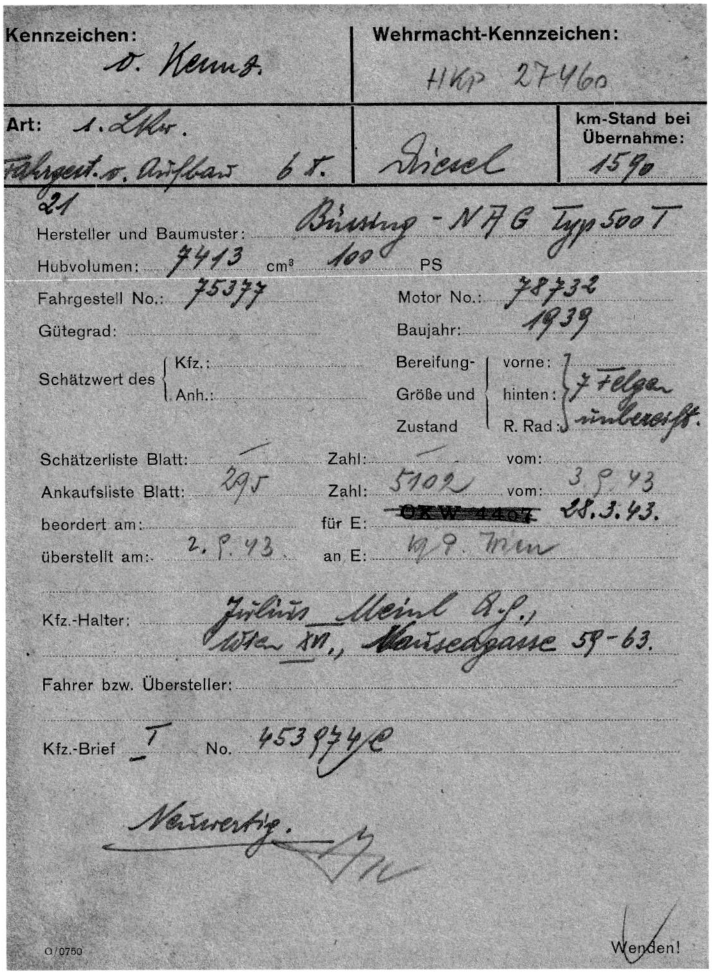

Kennzeichen: o. Kennz.
Wehrmacht-Kennzeichen: HKP 27460

Art: l. Lkw. Fahrgest. o. Aufbau 6 t. 21
Diesel
km-Stand bei Übernahme: 1590

Hersteller und Baumuster: Büssing-NAG Typ 500 T
Hubvolumen: 7413 cm³ 100 PS
Fahrgestell No.: 75377 Motor No.: 78732
Gütegrad: Baujahr: 1939
Schätzwert des { Kfz.: / Anh.: Bereifung- Größe und Zustand { vorne: / hinten: / R. Rad: } 7 Felgen unbereift.
Schätzerliste Blatt: — Zahl: — vom:
Ankaufsliste Blatt: 295 Zahl: 5102 vom: 3.9.43
beordert am: für E: ~~OKW 4407~~ 28.3.43.
überstellt am: 2.9.43 an E: 19.9. Wien
Kfz.-Halter: Julius Meinl A.G., Wien XVI., Neuseedgasse 59-63.
Fahrer bzw. Übersteller:
Kfz.-Brief I No. 453974/C

Neuwertig.

G/0750 Wenden!

Karteikarte des Heimat-Kraftfahrzeugparkes Wien für einen aus der Privatwirtschaft mit Kriegsbeorderung eingezogenen schweren Lastkraftwagen Büssing-NAG Typ 500 T.

Schwere Lastkraftwagen (o) mit Anhänger der 11. Kolonne des Kraftwagen-Transportregiments 616 an der Ostfront im Sommer 1941.

Schwerer Lastkraftwagen 6,5 t (o) der 4. Kolonne / Nachschubkolonnenabteilung 543 im Sommer 1941 an der Ostfront. Der Büssing-NAG Typ 501 mit einem 6-Zylinder-Motor mit 120 PS war ab 1933 hergestellt worden.

Zur Motorisierung in den Streitkräften der Länder, die im Zweiten Weltkrieg zu den Kriegsgegnern Deutschlands gehörten. Für die französische Armee, die auf diesem Gebiet auf große Erfahrungen zurückgreifen konnte, war das kein neues Thema. 1930 ergab sich bei der Heeresmotorisierung folgender Stand: einzelne Divisionen waren durchgängig motorisiert. Normale Infanterie konnte mit Hilfe unterstellter Kraftwagenkolonnen beweglich gemacht werden. Große Fortschritte registrierte man bei der Umstellung der Artillerie, Pioniere, Aufklärungs- und Nachrichtentruppen sowie der Nachschuborganisation auf Kraftfahrzeuge. Eine Besonderheit stellte die Beschaffung gepanzerter Vollkettenfahrzeuge für die Gefechtsfeldversorgung dar. Am 1. September 1939 standen davon über 3.000 zur Verfügung. Dem gewagten Experiment der Mischung berittener, motorisierter und gepanzerter Komponenten im Rahmen einer Kavalleriedivision aus dem Jahr 1932 blieb der Erfolg versagt. Daraus entstanden bis 1939 leichte, mechanisierte Divisionen.

Panzerdivisionen, natürlich vollmotorisierte, wurden erst vergleichsweise spät aufgestellt.
Die im Ersten Weltkrieg siegreiche französische Armee unterhielt lange Zeit einen großen Altbestand an Kraftfahrzeugen. Die enormen Ausgaben für die Befestigung der Ostgrenze Frankreichs (Maginotlinie) blieben nicht ohne Auswirkungen auf seine Modernisierung. Eine Ausnahme bildeten Halbkettenfahrzeuge mit Gummibandketten, die man für den Transport von Mannschaften, Geschützen und Pioniergerät für notwendig hielt. Sie wurden ab 1928/1929 von Firmen wie Citroën-Kegresse / Paris, später von Unic / Puteaux und Somua / St. Quen geliefert. Bei Ausbruch des Zweiten Weltkrieges belief sich ihre Zahl auf rund 5.000 Fahrzeuge. Woran es mangelte, waren Lastkraftwagen, vor allem neue zwei- und dreiachsige Fahrzeuge mit hoher Geländegängigkeit. Um den Gesamtbestand von über 100.000 Lastkraftwagen kurzfristig aufzustocken, reichte die eigene, durchaus leistungsfähige Kraftfahrzeugindustrie nicht aus. Das Kriegsministerium musste in den USA, bei General Motors, Studebaker und Dodge, mehrere tausend bestellen, wovon bis zum Mai/Juni 1940 noch ein Teil in Frankreich eintraf. Sie sind später, wie die vielen französischen Automarken, im umfangreichen Beutebestand der Deutschen zu finden.

In den französischen Streitkräften fand der Hotchkiss W 15 T als Zugmittel für die 47-mm-Panzerabwehrkanone mle. 1937 Verwendung. Beutefahrzeuge übernahm das deutsche Heer.

Auch in den Streitkräften Großbritanniens besaß die Motorisierung einen hohen Stellenwert. 1929 waren auf Veranlassung des Generalstabes zwei Infanteriebrigaden aufgestellt worden, für deren Verlegung eine ausreichende Zahl von Kraftfahrzeugen zur Verfügung stand. Die im Verlaufe von Manövern erzielten Ergebnisse erwiesen sich als richtungsweisend und beeinflussten die Heeresmotorisierung im Ausland nachhaltig. Gleiches galt für die Motorisierung der Artillerie und der anderen Waffen, für die auch gepanzerte Halb- und Vollkettenfahrzeuge beschafft wurden. Die Umstellung der Kavallerie auf mechanisierte Verbände war ein weiterer Weg, motorisierte und gepanzerte kampfkräftige Teile miteinander zu verbinden. Das waren wesentliche Merkmale des britischen Expeditionskorps 1939/1940 in Nordwestfrankreich, der königlichen Streitkräfte und des Commonwealth in Nordafrika, in Italien und auf dem Kriegsschauplatz in Nordwesteuropa, nach der Landung in der Normandie ab Sommer 1944.

Eine Kolonne der neuseeländischen Artillerie mit Lastkraftwagen 0,75 t (4x2) Morris-Commercial CS 8 auf dem nordafrikanischen Kriegsschauplatz.

Lastkraftwagen 1,5 t (6x4) GAZ-AAA mit Vierlings-Fla-Maschinengewehr auf Sockellafette. Aufnahme vom Sommer 1941. Die Stabsbatterien in den Artillerieregimentern der Roten Armee verfügten über je drei dieser Fahrzeuge.

Grundsätzlich vergleichbare Tendenzen zeigte die Heeresmotorisierung in der Sowjetunion, deren Führung auf Parteitagen der KPdSU damit posierte, dass im Jahr 1933 auf jeden Soldaten 7,74 PS kamen. Natürlich gab es trotz aller Bemühungen allein schon wegen der Friedensstärke der Roten Armee (1939 über 3 Millionen Mann) rüstungswirtschaftliche Grenzen für eine vollständige Motorisierung. Ziel des ersten Fünfjahrplanes von 1928 war es gewesen, 50.000 Kraftfahrzeuge herzustellen. Man erzielte gewaltige Steigerungsraten. 1937 sind allein 70.000 zwei- und dreiachsige 1,5-, 2- und 3-Tonner von der LKW-Marke ZIS geliefert worden. Die Leistungen ermöglichten die Umstrukturierung von Infanterie- und Kavallerieverbänden in mechanisierte und Panzerdivisionen, die im Verlaufe großer Manöver der eigenen Bevölkerung und dem Ausland das Bild einer modernen Armee vermittelten. Wie groß der Bedarf an Kraftfahrzeugen blieb, zeigte im Zweiten Weltkrieg der Umfang der im Rahmen des Pacht- und Leihabkommens (Lend-Lease-Act) von den Alliierten für die Sowjetunion erbrachten Leistungen. Allein aus den USA erhielt das Land bis zum 30. September 1945 51.503 Personenkraftwagen und Jeeps, 375.883 Lastkraftwagen, 35.170 Motorräder und 8.071 Traktoren. Zum Vergleich: Deutschlands Kraftfahrzeugindustrie schaffte es bis zum Kriegsende, 353.000 Lastkraftwagen auszuliefern.

2,5-Tonner Studebaker US 6-U3 machten einen Großteil der insgesamt 375.883 Lastkraftwagen aus, die von den USA im Rahmen des Pacht- und Leihabkommens an ihre Verbündeten, die Sowjetunion, geliefert worden sind. Dort fanden sie u.a. als Artilleriezugmittel und Waffenträger für die Geschosswerfer BM-8, BM-13 und BM-31 Verwendung.

Nachschubkolonne der US-Armee mit Sattelschleppern White 444 T mit Tankaufliegern M 30 für 7.580 Liter Betriebsstoff in Nordwestfrankreich. Aufnahme vom Sommer 1944.

Panzerspähwagen M 8 »Greyhound« des US-Armee, dahinter ein Lastkraftwagen 2,5 t (6x6) GMC CCKW-352-12 CI.

Drehkran (Hebekraft 3 t) auf Fahrgestell des Lastkraftwagen 4,5 t (4x4) als Drehkrankraftwagen (Kfz. 100). Eingesetzt wurde er u.a. in den Kraftfahrzeug-Instandsetzungsstaffeln der Stabskompanien von Panzerabteilungen. Aufnahme vom 10. Februar 1944.

Weitergehende Ausführungen über die Heeresmotorisierung in den USA würden den Rahmen dieses Kapitels bei weitem sprengen. Die US-Militärs waren in der vorteilhaften Position, bis zum Kriegseintritt die Erfahrungen der anderen Armeen auszuwerten und – gestützt auf ihre fast unbegrenzten personellen und materiellen Ressourcen – eine durchgängige motorisierte und gepanzerte Armee zu formieren. Zweifelsohne bewundernswert sind ihre logistischen Leistungen auf dem europäischen Kriegsschauplatz. Hauptstütze der Versorgung der aus den Depots in der Landungszone nach Osten vorstoßenden Verbände blieben Lastkraftwagen. Sie waren Teil einer logistischen Operation mit dem Codenamen »Red Ball Express«. 132 Transportkompanien mit 5.958 Lastkraftwagen mit Anhängern bzw. Aufliegern transportierten vom 25. August bis zum 16. November 1944 4.120.000 t Munition, Verpflegung und Nachschub ins Landesinnere. Über ihre Verteilung kam es unter den alliierten Oberbefehlshabern wiederholt zu Auseinandersetzungen. darüber berichtet David Irving in seinem Buch »Krieg zwischen den Generälen«, aus dem nachfolgend einige Passagen wiedergegeben werden.

»Montgomery sah, daß die Zeit knapp wurde. … Am 7. September [1944 – der Autor] forderte er dringend mehr Nachschub an. … Er erhielt täglich nur 6.000 Tonnen, die Hälfte seines Tagesbedarfs … Selbst wenn er einen der Kanalhäfen bei Calais in der Hand hätte, würde er weitere 2.500 3-Tonner-LKWs brauchen, um ins Ruhrgebiet und nach Berlin vorstoßen zu können.« Am 11. September trafen sich Eisenhower und Bradley. »Bradley plädierte dafür Pattons Nachschub von jetzt 2.500 Tonnen täglich nicht zu kürzen. Am 21. September besuchte Eisenhower die Kommandantur in Paris und erfuhr nichts Gutes. In seinen Häfen wurde nicht soviel Nachschub gelöscht, wie man erwartet hatte – nur 17.000 anstelle von 30.000 Tonnen täglich. Das ›Red-Ball‹-System war am Zusammenbrechen – das Frachtgut verschwand unterwegs, weil die Fahrer es ›verscheuerten‹, während viele Lastwagen unter der Überbeanspruchung zusammenbrachen und stehengelassen werden mußten.« Hodge's Erste Armee konnte ihre Angriffe nur fortsetzen, wenn sie eine ausreichende Versorgung erhielt und die beiden anderen Armeen stillhielten.

Auszugsweise zitiert aus: David Irving, Krieg zwischen den Generälen. Das alliierte Oberkommando und die Invasion 1944, Hamburg 1983, S. 314 und S. 322 f.

8.2 Zugmaschinen und andere Spezialfahrzeuge

Die Vielfalt an Spezialfahrzeugen nahm in den Streitkräften aller Länder zu. Sie kann hier nur angedeutet werden. Bei den Nachrichtenformationen traten zu den Funkkraftwagen Horchpeil- und Entstörkraftwagen. Als Reaktion auf die Bedrohung durch chemische Kampfmittel wurden Gasspür-, Gelände-, Mannschafts- und Bekleidungsentgiftungskraftwagen, für die Kontaminierung des Geländes Gassprühkraftwagen in Dienst gestellt. Es gab Kraftfahrzeuge für den Transport von Betriebsstoffen, von Sauerstoff, von Zahnkliniken und -laboren, die wie alle Werkstattkraftwagen zugleich mobile Arbeitsplätze darstellten. Die Motorisierung und Mechanisierung der Heere wirkten sich vielfältig auf die Sanitätsdienste aus. Sie ermöglichten die Einsparung an Personal und eine tiefe Rückwärtsstaffelung.
Eine beeindruckende Spezialisierung zeigte sich bei der motorisierten Artillerie, in deren Kriegsstärkenachweisungen Messtrupp-, Peil-, Lichtmess-, Vermessungsauswerte- und Schallaufnahmekraftwagen verzeichnet wurden. Einen besonderen Platz nahmen Artilleriezugmittel ein. Sie hatten ihren Wert bereits im Ersten Weltkrieg als Rad- und Vollkettenfahrzeuge unter Beweis gestellt. Neu hinzu kamen Halbketten-Zugmaschinen, vereinzelt Fahrzeuge mit Wechselfahrwerk. Entscheidendes Kriterium blieb die Verbindung von hoher Zugleistung mit ausreichender Geländegängigkeit und Geschwindigkeit. Die Entscheidung für eine der konstruktiven Lösungen hing von den jeweiligen taktisch-operativen Ansichten der militärischen Führung in den Ländern ab, nachhaltig beeinflusst von den rüstungswirtschaftlichen Bedingungen sowie vom Kriegsverlauf. So ging man in Belgien und Frankreich dazu über, die bereits zahlreich vorhandenen Halbkettenfahrzeuge durch allradgetriebene Artilleriezugmittel zu ergänzen.
Die italienischen Streitkräfte hatten Radfahrzeugen schon im Ersten Weltkrieg den Vorzug gegeben. Als neue Modelle wurden schwere Traktoren, wie das Modell Breda 32 mit 7,2 t Zugkraft, und leichtere, wie die Fabrikate von Pavesi und Alfa Romeo, eingeführt. Für einiges Aufsehen sorgte in den 1930er Jahren der leichte Artillerieschlepper Pavesi P 4-100 mod. 30 A, ein zweiteiliges Hochradfahrzeug mit Stahlspeichenrädern. Die Zugkraft ist mit 2,5 t angegeben.
Die hochentwickelte, stark auf den Export orientierte Kraftfahrzeugindustrie der Tschechoslowakei trat mit einer ganzen Palette technisch ausgereifter Vollkettenschlepper in Erscheinung, Modellen wie den Praga MT, T3, TIV, TV, T6 und T9. Sie wurden u.a. in die Türkei und nach Portugal exportiert, im Zweiten Weltkrieg auch in den deutschen Streitkräften genutzt. Skoda entwickelte mehrachsige Zugmaschinen für den Transport von Panzern und Pioniergerät.
In Großbritannien war Anfang der 1930er Jahre die Brauchbarkeit von Halb- und Vollkettenschleppern Gegenstand ausgiebiger Truppenversuche gewesen. Allgemeine Anerkennung fanden allradgetriebene Zugmaschinen. Sie wurden im Zweiten Weltkrieg bei der leichten und der schweren Artillerie verwendet. Erneute Versuche mit Halbketten-Zugmaschinen brachten letztlich keine überzeugenden Ergebnisse.
Die Rote Armee bevorzugte als Zugmittel für die Geschütze aller Kaliber Vollkettenschlepper. Das ist unter den gegebenen geografischen Bedingungen in der Sowjetunion nachvollziehbar. Außerdem stand dem Land keine so leistungsfähige Zucht schwerer Heerespferde zur Verfügung, die – wie in Deutschland – einen hohen Stellenwert für die Beweglichmachung der schweren Feldgeschütze in nichtmotorisierten Infanteriedivisionen behalten hatten. Um Kettenschlepper schnellstmöglich für die Rote Armee in Großserie liefern zu können, orientierte man sich an ausländischen Entwicklungen.
Vorlage für den Artillerieschlepper »Kommunar« war der Hanomag WD-50. 3.700 wurden zwischen 1924 und 1931 produziert. Diese Zahl stellten die 100.000 »Stalinez«-Schlepper weit in den Schatten. Als Vorlage für ihn diente der US-amerikanische Caterpillar-Traktor. »Stalinez« galten als langsam und schwerfällig, entfalteten aber auch in schwerem Gelände ihre Kraft und Zuverlässigkeit. Beuteschlepper nutzten die Deutschen im größeren Umfang, Ihr Nachteil bestand – wie auch bei den kleineren STZ-3-Traktoren – darin, dass sie lediglich zum Ziehen, nicht zum Mitführen der Geschützbedienung und der Munition eingerichtet waren. Diese Aufgaben erfüllten gepanzerte Artillerieschlepper vom Typ »Kosmoletz«, von dem die Fabrik Nr. 37 (Traktorenwerk Stalingrad) und die Automobilfabrik in Gorki von 1937 bis 1941 7.780 Stück hergestellt haben.
Seltenheitswert besaß dagegen der T-26 T auf dem Fahrgestell des leichten Panzers T-26 (211 Stück). Für größere Zug-und Traglasten ausgelegt waren die ungepanzerten Artillerieschlepper »Komintern«, STZ-5, »Stalinetz« S-5 und »Woroschilowez« zum Ziehen von Geschützen der Divisions-, Korps- und Armeeartillerie. 13.000 hat die sowjetische Kraftfahrzeugindustrie davon bis 1942 ausgeliefert.

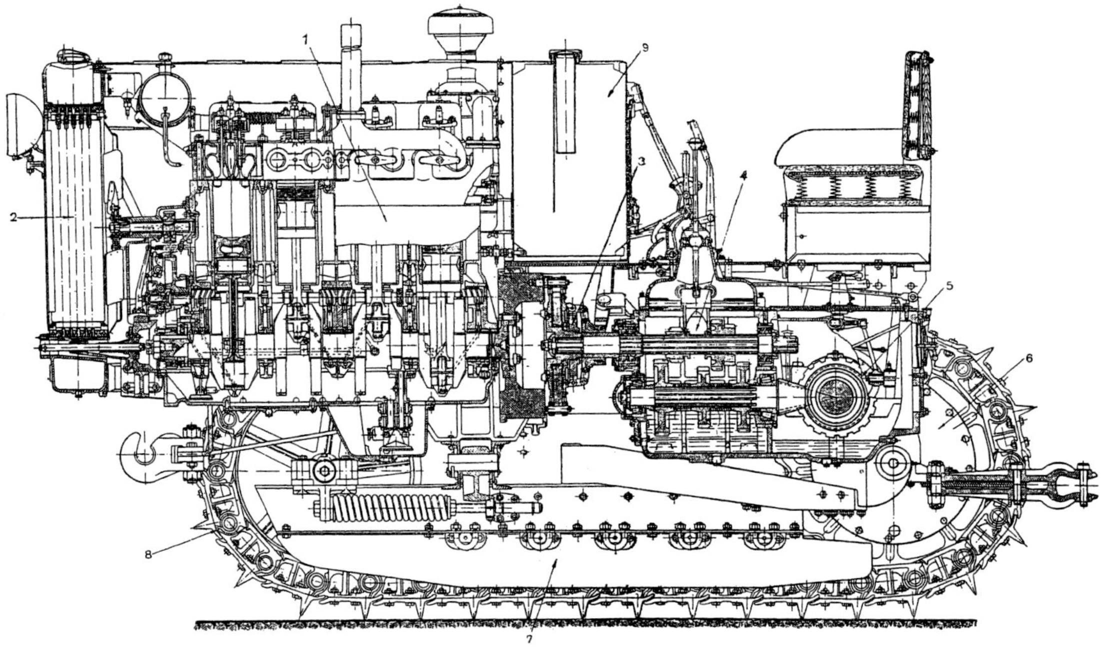

Abbildung 5. Längsschnitt durch den Schlepper.
1. Motor, 2. Kühler, 3. Kupplung, 4. Getriebe, 5. Lenkkupplungen, 6. Treibradvorgelege, 7. Raupenwagen, 8. Raupenkette, 9. Kraftstoffbehälter.

Schnittzeichnung des sowjetischen Artillerieschleppers Stalinetz S-65. Er wog 11,2 t, besaß einen 75 PS-Dieselmotor und konnte mit maximal 6,95 km/h über 4 t schwere Lasten ziehen.

Die US-amerikanischen Land- und Luftstreitkräfte nutzten Traktoren nach der Bauart des Caterpillars, die von verschiedenen Herstellern (u.a. Allis Calmers und International) kamen – vor allem für pioniertechnische Aufgaben. Die Schlepper für die Artillerie – ausnahmslos Vollkettenfahrzeuge mit einer Zugkraft zwischen 13 und 38 t – boten zugleich Platz für Geschützbedienung und Munition. Vereinzelt sind auch Panzerfahrgestelle umgewidmet worden. Im Trend lagen Artillerie-Selbstfahrlafetten; sie machten den Einsatz der Artillerieschlepper überflüssig.

US-amerikanischer Artillerieschlepper Allis-Chalmers M 6 für die Geschütze der schweren Artillerie. Er wog 34 t, besaß zwei 6-Zylinder-Motoren mit je 190 PS und konnte über 30 t schwere Lasten ziehen.

Zu dem typischen Erscheinungsbild motorisierter und gepanzerter Verbände des deutschen Heeres und der Flakartillerie der Luftwaffe gehören Halbketten-Zugkraftwagen. Dabei war die Reichswehr, noch unter den Beschränkungen des Versailler Vertrages, für alle Fahrzeugkonzepte offen gewesen. Die Federführung lag beim Heereswaffenamt, Kraftfahr- und Motorisierungsabteilung (WaPrw 6). Für Erprobung und Truppenversuche bei Manövern wurden Rad-, Halbketten- und Vollketten-Zugmittel gekauft oder angemietet sowie solche mit Wechsellaufwerk (Rad oder Kette) erprobt. Hersteller der Kettenschlepper waren die Firmen Dürkopp, Hanomag und Linke-Hofmann.

1923 hatte die Interalliierte Kontrollkommission die Wiederaufnahme der Produktion genehmigt, allerdings nur für Zwecke der Bau-, Land- und Forstwirtschaft. Das hinderte die Reichswehr nicht, praktische Erfahrungen in der Ausbildung, der Fahrzeugtechnik und der taktischen Verwendung zu sammeln. Eine gewisse Vorentscheidung zugunsten der später so dominierenden Halbketten-Zugkraftwagen deutete sich 1928 mit der Maffei-ZM-10-Zugmaschine an. Sie verfügte über ein Hilfsketten-fahrwerk. Vom Nachfolgemuster, der MSZ-201, erwarb die Reichswehr 1931 24 Stück als Zugmittel für Artillerie- und Pioniergerät.

Die Ergebnisse der Erprobung von Halbketten-Zugmaschinen mit geschmierten, gummigepolsterten Gleisketten, großen Laufrollen in Schachtelanordnung, vorn liegenden Triebrädern und lenkbaren Vorderachsen boten die besten Voraussetzungen, die geforderte Zugleistung mit hoher Geschwindigkeit auf Straßen und im Gelände und mit dem gewünschten Ladevolumen für die Geschützbedienung und Munition harmonisch zu verbinden. Das erwies sich als richtungsweisend für die Entwicklung einer Familie von Zugkraftwagen, mit deren Serienfertigung Mitte der 1930er Jahre begonnen wurde. Teilweise liefen sie bis zum Ende des Zweiten Weltkrieges.

Zugmaschinen Kaelble Typ Z 6 V2A im Dreierzug vor einem Marinefährprahm (MFP) im Schlepp. Der Prahm war 50 m lang, 6,5 m breit und verdrängte 230 t. Er konnte im Wasser 140 t Nachschubgüter transportieren.

1939 hatte die französische Marine 42 Artillerieschlepper Latil M 2 TZ in Auftrag gegeben. Erbeutete Fahrzeuge fanden in den deutschen Streitkräften u.a. als Bergefahrzeuge Verwendung.

Räder-Kettenwagen Saurer RK-7 des österreichischen Heeres mit angehängter Feldkanone auf Rollbock. Von den Schleppern mit Wechselfahrwerk gab es am 10. März 1938 einen Bestand von 15 Fahrzeugen; bestellt waren 145.

In den deutschen Streitkräften fand der Kettentraktor als Raupenschlepper St (r) »Stalinez 65« breite Verwendung, insbesondere während der jährlichen Schlammperioden.

Zugkraftwagen U 305 (f) – französisch Unic T U 1 – mit angehängter 4,7-cm-Panzerabwehrkanone 181 (f) – französisch 37 APX – bei einer Infanterie-Panzerjägerkompanie an der Ostfront im Herbst 1941.

Leichter Zugkraftwagen 1 t (Sd.Kfz. 10) bei einer Panzerjägerkompanie des Infanterieregiments (mot) »Großdeutschland«.

Mittlerer Zugkraftwagen 5 t (Sd.Kfz. 6) mit Sonderanhänger, einachsig (Sd.Ah. 3) für leichte Feldgeschütze. Krauss-Maffei hatte die Zugmaschinen entwickelt und Prototypen gebaut (KM I 4 (Vs.Kfz. 616)). Die Serienproduktion übernahm die Büssing-NAG / Berlin-Oberschöneweide (BN I 5). Aufnahme aus dem Jahr 1935.

Sonderkraftfahrzeuge (hot) im Einsatz.

1. Leichter Zugkraftwagen 1 t (Sd.Kfz. 10).
Patenfirma Demag / Wetter (Ruhr). Im Einsatz als Zugmittel für 3,7- und 5-cm-Panzerabwehrkanonen, für die 2-cm-Flugzeugabwehrkanonen 30 und 38 sowie für Gerät und Ausrüstungen der Nebeltruppe.

2. Leichter Zugkraftwagen 3 t (Sd.Kfz. 11).
Patenfirma Hansa Lloyd / Bremen, ab 1938 Hanomag / Hannover. Wichtigstes Zugmittel für die 10,5-cm-leichte Feldhaubitze 18 (mot Z), später auch für die 7,5-cm- und 7,62-cm-Panzerabwehrgeschütze. Außerdem bei der Nebeltruppe als Zugmittel für Nebelwerfer und zum Transport von Ausrüstungen in Gebrauch. Wenig Verbreitung fand eine Pioniervariante.

3. Leichter Zugkraftwagen 5 t (Sd.Kfz. 6).
Patenfirma Büssing-NAG / Berlin-Oberschöneweide. Das Fahrzeug trat als Zugmittel für die 10,5-cm-leichte Feldhaubitze 18 (mot Z) in Erscheinung, erlangte aber auch als Zugfahrzeug für Pioniergerät Bedeutung.

4. Leichter Zugkraftwagen 8 t (Sd.Kfz. 7).
Patenfirma Krauss-Maffei / München-Allach. Wichtigstes Zugmittel für die 10-cm-schwere Kanone 18 (mot Z), die 15-cm-schwere Feldhaubitze 18 (mot Z) und die 8,8-cm-Flugzeugabwehrkanonen 18, 36 und 37. Außerdem gab es Sonderverwendung, zum Beispiel als Flakmesstrupp-Kraftwagen.

5. Leichter Zugkraftwagen 12 t (Sd.Kfz. 8).
Patenfirma Daimler-Benz AG / Berlin-Marienfelde. Wurde vor allem bei der Heeresartillerie zum Ziehen von schweren 15-cm-Kanonen und 21-cm-Mörsern eingesetzt, seltener in Panzerbergezügen der Panzertruppe und bei den Pionieren.

6. Leichter Zugkraftwagen 18 t (Sd.Kfz. 9).
Patenfirma FAMO Fahrzeug- und Motorenwerke GmbH / Breslau. Erlangte die größte Bedeutung als Abschleppfahrzeug und Zugmittel für Tiefladeanhänger bei der Panzer- und Sturmgeschütztruppe, außerdem bei der Heeresartillerie für die Teillasten schwerer Geschütze oberhalb des Kalibers 21 cm und bei den Festungspionieren.

Um bei der Fertigung der Zugkraftwagen innerhalb kurzer Zeit die geforderten Stückzahlen erreichen zu können, wurden Nachbaufirmen eingeschaltet. Ab 1941 ergänzte das kleine Kettenkraftrad (Sd.Kfz. 2) die Familie der Halbkettenfahrzeuge. Zuständig war die Firma NSU / Neckarsulm. Es fand beim Heer und bei der Luftwaffe Verwendung, u.a. als Zugmittel für 7,5- und 10,5-cm-Leichtgeschütze.
Eine entfeinerte Variante der Halbketten-Zugkraftwagen mit größerer Tragkraft lieferte Büssing ab 1943 mit dem Schweren Wehrmachtsschlepper (S.W.S.). Seine Gleiskette war ohne Gummipolster und wurde nicht mehr geschmiert. Alle Typen von Halbkettenfahrzeugen wurden als Waffenträger für 2- und 3,7-cm-Flugabwehrkanonen, den 2-cm-Flak-Vierling, für 5- und 8,8-cm-Flugzeugabwehrgeschütze sowie Waffen der Panzerjäger- und Nebeltruppe genutzt.
Bei Ausbruch des Zweiten Weltkrieges standen einige tausend Halbketten-Zugkraftwagen bei der motorisierten Feld- und Heeresartillerie, den Pionierbataillonen (mot), in der Nebeltruppe und in den Flakabteilungen der Luftwaffe. Als Anhalt für die Ausstattung mit Zugkraftwagen kann die Kriegsstärkenachweisung für eine leichte Feldhaubitzbatterie (mot) (Nr. 435 vom 1. Februar 1941) herangezogen werden. Jeder Batterie mit vier 10,5-cm-leichten Feldhaubitzen(mot) standen fünf leichte Zugkraftwagen 3 t (Sd.Kfz. 11) zu, davon einer als Reserve. Schwere Batterien mit 10-cm-Kanonen 18 (mot) oder 15-cm-schweren Feldhaubitzen 18 (mot) verfügten über fünf mittlere Zugkraftwagen 8 t (Sd.Kfz. 7). Die Sollausstattung der Artillerieregimenter (mot) von Panzerdivisionen lag damit bei 30 leichten und 15 mittleren Zugkraftwagen[52] (s. Tabelle nächste Seite).
Die Produktion der Zugkraftwagen war rückläufig; auch die Instandsetzung kam nicht nach. Im September 1944 forderte Hitler: »... die im deutschen Raum befindlichen 1.500 reparaturbedürftigen Zugkraftwagen (1 t bis 18 t) müssen in einer Gewaltaktion bis spätestens 15. Oktober 1944 total überholt und an die Truppe ausgeliefert werden«, unter Inkaufnahme der Ersatzteilgewinnung durch die Ausschlachtung vieler Fahrzeuge. Der beständige Mangel an Zugmitteln zwang dazu, erbeutete Rad-, Halbketten- und Vollkettenschlepper an die Truppe auszugeben.

---

[52] Die Artillerieregimenter der Panzerdivisionen gliederten sich in zwei leichte Abteilungen mit drei Batterien und eine schwere Abteilung mit einer Kanonen- und zwei Haubitzbatterien. Dazu kam eine Beobachtungsbatterie.

Fertigung von Kettenkrädern, Zugkraftwagen, Schweren Wehrmachtsschlepper (S.W.S.) und Raupenschleppern Ost (R.S.O.) in Deutschland 1941–1945 (Angaben in Stück)

	1941	1942	1943	1944	1945 [1]
Kettenkrad (Sd.Kfz. 2)	420	985	2450	4490	226
Zugkraftwagen insgesamt	k.A.	7.620	9.821	3.290	549
davon mittlere Zugkraftwagen 8 t (Sd.Kfz. 7)	1.320	1.392	3.521	3.298	260 [2]
davon schwere Zugkraftwagen 12 t (Sd.Kfz. 8)	828	840	507	602	0 [3]
davon schwere Zugkraftwagen 18 t (Sd.Kfz. 9)	240	384	643	834	116 [4]
Schwerer Wehrmachtsschlepper (S.W.S.)	-	-	ca. 1.000		260 [5]
Raupenschleppern Ost (R.S.O.)	-	1.452	14.012	11.921	379

[1] Angaben nur für Januar und Februar 1945

[2] plus 102 Fahrzeuge aus der Instandsetzung in den Monaten Januar und Februar 1945

[3] plus fünf Fahrzeuge aus der Instandsetzung in den Monaten Januar und Februar 1945

[4] plus 21 Fahrzeuge aus der Instandsetzung in den Monaten Januar und Februar 1945

[5] zur Neufertigung in den Monaten Januar und Februar 1945 kamen 32 Fahrzeuge aus der Instandsetzung wieder zur Truppe

Keinen wirklichen Ersatz stellten die 2,5- und 4,5-t-Gleisketten-Lastkraftwagen dar, die der Truppe ab 1942 für den Nachschubtransport abseits der Straßen und befestigten Wege zugeführt worden sind. Ihr Missbrauch als Zugmittel führte sie technisch und taktisch an Leistungsgrenzen. Ähnlich ist der Raupenschleppern Ost (R.S.O.) zu bewerten. Hitler ließ ihm besondere Aufmerksamkeit zukommen, da sie seiner Meinung nach geeignet waren, Halbketten-Zugkraftwagen freizumachen und wegen der »großen Einsparung von Gummi«. Der Raupenschleppern war langsam (maximal 17,2 km/h), schlecht lenkbar und eigentlich »Pferdeersatz« zum Ziehen schwerer Infanterie- und Panzerabwehrwaffen sowie Geschützen der leichten Feldartillerie in den Infanteriedivisionen. Mittlerweile mangelte es auch an Zugtieren.

Der Raupenschlepper Ost (R.S.O./01) von Steyr. Er war für den Einsatz in motorisierten und gepanzerten Verbänden zu langsam, schwierig zu lenken und zu laut. Die ruckartigen Lenkbewegungen dejustierten die Geschütze. Im Vergleich zu anderen Kettenfahrzeugen zeigte der Schlepper den dreifachen Kettenverschleiß.

ANHANG

Glossar

A-Heer
die seit 1925 vorbereitete Vergrößerung des Reichsheeres von 10 auf 21 Divisionen. Wurde als Aufstellungsplan (A-Plan, in der Folge A-Heer) getarnt und galt seit dem 1. April 1930 als verbindliche Planungsgrundlage, auch für das ab 1. April 1933 gültige Rüstungsprogramm.

Abprallerschießen
Schießverfahren, bei dem die Geschosse nach dem Auftreffen vom Erdboden abprallen und in unregelmäßiger Flugbahn weiterfliegen. Der dabei aktivierte (auf Zündverzögerung eingestellte) Aufschlagzünder zerlegt das Geschoss in der Luft, wobei die Splitter die vorgegebene Grundrichtung beibehalten.

Allgemeines Heeresamt
Das Allgemeine Heeresamt war für die Durchführung der Entscheidungen des Oberbefehlshabers des Heeres zuständig; er bediente sich hierbei der Waffeninspektoren.

Aufstellungswellen
sollen im Falle der Mobilmachung die Befehlsgebung und Organisation der Aufstellung von Heeresgruppenkommandos, Armeeoberkommandos, Generalkommandos, Heeres-, Armee- und Korpstruppen, Divisionen und Brigaden erleichtern und den Bedürfnissen der Kriegführung anpassen.

Ausbaustärken für Festungswerke
im Rahmen des Pionierbauprogrammes für militärische Befestigungsanlagen festgelegte Wand- und Deckenstärken von 3,5 m Beton (= Ausbaustufe A) und 1,50 m (= Ausbaustufe B). Dementsprechend wurden die Festungswerke als A- oder B-Werke bezeichnet.

Flussstahl
in flüssigem Zustand erzeugter Stahl ohne Beschussfestigkeit aus militärischer Sicht. Versuchsfahrzeuge wurden, um Kosten zu sparen, aus Flussstahl gefertigt.

Heereswaffenamt
Zentralstelle für die technische Gestaltung und die Fertigung von Waffen, Gerät und Munition. Es bekommt die Forderungen und die Zustimmung in der Regel vom Allgemeinen Heeresamt und seinen Waffeninspektionen, die in dieser Hinsicht vom Generalstab des Heeres abhängig sind. Die vier Hauptaufgaben des Heereswaffenamtes sind:

a. die Entwicklung und Erprobung neuer Waffen, Geräte und Munition,
b. die Massenbeschaffung von Waffen, Gerät und Munition,
c. die Schaffung der technischen Grundlagen sowie die Vorbereitung und Einrichtung von Massenfertigung bei der Industrie und
d. die Abnahme von fertigen Waffen, Geräten und Munition.

Hohlladung, kumulative Ladung
Sprengladung mit trichterförmiger, sphärischer oder parabolischer Ausnehmung, auch mit einer Auskleidung aus Metall (deshalb Hohlladung genannt). Da sich bei der Detonation der Sprengladung die Gasschwaden mit extrem hoher Geschwindigkeit von der Ausgangsfläche immer im Winkel von 90^0 ausbreiten, wird ein großer Teil der Energie auf eine relativ kleine Fläche in der Mitte konzentriert und so eine größere Durchschlagleistung erreicht.

Kaliberlänge
Rohrlänge eines Geschützes oder Länge eines Geschosses, bezogen auf dessen Kaliber. Beispiel: L/24 = Rohrlänge 24 x Rohrdurchmesser 75 mm.

Kamikaze
(japanisch: göttlicher Wind, Götterwind), Bezeichnung für die Selbstmordkommandos der japanischen Marineflieger, dessen Piloten sich mit ihren Flugzeugen auf die Kriegsschiffe der Alliierten gestürzt haben.

Kasematte
in Festungen geschützter Wohnhohlraum, vielfach tief unter der Brustwehr gelegen, auch als Bezeichnung für den Aufstellungsraum von Geschützen üblich.

Kriegsausrüstungsnachweisung (KAN)
Vorlage für die Sollausstattung der Stäbe, Teileinheiten und Einheiten mit Waffen, Gerät, Ausrüstungen und Fahrzeugen.

Kriegsstärkenachweisung (KSTN)
Vorlage für die Gliederung und Sollausstattung der Stäbe, Teileinheiten und Einheiten mit Offizieren, Beamten, Unteroffizieren, Mannschaften, Zug-, Trag- oder Reittieren, Waffen und Fahrzeugen. Sie gehört zu den Grundlagen der Kriegsgliederung des Feld- und des Ersatzheeres und wurde regelmäßig den veränderten Kriegsbedingungen angepasst.

Laborierung
von Labor, Arbeitsstätte für naturwissenschaftliche, technische oder medizinische Arbeiten, im engeren Sinne Feuerwerkerlaboratorium zur Füllung von Geschossen und dem Herstellen von Treibladungen. Bis in die Gegenwart für die Füllung von Munition gebräuchliche Bezeichnung.

Ladungsraum
bei Geschützen Teil des Rohres, der das Geschoss (Geschossraum) und die Kartusche (Kartuschraum) aufnimmt. In ihm entwickelt sich der Gasdruck der Treibladung zuerst. Seine Länge beeinflusst die Anfangsgeschwindigkeit (V_0)

Muskete
ursprünglich Gewehr mit langem Lauf, das zum Schießen auf eine Gabel aufgelegt werden musste. Im Ersten Weltkrieg von deutscher Seite für erbeutete leichte Maschinengewehre Madsen gebräuchlich und anfangs auf das leichte Maschinengewehr 13 (Dreyse) übertragen.

Perlitgut
leicht zu schmelzender Stahl aus Ferrit und kohlenstoffreichem Zementit (Eisencarbid). Erlangte zum Ende des Zweiten Weltkrieges als Ersatzstoff für die Geschossherstellung in der deutschen Rüstung Bedeutung.

Rüstungs-Notprogramm
vom Minister für Rüstung und Kriegsproduktion am 23. Januar 1945 verfügt als Notprogramm der Rüstungsendfertigung. Löste das Siegesprogramm vom Sommer 1944 ab. Ziel war es, nur noch für die Fortführung des Krieges unverzichtbare Waffen und Munition, Fahrzeuge und Ausrüstung so lange herzustellen, bis Schlesien und das Ruhrgebiet wieder für die deutsche Wirtschaft arbeiten konnten.

Schnelle Truppen
seit 1938 aus den Panzertruppen und der Kavallerie bestehende Waffengattung. Wurde mit Wirkung vom 1. April 1943 aufgelöst und dafür die Waffengattung Panzertruppen geschaffen.

Sonderkraftfahrzeuge
Benennung von Kraftfahrzeugen, bei denen auch das Fahrgestell eine heereseigentümliche Sonderkonstruktion ist. Sie tragen ein Typenzeichen in der Form von (Sd.Kfz. 2).

Tiefenfeuereinrichtung
Teil der Richtvorrichtung schwerer Maschinengewehrlafetten. Begrenzt das Feuer der Maschinengewehre nach der Höhe und der Tiefe durch einen Höhenbegrenzer am Handrad. Ermöglicht bei längerem gezieltem Dauerfeuer das gefahrlose Überschießen der eigenen Truppe.

Truppenamt (TA)
übte im Reichswehrministerium unter dem Chef der Heeresleitung die Funktion des früheren und durch die Bestimmungen des Versailler Vertrages verbotenen Generalstabes aus. Das Truppenamt gliederte sich in die Heeres-Organisationsabteilung, die Heeresleitung und die Völkerbundabteilung.

Wehramt (WehrA)
zuständig für die einheitliche Leitung der Arbeiten in den Inspektionen, für die Aufstellung und Bewirtschaftung des Heereshaushaltes, für die innere Organisation, Verwaltungs- und Kassenangelegenheiten. Es untersteht dem Chef der Heeresverwaltung.

Werg, Wergpfropfen
bei der Verarbeitung von Hanf oder Flachs angefallene Fasern, die – zu einem Zylinder oder einer Kugel verformt – mit brennbaren Substanzen vermischt als Zündquelle verwendet wurden, zum Beispiel in Flammenwerfern.

Quellen und Literatur

Dienstvorschriften, Ausbildungsbücher, Amtliche Quellen

H.Dv. 119/320. Schußtafel für die 7,5 cm Kampfwagenkanone, vom Juli 1940

H.Dv. 119/324. Schußtafel für die 7,5 cm Kampfwagenkanone 40, vom Oktober 1940

H.Dv. 119/325. Vorläufige Schußtafel für die 7,5 cm Kampfwagenkanone 40, vom Januar 1943

H.Dv. 119/328. Schußtafel für die 8,8 cm Kampfwagenkanone 36, vom Februar 1944

H.Dv. 119/329. Vorläufige Schußtafel für die 8,8 cm Kampfwagenkanone 43 (L/71), 8,8 cm Panzerjägerkanone 43/1 (L/71), 43/2 (L/71), 43/3 (L/71) und 43/41 (L/71), vom Juni 1943 und vom September 1944

H.Dv. 119/337. Schußtafel für die leichte Feldhaubitze 18/1 (Sf), 18/2 (Sf), 18/4 (Sf) und 10,5 cm Sturmhaubitze 42, vom September 1943

H.Dv. 241. Ausbildungsvorschrift für das M.G. 42 als le u. s.MG (Waffenausbildung), vom 15.9.1944

H.Dv. 316. Allgemeiner Pionierdienst für alle Waffen, Berlin 1924

H.Dv. 469/3a-e. Panzerabwehr aller Waffen. Hefte 3a bis 3e, Berlin 1942

H.Dv. 470/10. Ausbildungsvorschrift für die Panzertruppe. Heft 10: Vorläufige Richtlinien für Führung und Kampf des Panzer-Regiments und der Panzer-Abteilung, vom 18. Januar 1941 und von 1945

H.Dv. 470/20. Ausbildungsvorschrift für die Panzertruppe, vom 8. Januar 1944

H.Dv. 472. Ausbildungsvorschrift für die Kraftfahrtruppe, Berlin 1924

H.Dv. 479/19. Schießfibel, vom 2. August 1944

H.Dv. 481/ 8. Merkblatt für die Munition des schweren Infanteriegeschütz 33, schweren Infanteriegeschütz 33/1 (Sf.), Sturm-Infanteriegeschütz 33 und der 15-cm-Sturmhaubitze 43 (L/12), vom 15. Februar 1944

H.Dv. 481/27. Merkblatt für die Munition der 10,5-cm-Sturmhaubitze 42, Berlin 1943

H.Dv. 481/51. Merkblatt für die Munition der 3,7 cm Kampfwagenkanone, vom 25. April 1939

H.Dv. 481/55. Merkblatt für die Munition der 7,5 cm Kampfwagenkanone 42, vom 28. Januar 1943

H.Dv. 481/57. Merkblatt für die Munition der 7,5 cm Kampfwagenkanone und des Sturmgeschützes 7,5 cm Kanone, vom 19. Oktober 1939

H.Dv. 481/59. Merkblatt für die Munition der 7,5 cm Kampfwagenkanone 40 vom 9. Juli 1942

H.Dv. 481/60. Merkblatt für die Munition der 8,8 cm Kampfwagenkanone 36, vom 8. Januar 1943

H.Dv. 481/62. Merkblatt für die Munition des 21-cm-Nebelwerfers 42, vom 1. Januar 1943

H.Dv. 481/63. Merkblatt für die Munition des 30-cm-Nebelwerfers 42, vom 1. April 1943

H.Dv. 481/69. Merkblatt für die Munition des 15-cm-Nebelwerfers 41, vom 1. Juni 1942

H.Dv. 483. Die Nachschubdienste des Feldheeres, vom 16. Mai 1939

H.Dv. 200. Ausbildungsvorschrift für die Artillerie. 6 Teile, Berlin 1933 ff.

Anhang 2 zur H.Dv. 1a (Az 34 d AHA/In 9/II/1 Nr. 2550/40 geh. Die Batterie Nebelwerfer d, Berlin 1941

D 50/2. Kennblätter fremden Geräts. Heft 2 Maschinengewehre, vom 20. März 1941

D 50/4. Kennblätter fremden Geräts. Heft 4 Leichte Geschütze, vom 20. März 1941

D 50/5. Kennblätter fremden Geräts. Heft 5 Schwere Geschütze, vom 20. März 1941

D 50/7. Kennblätter fremden Geräts. Heft 7 Beobachtungs- und Vermessungsgerät, vom 20. März 1941
D 50/8a. Kennblätter fremden Geräts. Heft 8a Munition bis 3,6 cm, vom 8. August 1941
D 50/8b. Kennblätter fremden Geräts. Heft 8b Munition ab 3,7 cm, vom 12. Mai 1941
D 50/12. Kennblätter fremden Geräts. Heft 12 Kraftfahrzeuge, vom 20. März 1941
D 95. Angaben über Waffenwirkung, vom 21.12.1934
D 130/11. Ausbildungsvorschrift für die Infanterie. Heft 11: Feldbefestigung der Infanterie, vom 15. Januar 1940
D 145. Der leichte Granatwerfer 36 (5 cm), vom 24.3.1937
D 146/1. Der schwere Granatwerfer 34 (8 cm). Vorläufige Gerätbeschreibung mit kurzer Bedienungsanleitung und Abbildungen, vom 29.4.1937
D 159/1. 2-cm-Kampfwagenkanone 38. Teil 1 Beschreibung, Bedienungs- und Behandlungsanleitung, unveränderter Nachdruck vom Oktober 1944
D 176/1. Die 2 cm Kampfwagenkanone 30 im leichten und schweren Panzer-Spähwagen, Teil 1 vom 26. Januar 1939
D 176/2. dass. Teil 2, vom 17. September 1939
D 218. Die 7,5 cm Sturmkanone 40. Beschreibung, vom 16. April 1942
D 240/1. Der 5 cm Maschinengranatwerfer M 19 I (in 34 P 8 und 49 P 8). Vorläufige Gerätebeschreibung mit kurzer Bedienungsanleitung und Behandlungsvorschrift. Band 1: Beschreibung, 1940.
D 240/2. dass. Band 2: Abbildungen, 1940.
D 343. Merkblatt für die Bekämpfung der russischen Panzer-Kampfwagen, vom 22. Juli 1941
D 396. Die 5 cm Kampfwagenkanone, vom 25. Juli 1940
D 435/1. Handbuch Die Munition der deutschen Geschütze und Werfer, vom 28. Dezember 1940
D 435/2a. Handbuch Die Munition der Beutegeschütze und Werfer, vom 20. März 1943
D 435/3. Handbuch Kennzeichen der Munition für deutsche Geschütze und Werfer, vom 24. März 1943
D 444/2132. Die Munition des 21-cm-Nebelwerfers 42, vom 1. Juni 1943
D 460/1. Geschoßringbuch, Band I, vom Juli 1939
D 460/7. Ringbuch für Hülsen, vom 1. Juli 1943
D 467. Die Munition der 3,7 cm Pak und der 3,7 cm Kw.K, vom 14. September 1938
D 546/1. Kleiner Flammenwerfer, Mittlerer Flammenwerfer, Flammenwerferfüllwagen (Pf. 21), vom 15.8.1939 und vom 17.3.1941
D 546/2. Flammenwerfer 41. Vorläufige Beschreibung und Bedienungsanleitung, vom 1.7.1942
D 625/45. Sturmgeschütz 7,5 cm Kanone Ausführung A und B. Vorläufige Justieranweisung, vom 21. November 1940
D 635/50. Kraftfahrzeuge in Staub, Hitze und Schlamm, vom 1.10.1942
D 653/21a. Panzerkampfwagen IV, Ausf. E und F. Schaltbild, vom 15. Januar 1942
D 653/30. Merkblatt zum Höhenaufsatz für Panzerkampfwagen IV, vom 10. August 1940
D 1108. Der Nebelwerfer d. Gerätbeschreibung, vom 5. Mai 1942
D 1123. Schweres Wurfgerät 40 und schweres Wurfgerät 41 mit 28-cm-Wurfkörper Spr. 32 cm Wurfkörper Fl. Beschreibung und Bedienung, vom 1. August 1943
D 1124. Der 28/32-cm-Nebelwerfer 41. Vorläufige Gerätbeschreibung, vom 15. Februar 1942
D 1125/4. Beladeplan für einen 15-cm-Nebelwerfer 41 einschl. Zugmittel (sNbWKw (Sd.Kfz. 11/5)), vom 3. Januar 1944
D 1681/1. Der 5-cm-Maschinengranatwerfer M 19 I, vom 20.8.1938
D 1682/2. 5-cm-Festungsgranatwerfer 210 (f) – frz 35 – für Rundumfeuer 95086, vom 15.7.1942
D 1683/1. Abwehr-Flammenwerfer 42. Beschreibung und Bedienungsanleitung, vom 15.9.1942
D 1869/3. Gebrauchsanleitung für die 2-cm-Erdkampflafette 44, vom 10.7.1944
D 2002. 10,5 cm Sturmhaubitze 42. Beschreibung, vom 1. September 1943
D 2003. 7,5 cm Kampfwagenkanone 42, vom 1. Juli 1943
D 2025. Das schwere Infanteriegeschütz 33/1 (Sfl 38). Beschreibung, Bedienung, Behandlung, vom 1. Juni 1943
D 2031. 15 cm Sturmhaubitze 43 (L/12). Beschreibung, vom 1. September 1943
D 2061/1. 8,8 cm Kampfwagenkanone 43 (L/71). Beschreibung, vom 8. September 1944
D (Luft) 1003. Die Ausbildung am Maschinengewehr 34 (M.G. 34), vom Juli 1940
Merkblatt 16/4 geh. Merkblatt über die Nebeltruppe, vom 1. Mai 1943
Merkblatt 19/2. Merkblatt über Eigenarten der russischen Kriegführung, vom 15. Februar 1942
Merkblatt 29/13. Einsatz und Verwendung von Flammenwerfern, vom 9.11.1943
Merkblatt 47a. Ausbildung und Einsatz der schweren Panzerkompanie Tiger vom 26. Mai 1943
Merkblatt 47a/22. Das Schießverfahren bei Nacht, vom 11. Januar 1945
Merkblatt 57/5. Bildheft Neuzeitlicher Stellungsbau, Ausgaben vom 15.9.1942, vom 11.3.1943 und vom 1. Juni 1944
Merkblatt 75/2. Merkblatt über den Einsatz eines Flamm-Zuges (gp) (Mittlerer Flammpanzerwagen - Sd.Kfz 251/16), vom 1.7.1943
Merkblatt 77/6. Grundsätzliche Bemerkungen über Erkundung und Ausbau von Panzerhindernissen, vom 1.8.1944
Merkblatt über das feldmäßige Anlegen tiefminierter Unterstände. Vorschrift ohne Nummer in Ergänzung der H.Dv. 316, vom 15.12.1941
A-4-Fibel, vom 1. Juli 1944
Ausbildungstafeln für die Infanterie.
Nr. 16a: Sperren III, vom Juni 1941
Nr. 17a: Feldbefestigungen A, vom November 1940
Beschreibung und Bedienungsanleitung des 81 mm Flügelminenwerfers mit Munition, Düsseldorf 1936
Berlin: Der Artillerist I. Der Kanonier. Berlin 1910 und 1936
Berlin: Der Artillerist II. Der Unterführer. Berlin 1936
Butz, A.: MG 34 und 42 als leichtes M.G. und schweres M.G., mit Anhang, Berlin 1944
Cochenhausen, Friedrich von: Die Truppenführung. Handbuch für den Truppenführer und seine Gehilfen, Berlin 1924
Cochenhausen, Friedrich von: Taktisches Handbuch für den Truppenführer und seine Gehilfen, Berlin 1936
Denkschrift über die französische Landesbefestigung, vom 1.10.1941
Denkschrift über die griechische Landesbefestigung, vom 1.5.1942
Deutsch, Friedrich W.: Waffenlehre. Kurzgefaßtes Lehr- und Nahschlagebuch der neuzeitlichen Bewaffnung, Berlin 1939
Der Friedensvertrag zwischen Deutschland und der Entente. Hrsg. im Auftrag des Auswärtigen Amtes, Charlottenburg 1919
Das Gerät A-4 Baureihe B. Gerätbeschreibung, vom 1. Februar 1945
Gilbert: Der Artillerist. Unterrichtsbuch für Rekruten, Kanoniere, Unteroffiziere und deren Lehrer, Berlin 1928
Italian and French explosive ordonance, Washington 1953
Lastenheft für den 8-cm-Flügelminenwerfer, Düsseldorf 1936
Die Munition der Feldartillerie. Hrsg. vom Kriegsministerium, Berlin 1917

Queckbörner, Ludwig: Exerzier-ABC in Wort und Bild. Ein illustriertes Handbuch für das Exerzieren mit Gewehren und I.M.G. 08/15, 08/18 und MG. 13 (Dreyse), Berlin 1934
Recognition Handbook for German ammunition, o.O. 1945
Richtlinien für den Einsatz der 21-cm-Wurfmörserabteilung, vom 8. November 1944
Richtlinien für Führung und Einsatz der Panzer-Division, vom 3. Dezember 1940
Die Sturmbatterie. Einsatz- und Ausbildungsmöglichkeiten. Zusammengestellt durch Offiziere der VI/Lehrabteilung im August 1940, Berlin 1940
Waffen der Roten Armee, Hrsg.: Heeresgruppe Mitte Ic/A.O./Auswertung, Posen o.J.
Wehrgeologischer Lehrgang in Heidelberg, 14. Bis 20.7.1940, Berlin 1941

Periodica

Der Kraftzug in Wirtschaft und Heer
Pionier

Literatur

Adám, Biró; Gyuta, Sárhidai: A Magyua Királyi Honvédség, hazai gyartású páncélos harcjármürei 1914–1945, Budapest 2012
Albrethsen, Svend E. / Andersen, Jens / Frantzen, Ole L.: Küstenartillerie in Dänemark 1940–45, Hanstholm 2004
Andorfer, V. / Greenland, T. / Konetzny, L.: *Raupenschlepper Ost* »RSO« (Nuts und Bolts Volume 29), Neumünster 2012
Ardaschew, A.N.: Ognemetno-saschigatelnoeje oruschie, Moskau 2001
ders.: Ognementnuie tank iruschenie ogmentuie w boju, Moskau 2014
Barlozetti, Ugo / Pirella, Alberto: *Mezzi dell'esercito italiano 1935–1945, Florenz 1986*
Barth, W.: Mündungsbremsen. In: Wehrtechnische Monatshefte, Heft 7–8/1954
Baschin, Joachim: Der Panzerkampfwagen 35 (t), Friedland, 2001
ders.: Gleisketten-LKWs »*Maultier*« (Sd.Kfz. 3). (Nuts & Bolts Volume 28), Neumünster 2011
Beinhauer, Eugen: Artillerie im Osten, Berlin 1944
Benussi, Giulio: Carri armati e autoblindate del regio esercito Italiano 1918–1943, Milano 1976
Bettinger, Dieter Robert u.a.: Der Westwall von Kleve bis Basel, Wölfersheim-Berstadt 2002
Böhm, Robert: Ostfront-Kriegserfahrungen mit Werfertruppen. In: Wehrtechnische Monatshefte, Heft 7–8/1955, S. 219–222
Bolotin, D. N.: Sowjetskoje strelkowoe oruschie, Moskau 1983 und 1986
Bonhardt, Attila: Zrinyi II Rohamtarack, Budapest 2015
Ders.: 40 M. Nimród Páncélvadász, Budapest 2019
Bryans, Peter J. / Ginns, Mixchael: German armour in the channel Islands 1941–1945, Jersey o.J.
Bülow, Kurd von / Kranz, Walter / Sonne, Erich: Wehrgeologie, Leipzig 1938
Büschleb, Hermann: Feldherren und Panzer im Winterkrieg, Neckargemünd 1966
Ceva, Lucio /Curumi, Andrea: La meccanizzazione dell'esercito fino al 1943. 2 Teile, Rom 1994
Chamberlain, Peter / Ellis, Chris: Making tracks british carrier story 1914–1972, Windso Berkshire, 1973
Diess.: Britische und amerikanische Panzer des Zweiten Weltkrieges, München 1972
Chamberlain, Peter / Gander, Terry: Mortars and Rockets, London 1975
Chinn, George M.: The Machine Gun, Washington 1951
Dornberger, Walter: Peenemünde. Die Geschichte der V-Waffen, Berlin 1994
Ende, Joachim: Die Nebelwerfer, Friedberg 1979
Engelmann, Joachim: Das Buch der Artillerie 1939–1945, Friedberg 1983
Engelmann, Joachim / Scheibert, Horst: Deutsche Artillerie 1934–1945, Limburg 1974
Engines Of war. The Mechanised Army in Action, London 1942
Fey, Will: Panzer im Brennpunkt der Fronten, München 1960
Finazzer, Enrico / Ricchio, Ralph A.: Italian Artillery of WW II, Sandomierz 2015
Franco, Lucas Molina / Garcia, José Maria Manrique: Armas y uniformes de la Guerra Civil Española, Madrid 2009
Francev, Vladimir: *Sov□tské* tankové impérium, Prag 2016
Fröhlich, Michael: Kampfpanzer Maus. Der überschwere Panzer Porsche Typ 205, Stuttgart 2013
Fuller, J.F.C.: Erinnerungen eines freimütigen Soldaten, Stuttgart und Berlin 1937
Gaulle, Charles de: Vers l'armée de métier, Paris 1934 (Deutsche Übersetzung: Frankreichs Stoßarmee. Das Berufsheer, die Lösung für morgen, Potsdam 1935)
Gedanken und Pläne über die Weiterentwicklung der deutschen schweren motorisierten Artillerie-Geschütze gegen Ende des Krieges. In: Wehrtechnische Monatshefte, Heft 7–8/1954, S. 210 ff.
Die Geschichte der Kriegsmaterialverwaltung 1850–1975, Bern 1977
Groß, Manfred: Der Westwall zwischen Niederrhein und Schneeeifel, Köln 1989
Gruner, Werner: Schriftlicher Zeitzeugenbericht vom Juni 1991
Guderian, Heinz: Kraftfahrkampftruppen. In: Militärwissenschaftliche Rundschau, 1. Heft 1936, S. 44 ff.
ders.: Mit den Panzern in Ost und West, Berlin Prag Wien 1942
ders.: Die Panzertruppen und ihr Zusammenwirken mit den anderen Waffen, Berlin 1944
ders.: Erinnerungen eines Soldaten, Stuttgart 1986
Gutiérrez, Franciso M. / Duaso, José M. M.: Carros de Combate, Valladolid 2004
Habegger, Henri: Mörser und Werfer von der Mitte der 1930er-Jahre bis heute. Zur Erinnerung an den Aktivdienst, Teile 1–2. Band 210 von Neujahrsblatt der Feuerwerker-Gesellschaft Artillerie-Kollegium, Zürich 2018
Hahn, Fritz: Waffen und Geheimwaffen des deutschen Heeres 1938–1945, Koblenz 1986/1987
Band 1: Infanteriewaffen, Pionierwaffen, Artilleriewaffen, Pulver, Spreng- und Kampfstoffe
Band 2: Panzer- und Sonderfahrzeuge, »Wunderwaffen«, Verbrauch und Verluste
Halder, Franz: Kriegstagebuch, Bände 1–3, Stuttgart 1962–1964
Hassbach, Friedrich: Infanterie im Ostfeldzug 1941/42, Osterode/Harz 1951
Heigl, Ernst: Heigl`s Taschenbuch der Tanks, München Ausgaben 1926 und 1930
ders.: Heigl`s Taschenbuch der Tanks. Ergänzungsband, München 1927
ders.: Heigl`s Taschenbuch der Tanks Teil I: Wesen der Panzerkraftfahrzeuge Panzererkennungsdienst A–F. Teil II: Panzererkennungsdienst G–Z Panzerzüge und Panzerdraisinen. Teil III: Der Panzerkampf. München 1935
Hobart, F. W.: Das *Maschinengewehr.* Die Geschichte einer vollautomatischen Waffe, Stuttgart 1987
Hölsken, Dieter: V-Missiles of the Third Reich. The V-1 and V-2, Sturbridge 1994
Holub, Ota: Československé Tanky a Tankiste, Prag 1980

Huon, Jean: Les cartouches pour fusils & mitrailleuses, Chaumont 2006
Irving, David: Krieg zwischen den Generälen. Das alliierte Oberkommando und die Invasion 1944, Hamburg 1983
Iwanow, A.N.: Kurze Zusammenstellung über das russische Heer, Berlin 1937
Janoušek, Jiri: Československé dělostřelectvo 1918–1939, Prag 2007
Japonese Fighting Vehicles of W.W. II, Tokyo 1996
Jeydy, Jean-Gabriel: Cars de France, Paris 1997
Jurga, Robert / Lisiecki, leszek: Panzerwerk Pz.W. 717 – Werkgruppe Scharnhorst, Zielona Góra 2015
Justrow, Karl: Feldherr und Kriegstechnik, Oldenburg 1933
ders.: Der technische Krieg im Spiegelbild der Kriegserfahrungen und der Weltpresse, Berlin 1938
ders.: Der technische Krieg. Band 2: Wirkung und Kampfesweise im Zukunftskrieg, Berlin 1939
Kampe, Hans Georg: Wünsdorf – Geburts- und Entwicklungsstätte der deutschen Panzertruppen, Berlin 1997
Karlický, Vladimír: Československé dělostřelecké zbraně, Prag 1975
Kirchberg, Peter / Bunke, Siegfried u.a.: Vom Horch zum Munga. Militärfahrzeuge der Auto Union, Bielefeld 2010
Kittel, Friedrich: Das schnell schießende Einheits-Maschinengewehr (EMG). In: Wehrtechnische Monatshefte, Heft 2/1956, Berlin Frankfurt a.M. 1956
Klein, Heinrich: Der große Umbruch in der Waffenentwicklung 1914–1945, Neckargemünd 1976
ders.: Vom Geschoß zum Feuerpfeil, Neckargemünd 1977
Kliment, Charles K./ Bernád, Dénes: Madarská Armáda 1919–1945, o.O. 2007
Kliment, Charles K./ Francev, Vladimir: Czechoslovak armoures fighting vehicles1918–1948, Atglen 1997
Kljomin, A.S.: Militärtransporte Richtung Front, Berlin (Ost) 1986
Knittel, Hartmut H.: Panzerfertigung im Zweiten Weltkrieg, Herford und Bonn 1988
Kranz, Walter: Technische Wehrgeologie, Leipzig 1938
Krumpelt, Ihno: Das Material und die Kriegführung, Frankfurt/M. 1968
Kurowski, Franz: Unternehmen Paperclip, München 1982
Kuroski, Franz / Tornau, Gottfried: Sturmartillerie, Stuttgart 1978
Kusnezow, Konstantin A.: vse rakety vtoroy mirovoy voyny, Moskau 2016
ders.: Raketen- und Lenkwaffen des Zweiten Weltkrieges. Band 1: Raketen der Klasse »Boden-Boden«, Moskau 1996 (deutsche Übersetzung Klitschen 1999)
Lachmann, Manfred: Deutsche Eisenbahngeschütze von der Improvisation zur Prestigewaffe. Teil 2. In: Militärtechnik Heft 10/1971, Berlin (Ost) 1971
Landers, Rick: »Grenade« – British and Commenwealth Hand- and Rifle Grenades, Dural 2001
Laumann, Wolf: V 1 und V 2. Die Geschichte einer Waffe. In: Soldat und Technik, Heft 9/1964
Leeb, Emil: Aus der Rüstung des Dritten Reiches. Das Heereswaffenamt 1938–1945. Beiheft 4 der Wehrwissenschaftlichen Monatshefte, Berlin Frankfurt a.M. 1958
Lehmann, Rudolf: Die Leibstandarte, Band III, Osnabrück 1982
Leibner, Günter: Die Festung »Oder-Warthe-Bogen«, Buchholz 2000
Lidschun, Reiner / Wollert, Günter: Infanteriewaffen gestern (1918–1945), Berlin 1996
Ludendorff, Erich: Der totale Krieg, München 1935
Lugs, Jaroslav: Handfeuerwaffen – Systematischer Überblick über die Handfeuerwaffen und ihre Geschichte, 2 Bände, Berlin (Ost) 1968
Mader, Julius: Aufstieg und Fall des faschistischen Raketenkartells Mittelwerk GmbH. In: Beiträge zur Heimatkunde aus Stadt und Kreis Nordhausen, Nordhausen 1983, S. 81–88
Magnuski, Janusz: *Wozy bojowe LWP* 1943–1983, Warschau 1985
Maiwald, Barbara: Feldküche und Co. Verpflegung und Ausrüstung im deutschen Heer, Stuttgart 2018
Malczewski, Jukiuz J. / Polkowski, Roman L.: Regularne jednosstki – udowego woiska polskiego, Warschau 1970
Manstein, Rüdiger von / Fuchs, Theodor: Manstein – Soldat im 20. Jahrhundert. Militärisch-politische Nachlese, München 1981
Markin, Ilja I.: Die Kursker Schlacht, Berlin (Ost) 1960
Martel, Gifford Le Q: In the *Wake of the Tank*: The First Fifteen Years of Mechanisation in the British Army, London 1931
ders.: Mechanisierung. In: Journal Royal United Service Institution Nr. 526 vom Mai 1937, Abingdon 1937
Mazarrasa, Javier de: Carro de combate verdeja, Barcelona 1988
Mazy, Georges E.: Vernier, Franck: Les chars Renault ACG-1 de la cavalerie belge mai 1940, o.O. 2015
Middeldorf, Eike: Taktik im Rußlandfeldzug, Darmstadt 1956
Molt, Albert: Der deutsche Festungsbau von der Memel zum Atlantik, Friedberg 1988
Morawietz, Otto: Beiträge zur Geschichte und Technik der Handwaffen und Maschinengewehre, Osnabrück 1973
Mordziel, Carl: Einführung in die Wehrgeologie, Frankfurt a.M. 1938
Moser, Otto von: Feldzugsaufzeichnungen als Brigade-, Divisionskommandeur und als Kommandierender General 1914–1918, Stuttgart 1923
Myrvang, Folke: MG 34 – MG 42 German universal machinenguns, Cobourg 2002
ders.: From the MG 08 to MG 3, Cobourg 2012
Nehring, Walter: Kampfwagen an die Front! Das Buch vom Kampfwagen (Tank), Leipzig 1935
ders.: Panzerabwehr, Berlin 1936
Ness, Leland: Rikugun – Guide to japanese ground forces 1937–1945, Volume 2: Weapons oft the imperial japanese Army & navy ground forces, Solihull 2015
Neufeld, Michael J.: Die Rakete und das Reich, Berlin 1997
Ogorkiewicz, Richard M.: Design and development of fighting vehicles, London 1968
Olbrich, H.: Die Verwendung von Flammenwerferanlagen in Panzerkampfwagen. In: Wehrtechnische Monatshefte, Heft 6/1939, S. 241 ff.
Ondarza, Leon-Herbert von: Taschenbuch der leichten Artillerie, Berlin 1939
Oswald, Werner: Die Motorisierung der Deutschen Reichswehr 1920–1925, Stuttgart 1979
ders.: Kraftfahrzeuge und Panzer der Reichswehr, Wehrmacht und Bundeswehr ab 1900, Stuttgart 2004
Palokangas, Markku: Sotilaskäsiaseet Suomessa 1918–1988, 3 Bände, o.O. 1991
Panzer und Motor, Potsdam 1935
Panzerkeil im Osten, Berlin 1941
Passow, Kurt: Taschenbuch der Heere, Ausgabe 1939, Berlin und München 1939
Pignacca, Brizio: Ruote indivisa – un secolo di veicoli militari Italian, Vidodrone 2003
Pignato, Nicola: I mezzi corazzati italiani 1939–1945, Parma 1996
ders.: I mezzi blindo carazzati italiani 1923–1943, Parma 2004
ders. / Filippo capellano: De armi della fanteria italiana (1919–1945), Parma 2008
Pafi, Benedetto / Falessi, Cesare / Ficre, Goffredo: Corazzati italiani 1939–1945, Parma 1996
Popjel, Nikolai Kirillowitsch: In schwerer Zeit, Berlin 1981
Poor, Istvan: Harcokocsik és páncélozott járművek tipuskönyve, Budapest 1980

Pottgiesser, Hans: Die Deutsche Reichsbahn im Ostfeldzug 1939–1944, Neckargemünd 1960
Rabon, Martin: Der Tschechoslowakische Wall, Bad Neuheim 1994
Reddemann, Bernhard: Die Verwendung von Flammenwerfern im Weltkrieg. In: Wehrtechnische Monatshefte, Heft Juni–Juli 1940
Redulic, Lothar: Kann die Krise des Angriffs überwunden werden? In: Militärwochenblatt Nr. 36 vom 25. März 1930, Sp. 1402 ff.
Regenberg, Werner / Scheibert, Horst: Beutepanzer unterm Balkenkreuz – Französische Kampfpanzer, Friedberg 1990
Rielau, Hans: Geschichte der Nebeltruppe, Köln 1966
Rohden, Herhudt von: Vom Luftkriege, Berlin 1938
Die Rote Armee, Potsdam 1935
Rottgardt, Dirk: Die deutsche Panzertruppe am 10.5.1940. In: Zeitschrift für Heereskunde Nr. 319 Mai/Juni 1985, S. 61–66
Scafes Cornel I.: Trupele Blindate din Armate Română 1919–1947, Buzău 2011
Schirokorad, A.B.: Otetschestwennuje minometuii reaktiwnaja artillerija, Moskau 2000
Schmidt, B.: Deutsche Naturwissenschaft, Technik und Erfindung im Weltkrieg, München und Leipzig 1920
Schwarte, Max: Die Technik im Weltkriege, Berlin 1920
Seeckt Hans von: Gedanken eines Soldaten, Berlin 1928 und Leipzig 1935
Senger und Etterlin, Ferdinand Maria von: Kampfpanzer 1916–1966, München 1966
ders.: Flugabwehrpanzer, München 1978
ders.: Die deutschen Geschütze 1939–1945, München 1960
ders.: Die Panzergrenadiere 1939–1945, München 1961
ders.: Der Marsch einer Panzerdivision in der Schlammperiode. In: Wehrkunde, Heft 3/1955, S. 85–91
Sheppard, Eric William: Die Tanks im nächsten Krieg, Zürich Berlin 1939
Soljankin, A.G. / Pawlow, M.W. u.a.: Oteschestwennuie bronirowannuie maschinui XX wek. 2 Bände, Moskau 200 und 2005
Sonne, Erich: Offizier und Geologie. In: Deutsche Wehr, Jahrgang 1933, S. 261 f.
Spielberger, Walter J.: Die Motorisierung der Deutschen Reichswehr 1920–1934, Stuttgart 1979
ders.: Die Panzerkampfwagen I und II und ihre Abarten, Stuttgart 1984
ders.: Der Panzerkampfwagen III und seine Abarten, Stuttgart 1984
ders.: Der Panzerkampfwagen Panther und seine Abarten, Stuttgart 1987
ders.: Der Panzerkampfwagen Tiger und seine Abarten, Stuttgart 1987
ders.: Die Halbketten-Fahrzeuge des Deutschen Heeres 1909–1945, Stuttgart 1989
ders.: Beute-Kraftfahrzeuge und Panzer der Wehrmacht, Stuttgart 1989
ders.: Sturmgeschütze. Entwicklung und Fertigung der sPak; Stuttgart 1991
ders. / Doyle, Hilary / Jentz, Thomas L.: Begleitwagen Panzerkampfwagen IV (Militärfahrzeuge Band 5), Stuttgart 1998
Stöber, Hans: Die Sturmflut und das Ende. Die Geschichte der 17. SS-Panzerdivision »Götz von Berlichingen«, Band II: Die Deiche brechen, Osnabrück 1987
Stöhr, Ralf / Kiesslich-Köcher: Harald, Chemie des Todes, Berlin (Ost) 1987
Stout, Wesley W.: Tanks are Mighty Fine Things, Detroit 1946
Szcerbicki, Tomasz: Pojadzy woiska polskiego 1914–1939, Czerwonak 2015
Tantum, W.H. / Hoffschmidt, E. J.: Second World War Combat Weapons, Greenwich 1968
Taube, Gerhard: Deutsche Eisenbahngeschütze, Stuttgart 1990
Tempelhoff, Friedrich von: Gaswaffe und Gasabwehr, Berlin 1937
Töppel, Roman: Kursk 1943. Die größte Schlacht des Zweiten Weltkrieges, Paderborn 2017
Ucksche, Wolfgang / Kästner, Helga u.a.: »... schwere Kämpfe in und um Treuenbrietzen«, Treuenbrietzen o.J.
Urrisk, Ralf M.: 100 Jahre Panzerwaffe im österreichischen Heer, Graz 2006
Vanderveen, Barth H.: The observers fighting vehicles directory world war II, London und New York 1971
ders.: The observers army vehicles directory to 1940, London 1974
Vauviller, Francois: L'automobile sous uniform 1939–1940, Paris 1992
ders: The Encyclopedia of French Tanks and Armoured Vehicles 1914–1940, Paris 2014
Vockheim, Ernst: Die deutschen Kampfwagen im Weltkriege, Berlin 1937
Vollert, Jochen: Tyagatshi: Sowjetische Vollketten-Artilleriezugmaschinen des 2. Weltkrieges im Dienste der Roten Armee und der Deutschen Wehrmacht, Erlangen 2006
Vries, G. de / Martens, B.J.: Nederlandse vuurwapens 1895–1940, Amsterdam 1993
Wahl, Jean-Bernard: Damals und heute. Die Maginotlinie. Nordfrankreich - Lothringen - Elsass. Geschichte und Reiseführer, Hamburg Berlin Bonn 2000
Warjaminskui, Michail: Tankowui Blitzkrig, Moskau 2009
Wasmund, Erich: Wehrgeologie in ihrer Bedeutung für die Landesverteidigung, Berlin 1937
Weniger, Erich: Wehrmachtserziehung und Kriegserfahrung, Berlin 1938
Weil, Paul: Krieg und Wirtschaft, Berlin 1938
Zeidler, Manfred: Reichswehr und Rote Armee 1920–1933, München 1993
Zeska, Theodor von: Das Buch vom Heer, Berlin 1940
Zieger, Wilhelm: Das deutsche Heeresveterinärwesen im Zweiten Weltkrieg, Freiburg i.B. 1973
Zimmermann, R. Heinz: Der Altantikwall, München 1989, 1990 und 1997
Zygankow, Iwan S. / Sossulin, Jewgeni A.: Geschütze, Granatwerfer, Geschosswerfer, Berlin (Ost) 1981